吉林省职业教育"十四五"规划教材

高等职业教育通信类系列教材

TCP/IP 路由交换技术

（第二版）

主　编　管秀君　肖　杨

副主编　仝　军　卢川英

参　编　郭长亮　赵文涛

主　审　戎　成

西安电子科技大学出版社

内 容 简 介

本书结合高职高专的教学特点，采用"模块化建构、项目驱动、任务引领"的教学设计，内容循序渐进，由浅入深。本书图文并茂，语言简洁，脉络清晰，注重实战训练，符合高职高专学生的学情和认知规律。

全书共有 4 个模块，12 个项目，包括初识计算机网络、规划 IP 地址、配置和管理交换机、配置虚拟局域网、管理交换网络的冗余链路、部署和实施企业内部局域网互联、部署和实施DHCP 服务、部署和实施企业网与 Internet 互联、利用访问控制列表 (ACL) 管理网络的数据流、组建小型无线网络、组建中小型无线局域网、组建安全的无线局域网等相关知识和技术内容。

本书可作为高等职业教育通信网络技术类课程的教材，也可作为通信网络技术相关从业人员和初学者的学习参考书。

图书在版编目 (CIP) 数据

TCP/IP 路由交换技术 / 管秀君，肖杨主编 . --2 版 . -- 西安：西安电子
科技大学出版社 , 2024. 9(2024. 11 重印). -- ISBN 978-7-5606-7412-4

Ⅰ. TN915.04

中国国家版本馆 CIP 数据核字第 2024B5U893 号

策　　　划　高樱
责任编辑　高樱
出版发行　西安电子科技大学出版社 (西安市太白南路 2 号)
电　　话　(029) 88202421 88201467　　　　邮　　编　710071
网　　址　www.xduph.com　　　　电子邮箱　xdupfxb001@163.com
经　　销　新华书店
印刷单位　陕西天意印务有限责任公司
版　　次　2024 年 9 月第 2 版　　2024 年 11 月第 2 次印刷
开　　本　787 毫米 × 1092 毫米　1/16　印 张　18.5
字　　数　435 千字
定　　价　66.00 元

ISBN 978-7-5606-7412-4

XDUP 7713002-2

*** 如有印装问题可调换 ***

高等职业教育通信类系列教材
编审专家委员会

前　言

为了贯彻落实立德树人的根本任务和高职高专的教学指导思想，本书在第一版的基础上进行了修改完善，并在再版过程中采用了"模块化建构、项目驱动、任务引领"的教学设计，增加了无线网络 (WLAN) 技术的内容；在理论阐述的基础上，以网络技术实际项目为背景开展实战训练。本书的主要特点如下：

(1) 作为第二批国家级职业教育教师教学创新团队课题研究项目"服务交通由文字化升级的现代通信技术专业群人才培养方案优化研究与实践 (课题编号：ZI2021120302)"，我们在实践中对教学内容进行了"模块化"的重构和设计，设计了网络技术基础、交换网络技术、网络互联技术和无线网络技术 4 个模块，共 12 个项目。每个项目都配有思维导图，利用可视化的图谱，形象地展示整体知识架构。本书语言浅显易懂，力求用最通俗的语言解释深奥的道理，符合高职高专的教学要求及学生特点。

(2) 根据教育部《职业院校教材管理办法》，在让学生具备网络互联设备配置与管理的基本知识、掌握市场主流技术及其应用能力的同时，结合"吉林省交通类现代工匠培育科研创新示范基地"的建设内容，在修订过程中适时融入课程思政元素，每个项目设有"思政小课堂"。全书以弘扬工匠精神为主线，贯穿对健全人格、团队合作、责任意识、劳模精神、专注力、创新能力、国家安全观、爱国情怀等方面的培养，旨在将"育德"与"修技"有机结合，加强对"匠苗" (学生) 职业意识、职业道德、职业素养的培养，全面培养其作为数据通信工程师应具备的职业素质。

(3) 提供了丰富的数字化资源和全部习题答案，并将这些资源上传于职教云主流线上教学平台，方便教师开展线上线下混合式教学，也便于读者进行自主学习。

(4) 在编写过程中注重实用性和学生技能培养，每个项目都设计了实战任务，步骤翔实、图文并茂。考虑到学生的个体差异，个别项目设计了拓展任务。实际教学中可以先理论后实践，也可以先实践后理论，还可以"教学做"一体化实施。

(5) 实战任务采用"虚实结合"的方式来完成，既能够在模拟器上进行"仿真"训练，让学生不受时空的制约，简单轻松地掌握网络设备配置、调试以及组网技术，又能让学生在不同厂商的设备上进行实操，最大限度地弥补"仿真"训练过程中真实操作的缺失，以便学生在真实项目的训练中完成学习过程与工作过程的紧密结合。

本书由吉林交通职业技术学院管秀君、肖杨担任主编，长春信息技术职业学院仝军、吉林交通职业技术学院卢川英担任副主编，浙江交通职业技术学院戎成担任主审，中兴新思职业技术培训中心郭长亮、赵文涛参与编写。管秀君编写了项目 2～7、项目 12，以及项目 8 的部分内容，并负责全书的策划和统稿；肖杨编写了项目 9 和项目 11；仝军编写了项目 10；卢川英编写了项目 1；郭长亮参与编写了项目 8 中的学习任务 8.7、学习任务 8.9 和实战任务 8.8、实战任务 8.10；赵文涛参与编写了项目 8 中的学习任务 8.4、8.5 和实战任务 8.6。

由于编者水平有限，书中可能还存在不足之处，殷切希望广大读者批评指正。

编 者

2024 年 5 月

目　录

模块一　网络技术基础

模块二　交换网络技术

模块三　网络互联技术

模块四　无线网络技术

模块一　网络技术基础

项目 1　初识计算机网络

思政目标

弘扬工匠精神，激发民族自豪感。

思维导图

本项目思维导图如图 1-0 所示。

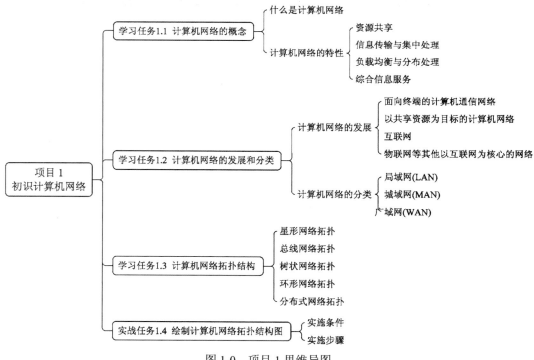

图 1-0　项目 1 思维导图

学习目标

◎了解计算机网络的定义、特性及发展过程。
◎掌握计算机网络的分类。

◎学会计算机网络拓扑结构的绘制。

学习任务 1.1　计算机网络的概念

1.1.1　什么是计算机网络

当今人们的生活、工作、学习和交流都已经离不开计算机网络，尤其是计算机网络、电信网和有线电视网的融合，使我们最大程度地享受到了网络带来的便利。那么，到底什么是计算机网络呢？

计算机网络是指将若干台地理位置不同且具有独立功能的计算机、终端及其附属设备，通过传输链路和通信设备相互连接起来，并通过网络通信协议和网络操作系统实现数据传输和资源共享的网络。图 1-1 展示了某学校的校园网络拓扑结构图。

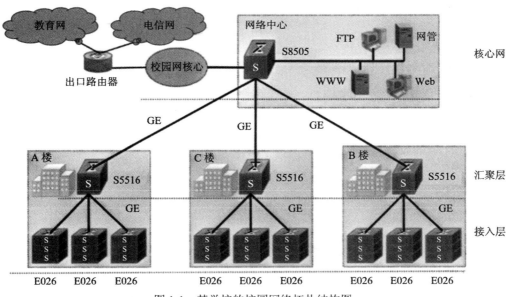

图 1-1　某学校的校园网络拓扑结构图

1.1.2　计算机网络的特性

计算机网络有以下几个特性：

(1) 资源共享。计算机网络的出现使资源共享变得简单，交流双方可以跨越空间的障碍随时随地传递信息。

(2) 信息传输与集中处理。数据经由网络传递至服务器，经服务器集中处理后再发送回终端。

(3) 负载均衡与分布处理。负载均衡与分布处理旨在将网络或应用系统的负载 (如工作任务、数据传输等）均匀地分布到多个服务器或设备上进行处理，以达到优化系统性能、提升响应速度、增加系统容量的目的。例如，一个大型网络内容提供商(Internet Content Provider，ICP) 为了支持更多的用户访问其网站，在全世界多个地方放置了相同内容的万维网 (World Wide Web，WWW) 服务器，通过特殊技术使不同地域的用户能够访问距离他最近的服务器上的相同页面，从而实现各服务器的负载均衡，同时也节省了用户的访问时间。

(4) 综合信息服务。计算机网络的一大发展趋势是多维化，即在一套系统上提供集成的信息服务，包括政治、经济、科技等各方面的信息资源，同时还提供多媒体信息，如图像、语音、动画等。

学习任务 1.2 计算机网络的发展和分类

1.2.1 计算机网络的发展

计算机网络的发展历程可分为以下 4 个阶段。

1. 面向终端的计算机通信网络

20 世纪 50 年代中至 60 年代末，计算机技术与通信技术初步结合，形成了计算机网络的雏形。早期的计算机价格昂贵，数量较少，为了提高对这种昂贵资源的利用率，科学家们利用通信手段，实现了终端和计算机的远程互联，使用户能够在自己的办公室通过终端远程访问计算机。面向终端的计算机通信网络如图 1-2 所示。

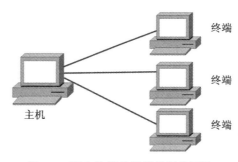

终端

终端

终端

主机

图 1-2　面向终端的计算机通信网络

美国在 1963 年投入使用的飞机订票系统 (SABRE-1) 就是这类网络的典型代表之一。该网络以一台中心计算机为主机，将全美范围内的 2000 多个终端通过电话线连接到中心计算机上，实现并完成了订票业务。

这种网络的缺点非常明显：首先，每一个分散的终端都需要单独占用一条通信线路，导致线路利用率低；其次，主机既要承担通信工作，又要承担数据处理工作，因此主机的负荷较重，效率低。因此，严格来讲，这种远程终端与分时系统的主机相连的形式并不能算作真正的计算机网络。

2. 以共享资源为目标的计算机网络

这一阶段研究的典型代表是美国国防部高级研究计划局 (Defense Advance Research Project Agency，DARPA) 的 ARPAnet。1969 年，DARPA 提出将多个大学、公司和研究所的多台计算机互联的课题。1969 年，ARPAnet 实验网络仅有 4 个节点，而到 1983 年已扩展至 100 多个节点。ARPAnet 通过有线、无线与卫星通信线路，使网络覆盖了美国本土到欧洲的广阔地域。ARPAnet 是计算机网络技术发展史上的一个重要里程碑，是第一个较为完善地实现了分布式资源共享的网络。

1977 年，国际标准化组织 (ISO) 开始着手研究网络互联问题，并在不久后提出了一个能够在全球范围内实现各种计算机互联的标准框架，即开放系统互连参考模型 (Open System Interconnect Reference Model，OSI/RM)。

3. 互联网

随着计算机网络和通信技术的不断发展，全球范围内建立了大量的局域网和广域网。为了扩大网络规模，实现更广泛的资源共享，人们提出了将这些网络互联的需求。在这样的背景下，国际互联网 (Internet) 应运而生。互联网采用了传输控制协议 / 网络协议 (Transmission Control Protocol/Internet Protocol，TCP/IP) 体系结构，成功地使网络可以在 TCP/IP 体系结构和协议规范的基础上实现互联。

20 世纪 90 年代，互联网进入了高速发展时期。到 21 世纪，互联网应用日益普及，已经渗透到各个领域。

4. 物联网等其他以互联网为核心的网络

物联网简而言之就是 "物物相联的互联网"。其定义是：通过信息传感设备，按照约定的协议实现人与人、人与物、物与物之间全面互联的网络。其主要特征是通过射频识别、传感器等方式获取物理世界的各种信息，结合互联网等网络进行信息的传输与交互，运用智能计算技术对信息进行分析处理，以提升对物质世界的感知能力，实现智能化的决策与控制。

物联网已经融入人们的生活，在智能医疗、智能电网、智能交通、智能家居、智能物流等多个领域得到应用，以互联网为核心和基础的物联网目前在各行业的应用越来越广泛。

■ 思政小课堂

在网络技术发展的过程中，中国两大领先的通信网络技术公司——华为技术有限公司 (华为) 和中兴通讯股份有限公司 (中兴) 近年来在技术创新、全球合作、可持续发展以及推动数字化转型等方面，对世界通信网络的发展起到了积极的推动作用。

1. 5G 技术的领先

华为和中兴在第五代移动通信技术 (5G) 技术的研发和推广方面处于全球领先地位。它们积极投入研发，推动 5G 技术的商业化应用，并向外提供 5G 设备和服务，帮助全球运营商建设和部署 5G 网络。

2. 创新驱动

华为和中兴一直致力于技术创新，推动通信技术的进步和发展。它们拥有大量专利和核心技术，不断推出新的产品和服务，以满足不断变化的通信市场需求。

3. 全球合作

华为和中兴积极与全球各地的运营商、企业和政府合作，共同推动通信技术的发展和应用。它们与国际组织、行业协会等开展合作，共同制定行业标准和规范，促进了全球通信产业的健康发展。

4. 推动数字化转型

华为、中兴的技术和解决方案有助于企业和组织实现数字化转型，提高生产效率和管理水平。它们的产品和服务覆盖了从通信设备、网络建设到应用软件开发等多个领域，帮助全球客户实现数字化转型。

1.2.2　计算机网络的分类

按照覆盖的地理范围，计算机网络可以分为局域网 (Local Area Network，LAN)、城域网 (Metropolitan Area Network，MAN) 和广域网 (Wide Area Network，WAN)。

1. 局域网

局域网是在一个较小区域范围内，将分散的计算机系统或数据终端互联起来，以实现资源共享而构成的高速数据通信网络。局域网覆盖的地理范围通常在几十米到几十千米，常用于组建一个办公室、一栋楼、一个楼群、一个校园或一个企业的计算机网络。

2. 城域网

城域网是另一种类型的数据网，它在区域范围和数据传输速率方面与 LAN 有所不同，其地域范围从几千米至几百千米，数据传输速率可以从几千比特每秒到几兆比特每秒。城域网设计的目标是要满足几十千米范围内的大量企业、机关、公司的多个局域网互联的需求，实现大量用户之间的数据、语音、图像与视频等多种信息的传输功能。

3. 广域网

广域网的覆盖范围较大，从几十千米到几千千米，通常覆盖几个城市、一个国家甚至全球，可连接多种类型的局域网。它利用电信运营商提供的网络作为信息传输平台，如中国移动、中国电信、中国联通等。因特网被认为是全球范围内最大的广域网。

学习任务 1.3　计算机网络拓扑结构

常见的计算机网络拓扑结构有星形、总线、树状、环形、分布式网络拓扑等。

1.3.1　星形网络拓扑

星形网络拓扑结构中所有节点都连接到一个中央节点，中央节点是网络中的关键设备，可以是集线器 (Hub) 或交换机 (Switch)。其他连接到网络的计算机工作站、服务器等节点都与中央节点直接相连。中央节点通过分时或轮询的方式为网络内的设备提供服务，所有数据必须经过中央节点。星形网络拓扑结构如图 1-3 所示。

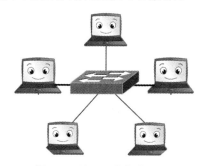

图 1-3　星形网络拓扑结构

星形网络拓扑的优点是：结构简单、连接方便、管理和维护相对容易，同时具有较强的扩展性；当一个站点出现问题时，不会影响整个网络的正常运行。

星形网络拓扑的缺点是中央节点一旦出现故障则会引起整个网络的瘫痪，并且每台入网机器均需要物理线路与中心处理机互联，导致线路的利用率低。

1.3.2　总线网络拓扑

总线网络拓扑是将所有入网设备通过相应的硬件接口直接连接到一条公共物理传输线路上，网络中所有的站点共享一条数据通道，所有的数据发往同一条线路。总线网络拓扑结构如图 1-4 所示。

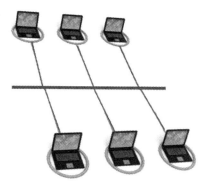

图 1-4　总线网络拓扑结构

总线网络拓扑的优点是：结构简单、布线容易、成本低，易于扩充；多台机器共用一条传输信道，信道利用率较高；某个站点的故障通常不会对整个网络造成影响。

总线网络拓扑的缺点是：同一时刻仅支持两台计算机通信；所有的数据必须经过总线传送，总线成为整个网络的瓶颈；出现故障诊断较为困难；另外，由于信道共享，连接的节点不宜过多，总线自身的故障会导致网络瘫痪。

1.3.3　树状网络拓扑

树状网络拓扑是从总线网络拓扑演变而来的，其形状像一棵倒置的树，顶端是树根，树根以下有分支，每个分支可再分为子分支。树状网络拓扑结构是一种层次结构，各节点按层级连接，信息主要在上下节点之间进行交换，相邻或同层节点之间通常不进行数据交换。树状网络拓扑结构如图 1-5 所示。

图 1-5   树状网络拓扑结构

树状网络拓扑的优点是：网络中节点扩充方便灵活；管理维护方便，故障隔离较容易。树状网络拓扑的缺点是：根节点依赖性大，一旦发生故障，整个网络将无法正常工作。

1.3.4   环形网络拓扑

环形网络拓扑的入网设备通过转发器接入网络，每个转发器仅与两个相邻的转发器有直接的物理线路。环形网的数据传输具有单向性，一个转发器发出的数据只能被另一个转发器接收并转发。所有转发器及其物理线路构成了一个环状的网络系统。环形网络拓扑结构如图 1-6 所示。

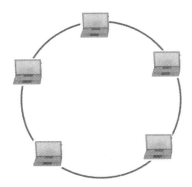

图 1-6   环形网络拓扑结构

环形网络拓扑的优点是：结构简单，信息在网络中沿着固定方向流动，每两个节点之间仅有一条路径，简化了路径选择的控制；实时性较好，固定了信息在网络中传输的最大时间。

环形网络拓扑的缺点是：由于环路封闭，不便于扩充；可靠性低，环形网中的每个节点均可能成为网络可靠性的瓶颈，任何一个节点出现故障都会造成网络瘫痪；同时，单个环形网络的节点数量有限。

1.3.5   分布式网络拓扑

分布式网络拓扑是由分布在不同地点且具有多个终端的节点互联而成的，网中任一节点均至少与两条线路相联。分布式网络又称为网状网络，其拓扑结构如图 1-7 所示。

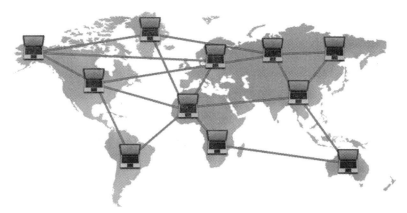

图 1-7 分布式网络拓扑结构

分布式网络拓扑的优点是：网络可靠性高，通常存在着两条或两条以上的通信路径连接任意两个节点；可扩充性好。

分布式网络拓扑的缺点是：网络结构复杂，成本高，且不易维护。

分布式网络拓扑主要应用于地域范围广、入网主机多的环境，常用于构造广域网络。

■ 拓展知识：计算机网络常见的国际标准化组织

在计算机网络的发展过程中，有许多国际标准化组织作出了重大的贡献。这些组织统一了网络的标准，使各个网络产品厂家生产的产品可以互相联通。

1. 国际标准化组织

国际标准化组织 (International Organization for Standardization，ISO) 成立于 1947 年，是全球最大的国际标准化专门机构。ISO 的宗旨是促进全世界标准化工作的发展，其主要活动是制定国际标准，协调世界范围的标准化工作。ISO 标准的制定过程要经过四个阶段，即工作草案、建议草案、国际标准草案和国际标准。

2. 电气与电子工程师学会

电气与电子工程师学会 (Institute of Electrical and Electronics Engineers，IEEE) 是世界上最大的专业性组织，其主要工作是开发通信和网络标准。IEEE 制定的关于局域网的标准已经成为当今主流的 LAN 标准。

3. 电子工业协会 / 电信工业协会

电子工业协会 / 电信工业协会 (Electronic Industries Association/Telecomm Industries Association，EIA/TIA) 制定了许多知名的标准，是电子传输标准的解释组织。EIA 开发的 RSR-232 和 ES-449 标准现在广泛应用于数据通信设备中。

4. 国际电信联盟

国际电信联盟 (International Telecomm Union，ITU) 成立于 1932 年，其前身为国际电信联合会。ITU 的宗旨是：维护和发展成员国间的国际合作，以改进和共享各种电信技术；帮助发展中国家大力发展电信事业；通过各种方式推动电信技术设施和电信网络的改进与服务；负责管理无线电频带的分配和注册，以避免各国电台的互相干扰。

5. 互联网工程任务组

互联网工程任务组 (Internet Engineering Task Force，IETF) 成立于 1986 年，是推动 Internet 标准规范制定方面最重要的组织。对于虚拟网络世界的形成，IETF 起到了无与伦比的作用。除了 TCP/IP 以外，几乎所有互联网的基础技术都是由 IETF 开发或改进的。IETF 工作组制定了网络路由、管理和传输标准，这些正是互联网赖以生存的基石。

实战任务 1.4　绘制计算机网络拓扑结构图

1.4.1　实施条件

1. 使用网络图标

在计算机网络中，为了表示网络设备之间的连接关系，网络拓扑结构经常使用各种网络设备的网络图标，各个厂家的图标大同小异，常用的网络设备的网络图标如图 1-8 所示。

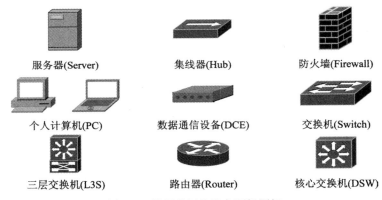

服务器(Server)　　集线器(Hub)　　防火墙(Firewall)

个人计算机(PC)　　数据通信设备(DCE)　　交换机(Switch)

三层交换机(L3S)　　路由器(Router)　　核心交换机(DSW)

图 1-8　常用的网络设备逻辑图标

2. 使用虚拟仿真软件

网络设备的高级模拟器软件可以模拟各自厂家的路由器、交换机、PC 终端等设备，实现设备的虚拟仿真组网、配置和调试。例如，华为提供的网络仿真工具平台 eNSP、新华三的 HCL、思科的 Cisco Packet Tracer 等。Cisco Packet Tracer 是一款强大的网络模拟工具，可用于在虚拟实验环境中练习网络、物联网和网络安全技能。

在本任务的实施过程中，可根据情况自行选择。

1.4.2　实施步骤

本任务的具体实施步骤如下：

(1) 观察学习场所 (实验室) 的网络结构及设备。

(2) 小组分析讨论网络设备的物理连接方式。

(3) 用给出的网络图标或网络模拟仿真软件绘制网络拓扑结构图。

项 目 习 题

一、选择题

1. 计算机网络的主要功能是 ( )。

A. 资源共享   B. 数据通信

C. 负载均衡与分布处理   D. 综合信息服务

2. 在计算机网络中，通信介质主要负责 ( )。

A. 数据传输   B. 数据处理

C. 数据存储   D. 数据控制

3. 按照地理范围分类网络可以分为 ( )

A. 局域网   B. 城域网

C. 广域网   D. 万维网

4. 在计算机网络中，常见的网络拓扑结构有星形、树状、环形、总线和 ( )。

A. 网状型   B. 层次型

C. 分布式   D. 线性型

5. 计算机网络常见的国际标准化组织有 ( )

A. 国际标准化组织 (ISO)

B. 国际电信联盟 (ITU)

C. 电气与电子工程师学会 (IEEE)

D. 互联网工程任务组 (IETF)

二、简答题

1. 按照覆盖范围，常见的计算机网络可以分为哪几类？每类网络各有哪些特点？

2. 星形网络拓扑有哪些特点？

3. 树状网络拓扑有哪些特点？

项目 2 规划 IP 地址

思政目标

弘扬工匠精神,加强数据通信工程师职业素养的提升。

思维导图

本项目思维导图如图 2-0 所示。

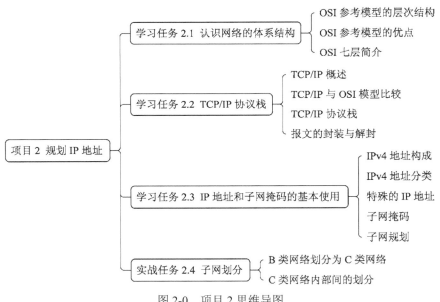

图 2-0　项目 2 思维导图

学习目标

◎掌握认识网络的体系结构。

◎掌握 TCP/IP 协议族的组成。

◎掌握应用层、传输层、网络层主要协议的功能。

◎了解报文封装与解封装的过程。

◎学会 IP 地址的分配及子网划分。

学习任务 2.1　认识网络的体系结构

自 20 世纪 60 年代计算机网络问世以来，它就得到了飞速发展。国际上各大厂商为了能够在数据通信领域占据主导地位，纷纷推出了各自的网络架构体系和标准，如 IBM 公司的 SNA、Novell 公司的 IPX/SPX 协议、Apple 公司的 AppleTalk 协议、DEC 公司的网络体系结构 DNA 以及广泛流行的 TCP/IP 等。但是，由于这些体系结构都是基于各自公司内部的网络连接，缺乏统一的标准，因而很难互联起来。针对这一情况，ISO 于 1984 年提出了 OSI/RM 模型，其最大的特点是开放性。不同厂家的网络产品，只要遵循该模型，就可以实现互联、互操作和可移植，即任何符合 OSI 标准的系统，只要物理上连接起来，就可以互相通信。

2.1.1　OSI 参考模型的层次结构

OSI 参考模型定义了开放系统的层次结构、各层次之间的相互关系以及各层可能包含的服务。如图 2-1 所示，OSI 参考模型采用分层结构化技术，将整个网络的通信功能分为 7 层，从低层到高层依次是物理层、数据链路层、网络层、传输层、会话层、表示层和应用层。每一层都有特定的功能，层与层之间既相互独立又相互依赖，上层依赖于下层，下层为上层提供服务。

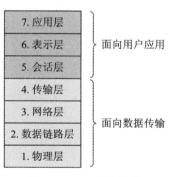

图 2-1　OSI 参考模型

2.1.2　OSI 参考模型的优点

分层的优点在于可以利用层次结构把开放系统的信息交换问题分解到不同的层中，每一层具有根据自身需求独立进行修改或扩充的功能。同时，这种结构有利于不同制造厂家的设备互连，也有利于用户学习、理解数据通信网络。

OSI 参考模型具有以下优点：

(1) 简化了相关的网络操作。

(2) 提供即插即用的兼容性和不同厂商之间的标准接口。

(3) 使各厂商能够设计出互相兼容的网络设备，加快了数据通信网络的发展。

(4) 避免了一个区域网络的变化影响另一个区域的网络。

(5) 把复杂的网络问题分解为简单的小问题，易于用户学习和操作。

2.1.3　OSI 七层简介

OSI 参考模型中不同层完成不同的功能。应用层、表示层和会话层合在一起通常被称为高层或应用层，这 3 层提供面向用户的应用，通常由应用程序软件实现；物理层、数据链路层、网络层和传输层合在一起通常被称为数据流层，可以实现数据流的传输。

1. 应用层

应用层是 OSI 体系结构中的最高层，为各种应用程序提供网络服务功能，常见的应用层协议有超文本文件传输协议 (Hypertext Transfer Protocol，HTTP)、文件传输协议 (File Transfer Protocol，FTP) 等。

2. 表示层

表示层主要解决用户信息的语法表示问题，并向上对应用层提供服务。表示层的功能是对信息格式和编码进行转换，如将 ASCII 码转换为 EBCDIC 码等；此外，对传送的信息进行加密与解密也是表示层的功能之一。

3. 会话层

会话层负责对话控制及同步控制。对话控制是指允许对话以全双工或半双工的方式进行；同步控制则可以在数据流中加入若干同步点，以便在数据传输中断时可以从同步点重新传输数据。

4. 传输层

传输层可以为主机应用程序提供端到端的可靠或不可靠的传输服务。这里提到的端到端的传输是指从一个进程到另一个进程的传输。传输层具有以下主要功能：

(1) 分割上层应用程序生成的数据；

(2) 在应用主机程序之间建立端到端的连接；

(3) 实现流量控制；

(4) 提供面向连接的可靠服务或面向非连接的不可靠服务。

5. 网络层

网络层是 OSI 参考模型中的第三层，它位于传输层与数据链路层之间。网络层负责提供逻辑地址，即 IP 地址，可使数据从源端发送到目的端。网络层的关键技术是路由选择。常见的网络层协议包括 IP、IPX 和 AppleTalk 等。

6. 数据链路层

数据链路层是 OSI 参考模型中的第二层，它以物理层为基础，向网络层提供可靠服务。数据链路层具有以下主要功能：

(1) 数据链路层主要负责数据链路的建立、维持和拆除，并在两个相邻节点的线路上，将网络层传送下来的数据包组成数据帧并传送，每一帧包括数据和一些必要的控制信息，如图 2-2 所示。

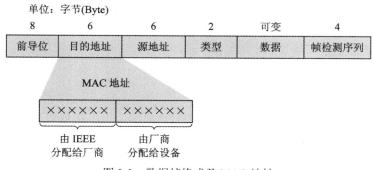

图 2-2 数据帧格式及 MAC 地址

(2) 数据链路层定义了物理源地址和物理目的地址，也就是介质访问控制地址，或称为 MAC 地址、硬件地址，主要用来确定网络设备的位置。MAC 地址一般烧录在网络接口卡 (Network Interface Controller，NIC) 中。IEEE 对 MAC 地址进行管理，以确保 MAC 地址的唯一性。在实际的通信过程中，设备之间的寻址就是基于数据链路层的 MAC 地址进行的。

MAC 地址由 48 位二进制数字组成，通常表示为 12 位十六进制数，格式为 XX-XX-XX-XX-XX-XX。MAC 地址由两部分组成，前 6 位十六进制数是 IEEE 分配给厂商的代码，后 6 位十六进制数是厂商自行分配给各设备的代码，用于标识每张网卡的唯一编号，MAC 地址如图 2-2 所示。例如，锐捷网络产品的 MAC 地址前 6 位是 00-D0-F8，中兴 GAR 产品的 MAC 地址前 6 位是 00-D0-D0。

(3) 定义网络拓扑结构。网络的拓扑结构是由数据链路层定义的，如以太网的总线网络拓扑结构、交换机以太网的星形网络拓扑结构、令牌环的环形网络拓扑结构和光纤分布式数据接口 (FDDI) 的双环网络拓扑结构等。

(4) 数据链路层通常还定义帧的顺序控制、流量控制以及面向连接或面向非连接的通信类型。

7. 物理层

物理层是 OSI 参考模型中的第一层，也是最底层。在这一层中规定的既不是物理媒介，也不是物理设备，而是物理设备和物理媒介相连接时的描述方法和规范。物理层的主要功能是提供比特流传输。物理层还提供用于建立、保持和断开物理接口的条件，以确保比特流的透明传输。

物理层协议主要规定了计算机或数据终端设备 (Data Terminal Equipment，DTE) 与数字通信设备 (Data Circuit-terminating Equipment，DCE) 之间的接口标准，接口主要包含了机械、电气、功能与规程四个方面的特性。它还定义了媒介类型、连接头类型和信号类型。

学习任务 2.2　TCP/IP 协议栈

2.2.1　TCP/IP 概述

TCP/IP 起源于美国国防部高级研究项目管理局在 1969 年进行的有关分组交换广域网科研项目的研究，因此最初的网络称为 ARPAnet。

1973 年，传输控制协议 TCP 正式投入使用；1981 年，网际协议 IP 也投入使用；1983 年 TCP/IP 正式被集成到美国加州大学伯克利分校的 UNIX 版本中，该网络版操作系统满足了当时各大学、机关、企业高度的联网需求。随着该免费分发操作系统的广泛使用，TCP/IP 因而得到普及。到 20 世纪 90 年代，TCP/IP 已发展成为计算机之间最常用的组网形式。作为一个真正的开放系统，TCP/IP 协议栈定义了多种实现方式，这些实现方式可以免费或很低成本地公开得到，因此它被称为全球互联网或因特网 (Internet) 的基础。

2.2.2　TCP/IP 与 OSI 模型比较

与 OSI 参考模型一样，TCP/IP 也采用分层的开发结构，每一层负责不同的通信功能。与 OSI 参考模型不同的是，TCP/IP 简化了层次设计，将原先的 7 层模型合并为一个由 4 层协议组成的体系结构，自上向下分别是应用层、传输层、网络层和网络接口层（又称为链路层），不包含 OSI 参考模型的会话层和表示层。TCP/IP 协议栈与 OSI 参考模型的对应关系如图 2-3 所示。TCP/IP 协议栈的每一层协议完成所对应 OSI 层的功能，TCP/IP 的应用层包含了 OSI 参考模型中的应用层、表示层和会话层协议。

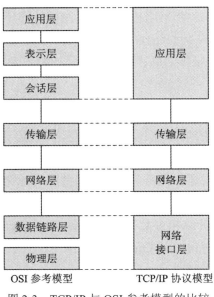

图 2-3　TCP/IP 与 OSI 参考模型的比较

TCP/IP 与 OSI 模型的相同点如下：

(1) 两者都是分层结构，并且工作模式一样，层和层之间都需要很密切的协作关系。

(2) 两者有相同的应用层、传输层和网络层。

(3) 两者都使用包交换技术。

两者的不同点如下：

(1) TCP/IP 把表示层和会话层都归入了应用层。

(2) 因为分层少，所以 TCP/IP 的结构比较简单。

(3) TCP/IP 的标准是在 Internet 不断发展中建立的，基于实践，具有很高的信任度。相比较而言，OSI 参考模型是基于理论的一种向导模型。

2.2.3　TCP/IP 协议栈

TCP/IP 协议栈是由不同层次的多种协议组成的，如图 2-4 所示。下面介绍 TCP/IP 协议栈中的几个层次。

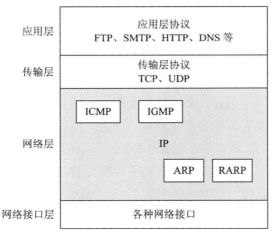

图 2-4　TCP/IP 协议栈

网络接口层涉及在通信信道上传输的原始比特流，它规定了传输数据所需要的机械、电气、功能及规程等特性，提供检错、纠错、同步等功能，以确保网络层显现一条无错线路，并进行流量调控。

网络层的主要协议有网际协议 IP、因特网控制报文协议 (Internet Control Message Protocol，ICMP)、因特网组管理协议 (Internet Group Management Protocol，IGMP)、地址解析协议 (Address Resolution Protocol，ARP) 和反向地址解析协议 (Reverse Address Resolution Protocol，RARP) 等。

传输层的主要协议有传输控制协议 (Transmission Control Protocol，TCP) 和用户报文协议 (User Datagram Protocol，UDP)。传输层的主要功能是为两台主机间的应用程序提供端到端的通信。传输层从应用层接收数据，并且必要时将其分成较小的单元传递给网络层，以确保传输到对方的各段信息正确无误。

应用层的主要功能是作为用户和应用程序之间的接口，在这一层中，TCP/IP 模型设计各种协议用来支持不同的软件类型。例如：上网使用 IE 浏览器时，使用的是超文本传输协议 HTTP；两台计算机传送文件资料时，使用的是文件传输协议 FTP；发送电子邮件 (E-mail) 时，使用的是简单邮件传输协议 (Simple Mail Transfer Protocol，SMTP)。

1. 应用层协议

应用层为用户的各种网络应用开发了许多网络应用程序，如文件传输、网络管理等。下面重点介绍几种常用的应用层协议。

(1) 文件传输协议 FTP。文件传输协议 FTP 是 Internet 上使用最广泛的文件传输协议。在 FTP 协议，需要用到两个 TCP 连接：一个是控制连接，使用熟知端口 21，主要用来在 FTP 客户端与服务器之间传输命令；另一个是数据连接，使用熟知端口 20，主要用来从客户端向服务器上传输文件或从服务器下载文件到客户端的计算机中。

(2) 超文本传输协议 HTTP。超文本传输协议 HTTP 是互联网上应用最为广泛的一种应用层网络协议。HTTP 建立在 TCP 协议基础上，用于客户端 (用户) 和服务器端 (网站) 之间的请求和应答的网络协议。当客户端 Web 浏览器向服务器上指定端口 (默认 80) 发起一个 HTTP 请求时，服务器端应用进程返回 HTML 页面作为响应。

(3) 简单邮件传输协议 SMTP。SMTP 支持文本邮件在 Internet 上的传输。

(4) 远程终端协议 Telnet。Telnet 是客户端与远程终端服务器建立连接的标准终端仿真协议。

(5) 简单网络管理协议 SNMP。简单网络管理协议 (Simple Network Management Protocol，SNMP) 负责网络设备的监控和维护，支持安全管理、性能管理等。

(6) 域名系统 DNS。域名系统 (Domain Name System，DNS) 是 Internet 使用的命名系统，用来将用户使用的易于记忆的字符串名称转换为 IP 地址。例如，百度网站的 IP 地址是 61.135.169.125 比较难记，转换成域名 www.baidu.com 则更易记和好用。在 TCP/IP 网络中使用域名系统可使用户容易记忆网络地址。

2. 传输层协议

传输层位于应用层和网络层之间，为终端主机提供端到端的连接、流量控制 (通过窗口机制实现)、可靠性 (通过序列号和确认机制实现)、支持双工传输等功能。传输层的主要协议有 TCP 和 UDP。尽管 TCP 和 UDP 都使用相同的网络层协议 IP，但两者却为应用层提供完全不同的服务。

1) 传输控制协议 TCP

TCP 为应用层提供面向连接的可靠的通信服务。目前，许多流行的应用程序都使用 TCP 协议。

TCP 的报文由报文头和数据两部分组成，如图 2-5 所示。

每个 TCP 的报文头都包含以下内容：

(1) 源端口号和目的端口号：用于标识和区分源端设备和目的端设备的应用进程。

(2) 顺序号：该字段用于标识 TCP 源端设备向目的端设备发送的字节流，它表示在该报文段中的第一个数据字节。

(3) 应答号：表示期望收到对方下一个报文段的第一个数据字节的序号。因此，应答号应该是上次已经成功收到的数据顺序号加 1。

(4) 窗口大小：指发送方和接收方的缓存大小，即在等待对方应答时可以传输的报文数。TCP 流量的控制是由连接的各端通过声明的窗口大小来提供的。窗口大小用字节数表示。例如，Windows size = 1024，表示一次可以发送 1024 B 的数据。

(6) 校验和：用于校验 TCP 报头部分和数据部分的正确性。

(7) 其他控制信息：如同步位 SYN、确认位 ACK 等。

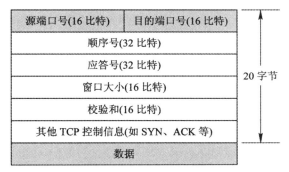

图 2-5　TCP 报文内容格式

TCP 是面向连接的传输层协议，所谓面向连接是指在真正开始数据传输之前需要完成连接建立的过程，否则不会进入真正的数据传输阶段。

TCP 的连接建立过程通常被称为三次握手，如图 2-6 所示。

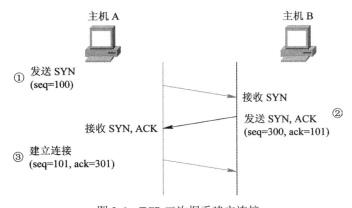

图 2-6　TCP 三次握手建立连接

步骤 1：请求主机 A 发送一个 SYN(同步序号) 指明打算连接的服务器端口以及初始序号 seq = 100。

步骤 2：主机 B 收到序号 seq = 100 后回复一个包含自己初始序号 seq = 300 的 SYN 报文作为应答。同时，确认序号设置为主机 A 的初始序号加 1，即 ack = 101 进行确认。

步骤 3：主机 A 必须将确认序号设置为主机 B 的初始序号加 1，即 ack = 301，并对主机 B 的 SYN 报文段进行确认。

经过上述三次对话后，主机 A 与主机 B 建立了连接，之后双方可以开始传输数据。

2) 用户报文协议 UDP

UDP 提供一种面向无连接的数据报服务，因此，它不能提供可靠的数据传输。此外，UDP 不进行差错检验，也无法保证任何分组的传递和验证，必须由应用层的应用程序来实现可靠性机制和差错控制，以确保端到端数据传输的正确性。UDP 协议的报文格式如图 2-7 所示。

图 2-7　UDP 报文格式

相对于 TCP 报文，UDP 报文只有少量的字段，即源端口号、目的端口号、其他 UDP 控制信息、校验及数据，各个字段的功能与 TCP 报文中的相应字段相同。

UDP 报文没有可靠性保证和顺序保证、流量控制字段等，因此其可靠性较差。然而，使用传输层 UDP 服务的应用程序也具有优势。由于 UDP 控制选项较少，在数据传输过程中具有较低的延迟和较高的数据传输效率，适合于某些对可靠性要求不高的一些实时应用程序或者自身能保障可靠性的应用程序，如 DNS、TFTP、SNMP 等。此外，UDP 也可以用于传输链路可靠的网络。

TCP 与 UDP 的区别如下：

(1) TCP 是基于连接的协议，UDP 是面向非连接的协议。TCP 在正式收发数据之前，必须和对方建立可靠的连接。要建立一个 TCP 连接，必须经过三次对话才能完成。UDP 是面向非连接的协议，不需要与对方建立连接，直接发送数据包。

(2) 从可靠性角度来看，TCP 的可靠性优于 UDP。

(3) 从传输速度来看，TCP 的传输速度比 UDP 慢。

(4) 从协议报文的角度来看，TCP 的协议开销大，具备流量控制的功能；UDP 的协议开销小，但不具备流量控制的功能。

(5) 从应用场合看，TCP 适合于传输大量数据，而 UDP 适合传输少量数据。

3. 网络层协议

网络层位于 TCP/IP 协议栈的网络接口层和传输层中间。网络层主要定义了 IP、ICMP、ARP 和 RARP 协议，以保证数据包的成功分发。

1) IP 协议

IP 协议和路由协议协同工作，寻找能够将数据包传送到目的端的最优路径。IP 协议不关心数据报文的内容，提供无连接、不可靠的服务。普通的 IP 数据包其包头长度为 20 B，不包含 IP 选项字段。IP 数据包中包含的主要内容如图 2-8 所示。

(1) 版本号：标明了 IP 的版本号，目前的协议版本号为 IPv4 和 IPv6。

(2) 生存周期 TTL：该字段设置了数据包可以经过的最多路由器数，它指定了数据包的生存时间。TTL 的初始值由源主机设置（通常为 32 或 64)，每经过一个处理它的路由器，其值减 1。当该字段的值为 0 时，数据包将被丢弃，并发送 ICMP 报文通知源主机。

(3) 上层协议：指传输层采用的是哪种协议，是 TCP 还是 UDP。

(4) 源 IP 地址：指发送方源主机的 IP 地址。

(5) 目的 IP 地址：指接收方目的主机的 IP 地址。

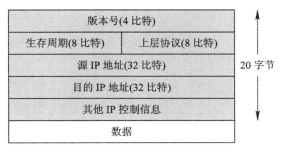

图 2-8   IP 包格式

2) ICMP 协议

ICMP 协议是集差错报告与控制于一身的协议，在所有 TCP/IP 主机上均可实现 ICMP。常用的"Ping"命令和"Tracert"命令都基于 ICMP 协议。

(1) Ping 命令。

Ping 命令用于测试目的端的可达性。执行 Ping 命令时首先向目的主机发送一份 ICMP 请求报文，然后等待目的主机返回 ICMP 回应应答。

Ping 命令的基本格式为：

C:\>ping 目标计算机的 IP 地址或主机名。

Ping 命令还可以添加相应参数，例如：

C:\>ping [-t] [-a][-n count] 目标计算机的 IP 地址或主机名。

其中：-t——不停地向目标主机发送数据，按 Ctrl + C 键中止。

-a——可以将 IP 地址解析为计算机名。

-n count——指定要 Ping 多少次，次数由 count 来指定，如 ping-n 5 192.168.1.20。

表 2-1 列出了常见的 Ping 命令返回信息。

表 2-1   常见 Ping 命令返回信息

返回信息提示	含　义
Reply from X.X.X.X: byte=32 times<1ms TTL=255	表示计算机到目标 IP 主机之间连接正常 (X.X.X.X 代表某个 IP 地址)
Request timed out	表示没有收到目标主机返回的响应数据包，引起原因有网络不通、对方没有开机、对方装有防火墙、IP 地址不正确等
Destination host unreachable	表示对方主机不存在或者没有跟对方建立连接，与路由设置或 DHCP 出现故障有关
Bad IP address	表示可能没有连接 DNS 服务器，无法解析该 IP 地址，也可能是目标 IP 地址不存在

表 2-2 为解决网络故障时常用的 Ping 命令。

表 2-2　解决网络故障常用 Ping 命令

命令格式	含　义
Ping 127.0.0.1	127.0.0.1 是本地循环地址，如果无法 Ping 通，则表明本地计算机 TCP/IP 协议不能正常工作，需要重新安装 TCP/IP 协议
Ping 本机的 IP 地址	Ping 通表示网络适配器工作正常，Ping 不通则表明网络适配器出现了故障，需要更换、重新插拔或重装网卡驱动程序
Ping 同网段内其他计算机的 IP	Ping 一台同网段计算机的 IP，Ping 不通则表明网络线路出现了故障，需要对网线、交换机或目标计算机进行检查测试

（2）Tracert 命令。

Tracert 是一种路由跟踪实用程序，用于确定 IP 数据包访问目标所采用的路径。该命令利用 IP 生存时间 TTL 字段和 ICMP 错误消息来确定从一个主机到网络上其他主机的路由。

Tracert 的工作原理为：通过向目标发送具有不同 TTL 值的 ICMP 回应数据包来诊断程序确定到目标所采取的路由。要求路径上的每个路由器在转发数据包之前至少将数据包上的 TTL 值递减 1。当数据包的 TTL 减少至 0 时，路由器应该向源系统发送"ICMP 已超时"的消息。

Tracert 首先发送 TTL 为 1 的回应数据包，随后的每次发送过程将 TTL 递增 1，直到目标响应或 TTL 达到最大值，从而确定路由。通过检查中间路由器返回的"ICMP 已超时"的消息来确定路由。某些路由器不经询问直接丢弃 TTL 过期的数据包而不发回消息，这在 Tracert 实用程序中无法观察到。Tracert 命令按照顺序打印出返回"ICMP 已超时"消息的路径中的近端路由器接口列表。

Tracert 命令支持多种选项，命令格式如下：

```
C:\>tracert [-d] [-h maximum_hops] [-j host-list] [-w timeout]  target_name
```

其中：-d——指定不将 IP 地址解析到主机名称。

　　　　-h(maximum_hops)——指定跟踪到名为 target_name 的主机的路由的最大跃点数。

　　　　-j(host-list)——指定 Tracert 实用程序数据包所采用路径中的路由器接口列表。

　　　　-w(timeout)——每次等待回复的超时时间以 ms 为单位。

　　　　target_name——目标主机的名称或 IP 地址。

Tracert 命令显示内容如图 2-9 所示。

（3）ARP 协议。

ARP 协议是根据 IP 地址获取物理地址的一个 TCP/IP 协议。当主机发送信息时，会广播一个包含目标 IP 地址的 ARP 请求到网络上的所有主机，并接收返回消息以确定目标的物理地址；在收到返回消息后，将该 IP 地址和物理地址存入本机的 ARP 缓存中并保留一定时间，以便下次请求时直接查询 ARP 缓存以节约资源。ARP 协议的工作过程如图 2-10 所示。

ARP 协议的工作过程如下：

① 主机 172.16.3.1 发送一个名为 ARP 请求的以太网数据帧给以太网上的每个主机，这个过程称为广播。ARP 请求数据帧中包含目的主机的 IP 地址，其含义是"谁的 IP 地址是 172.16.3.2？请回答你的 MAC 地址"。

② 连接在同一个 LAN 上的所有主机都将接收到这个 ARP 广播，目的主机 172.16.3.2

在收到这份广播报文后，根据目的地址判断出这是发送端在询问自己的 MAC 地址，于是发送一个单播 ARP 应答。该应答包含了目的主机的 IP 地址和对应的 MAC 地址。主机 172.16.3.1 收到 ARP 应答后就知道了接收端的 MAC 地址了。

③ ARP 高效运行的关键在于每个主机上都有一个 ARP 高速缓存。这个高速缓存中存储了最近 IP 地址到 MAC 地址的映射记录。当主机需要查找某个 IP 地址与 MAC 地址的对应关系时，首先在本机的 ARP 缓存表中查找，只有在缓存表中找不到查寻目标时才进行 ARP 广播。

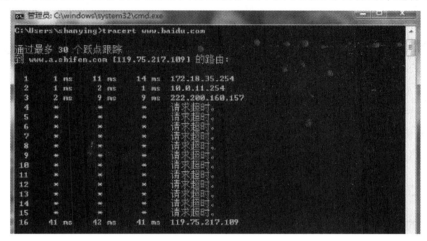

图 2-9　Tracert 命令显示内容

图 2-10　ARP 协议的工作过程

(4) RARP 协议。

RARP 协议用于将局域网中某台主机的物理地址转换为 IP 地址。例如，如果局域网中有一台主机只知道物理地址而不知道 IP 地址，那么可以通过 RARP 协议发送广播请求以获取自身 IP 地址的，然后由 RARP 服务器进行回应。RARP 协议广泛用于获取无盘工作站的 IP 地址。RARP 协议的工作过程如图 2-11 所示。

RARP 协议的工作过程如下：

① 主机 A 发送一个本地的 RARP 广播，在此广播包中，声明自己的 MAC 地址并请求任何接收到此请求的 RARP 服务器分配一个 IP 地址。

② 本地网段上的 RARP 服务器收到此请求后，检查其 RARP 列表，查找该 MAC 地址对应的 IP 地址。

③ 如果存在，则 RARP 服务器向源主机发送一个响应数据包，并提供 IP 地址供其使用。

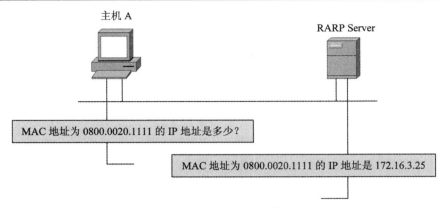

图 2-11   RARP 协议的工作过程

④ 如果不存在，则 RARP 服务器将不做任何响应。

⑤ 源主机在收到来自 RARP 服务器的响应信息后，就可利用获得的 IP 地址进行通信；如果一直未收到 RARP 服务器的响应信息，则表示初始化失败。

2.2.4   报文的封装与解封

1. 报文的封装

发送端发送数据的过程是从上至下逐层传递的。在 OSI 参考模型中，每个层次收到上层传递过来的数据后都需要添加本层的控制信息到数据单元的头部，有些层还需要在数据单元的尾部附加校验和等信息。这个过程称为封装，如图 2-12 所示。

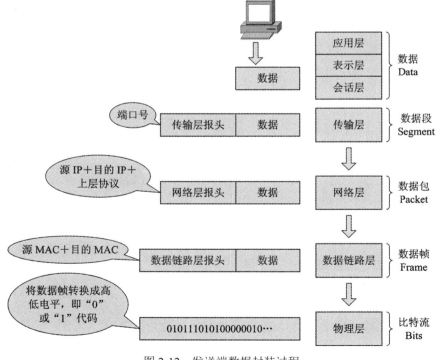

图 2-12   发送端数据封装过程

每层封装后的数据单元有不同的名称。在应用层、表示层、会话层的协议数据单元统称为数据 (Data)，在传输层的协议数据单元称为数据段 (Segment)，在网络层的协议数据单元称为数据包 (Packet)，在数据链路层的协议数据单元称为数据帧 (Frame)，在物理层的协议数据单元称为比特流 (Bits)。

2. 报文的解封

当数据到达接收端时，每一层读取相应的控制信息，并根据控制信息中的内容向上层传递数据单元。在向上层传递之前，需要去除本层的控制头部信息和尾部信息 (如果有的话)。这个过程称为解封，如图 2-13 所示。

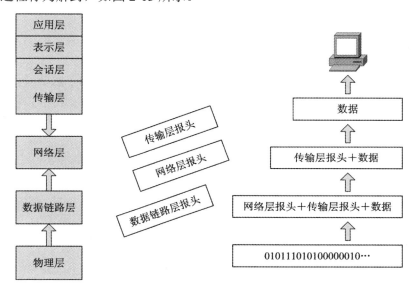

图 2-13 接收端数据拆封过程

学习任务 2.3 IP 地址和子网掩码的基本使用

2.3.1 IPv4 地址构成

IP 地址是在 Internet 上为主机编址的一种方式，也称为网络协议地址。常见的 IP 地址分为 IPv4 与 IPv6 两大类，目前广泛使用的是 IPv4。每台联网的计算机都需要拥有全局唯一的合法 IP 地址才能实现正常通信。

IPv4 地址是一个 32 位的二进制数。为了方便书写和记忆，通常被分割为 4 个 "8 位二进制数" (也就是 4 字节)，每个 8 位二进制数用一组 0～255 的十进制数表示，数与数之间用句点分隔，如图 2-14 所示。

为了清晰地区分各个网段，我们采用了结构化的分层方案对 IP 地址进行处理，此方案将 IP 地址分为两部分：网络位和主机位。要区分网络位和主机位，需要借助地址掩码 (netmask)。网络位用于唯一标识一个网段或者若干网段的聚合，而同一网段中的网络设备则拥有相同的网络地址。主机位则用于唯一地标识同一网段内的网络设备。

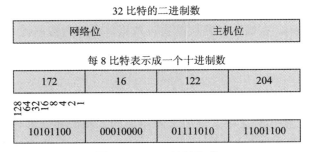

图 2-14　IPv4 地址构成

2.3.2　IPv4 地址分类

Internet 委员会定义了 5 种 IP 地址类型，以适应不同容量的网络，即 A、B、C、D、E 类。在互联网中，经常使用的 IP 地址类型是 A、B、C 三类，而 D 为特殊地址。具体的 A、B、C、D 类情况如图 2-15 所示。

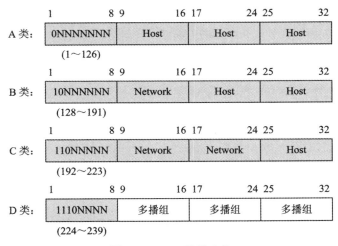

图 2-15　IPv4 地址分类

（1）A 类地址。A 类地址中前 8 位是网络位，后 24 位是主机位，且第 1 个 8 位位组中的最高位是 0。A 类地址第一组十进制数值范围是 1～126。

（2）B 类地址。B 类地址中前 16 位是网络位，后 16 位是主机位，且第 1 个 8 位位组的前两位是 10。B 类地址第一组十进制数值范围是 128～191。

（3）C 类地址。C 类地址中前 24 位是网络位，后 8 位是主机位，且第 1 个 8 位位组的前 3 位是 110。C 类地址第一组十进制数值范围是 192～223。

（4）D 类地址。D 类地址第 1 个 8 位位组以 1110 开始，第一组十进制数值范围是 224～239。D 类 IP 地址在历史上被叫作多播地址（multicast address），即组播地址。多播地址主要用于将数据包发送到网络上的一组计算机，通常用于流媒体或其他多点通信应用程序，如网络会议、在线视频等。

(5) E 类地址。E 类地址第 1 个 8 位位组以 1111 开始，第一组十进制数值范围是 240～254。E 类地址并不常用于传统的 IP 地址，通常用于实验或研究。

2.3.3　特殊的 IP 地址

IP 地址用于唯一标识一台网络设备，然而，并非每一个 IP 地址都是可用的。一些特殊的 IP 地址被用于各种用途，但不能用于标识网络设备。

(1) 主机位的二进制全为"0"的 IP 地址称为网络地址，用来标识一个网段。

(2) 主机位的二进制全为"1"的 IP 地址称为广播地址，用于标识一个网络中的所有主机。

(3) 127.0.0.1 作为回环地址，常用于本机上软件测试和本机上网络应用程序之间的通信地址。

(4) 32 位二进制全为"1"的 IP 地址 (255.255.255.255) 称为本地广播地址。它只可以作为目的 IP 地址，表示该分组发送给源主机属于同一个网络的所有主机，但是这类广播仅限于本地网络，不会扩散到其他网络中。

(5) 32 位为全"0"的 IP 地址 (0.0.0.0)，通常由无盘工作站启动时使用。无盘工作站启动时不知道自己的 IP 地址，因此使用 0.0.0.0 作为源 IP 地址，255.255.255.255 作为目的 IP 地址，发送一个本地广播请求来获取一个 IP 地址。

(6) 在 A 类、B 类、C 类地址中，还有一些特定地址没有分配，这些地址被称为私有地址。当一些组织内部使用 TCP/IP 联网，但并未接入 Internet 时，就可把这些私有地址分配给主机。私有地址范围如下：

- A 类：10.0.0.0~10.255.255.255。
- B 类：172.16.0.0~172.31.255.255。
- C 类：192.168.0.0~192.168.255.255。

2.3.4　子网掩码

1. 子网掩码的作用

IPv4 的子网掩码 (subnet mask) 的主要作用是区分 IP 地址中的网络地址和主机地址，从而实现对不同网络的划分和隔离。子网掩码用于屏蔽 IP 地址的一部分，以区分网络标识和主机标识。同时，使用子网掩码可以将一个大的网络划分成多个小的网络，以便更有效地管理网络资源，减少网络拥塞和冲突，提高网络的安全性和性能。在实际配置中，通常会根据实际情况选择合适的子网掩码，以实现最佳的网络管理和性能。

2. 子网掩码的表示

子网掩码与 IP 地址一一对应，也是 32 位的二进制数，在 IP 地址出现时同时存在同时出现。其作用是区分 IP 地址中的网络部分和主机部分。子网掩码中的每一位，当为 1 时表示对应的 IP 地址位是网络位，为 0 时表示主机位。子网掩码有多种表示方法，常用的表示方法有类别表示法和 CIDR 表示法。

(1) 类别表示法。

例如，经常使用的 IP 地址类型是 A、B、C 三类，其对应的子网掩码分别是：

· A 类：255.0.0.0。

· B 类：255.255.0.0。

· C 类：255.255.255.0。

在子网掩码中，255.255.255.255 是一个特殊的掩码，也被称为单播地址或主机地址。在这种配置中，所有位都是网络位的标识，每个 IP 地址都是一个独立的网段，都可作为运营商设备的管理地址或 loopback 接口地址。

(2) CIDR 表示法。

CIDR 表示法是当前最常用的子网掩码表示方法之一，也称为无类别域间路由表示法。它使用斜线 (/) 后跟数字来表示 IP 地址和子网掩码的位数，数字范围是 0~32。例如，IP 地址为 192.168.1.1，子网掩码为 255.255.255.0，用 CIDR 表示法可以写成 192.168.1.1/24。这里的 24 表示子网掩码中二进制数为 1 的连续位数是 24。

CIDR 表示法的优点在于它便于表示任何类型的子网掩码，包括可变长度子网掩码 (VLSM) 和无类别域间路由 (CIDR)。此外，CIDR 表示法还可以避免 A 类、B 类和 C 类 IP 地址的限制，使得 IP 地址的分配更加灵活和有效。

3. 如何确定一个 IP 地址的网络地址

要确定一个 IP 地址的网络地址，可以使用子网掩码进行"与"运算。具体步骤如下：

(1) 将 IP 地址和子网掩码都转换成二进制形式。

(2) 对 IP 地址的每个二进制位进行与运算，即将 IP 地址的每个二进制位与子网掩码的对应位进行"与"运算 (0 与 0 = 0，0 与 1 = 0，1 与 0 = 0，1 与 1 = 1)。

(3) 得出网络地址的二进制形式。

(4) 将网络地址转换成十进制形式，即为网络地址。

例如，如果一个 IP 地址为 192.168.2.1，子网掩码为 255.255.255.0，那么该 IP 地址的网络地址为 192.168.2.0，如图 2-16 所示。

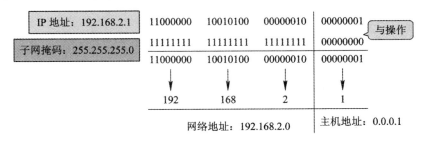

图 2-16　网络地址的计算

2.3.5　子网规划

在了解了 IP 地址和子网掩码的基础上我们可以根据需要进行子网规划。

1. 可用主机 IP 地址数量的计算

每一个网段中会有一些 IP 地址不能用作主机 IP 地址。下面计算每个网段可用的 IP 地址，计算公式为 $2^N - 2$，其中 N 表示主机位数。

主机位全为 "0" 表示网络编号，主机位全为 "1" 表示该网络中的广播。

如图 2-17 所示，B 类网段 172.16.0.0 为例，其有 16 位主机位，因此该网络有 2^{16}(65 536) 个 IP 地址，去掉一个网络地址 (172.16.0.0) 和一个广播地址 (172.16.255.255) 不能用作标识主机，则共有 $2^{16} - 2 = 65\ 534$ 个可用地址。按照公式 $2^N - 2$ 计算，A 类 IP 地址共有 $2^{24} - 2$(16 777 214) 个可用地址，C 类 IP 地址共有 $2^8 - 2$(254) 个可用地址。

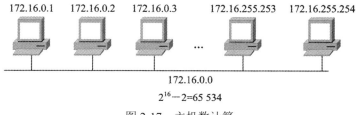

图 2-17　主机数计算

2. 子网划分

根据可用主机 IP 地址数量的计算公式可知，每个 B 类网络可能有 65 534 台主机，它们位于同一广播域。然而，在同一广播域中存在这么多节点是不现实的，网络会因为广播通信而过载，导致 65 534 个地址中的大部分无法分配出去。因此，可以基于 IP 网络类别把网络划分为更小的网络，即子网划分。每个子网分配一个新的子网网络地址，这个子网地址是通过借用基于每个网络类别的网络地址的主机部分创建的，具体如图 2-18 所示。

图 2-18　子网划分

如前所述，IP 地址在没有相关子网掩码的情况下存在是没有意义的，通过使用子网掩码决定 IP 地址中哪个部分为网络位，哪个部分为主机位。在默认的情况下，如果没有进行子网划分，A 类网络的子网掩码是 255.0.0.0，B 类网络的子网掩码是 255.255.0.0，C 类网络的子网掩码是 255.255.255.0。

3. 子网划分实例

一个 IP 地址所处的子网编号可以通过 IP 地址和子网掩码进行 "与" 运算后得出。

图 2-19 为子网划分的计算实例。具体计算步骤如下：

(1) 将 IP 地址 172.16.2.160 转换为二进制数。

(2) 将子网掩码 255.255.255.192 转换为二进制数。

(3) 因为子网掩码 255.255.255.192 转换为二进制数时，前 26 位为 1，所以该 IP 地址的前 26 位为网络位，在子网掩码的 1 和 0 之间画一条竖线，竖线左侧为网络位 (包含子网位)，竖线右侧为主机位。

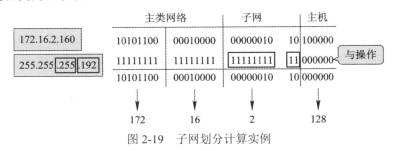

图 2-19　子网划分计算实例

(4) 按照二进制 "与" 运算规则，将 IP 地址与子网掩码按照二进制逐位进行 "与" 运算，最终得到的就是 IP 地址所在网段的网络编号。

(5) 将网络编号转换成十进制数表示形式。

4. 可变长子网掩码

把一个网络划分为多个子网时，要求每个子网使用不同的网络标识 ID。但是每个子网的主机数不一定相同，且相差很大。如果每个子网都采用固定长度的子网掩码，并且每个子网上分配的地址数相同，这就会造成大量地址浪费。可变长子网掩码 (Variable Length Subnet Mask，VLSM) 规定了如何在一个进行了子网划分的网络中的不同部分使用不同的子网掩码。这对于网络内部不同的网段需要不同大小子网的情形来说很有效。

在实际应用中，有时需要根据特定需求自定义子网掩码配置。例如，在某些大型企业中，可能需要对 IP 地址进行精细化管理，根据部门、楼层或区域进行划分。这时需要自定义子网掩码和 IP 地址范围，以满足实际需求。在进行自定义配置时，需要注意避免 IP 地址冲突和网络广播风暴等问题。同时，还需要对网络设备和终端进行相应的配置与调整，以确保网络的正常运行和稳定性。

举例来说，某公司有两个主要部门：市场部和技术部。技术部又分为硬件部和软件部两个部门。该公司申请到了一个完整的 C 类 IP 地址段 210.31.233.0(子网掩码为 255.255.255.0)。为了便于分级管理，该公司采用了 VLSM 技术，将原主网络划分为两级子网 (未考虑全 0 和全 1 子网)。

市场部分得了一级子网中的第 1 个子网，即 210.31.233.0(子网掩码为 255.255.255.192)，该一级子网共有 62 个 IP 地址可供分配，用于主机使用。

技术部将所分得的一级子网中的第 2 个子网，即 210.31.233.128(子网掩码为 255.255.255.192)。又进一步划分为两个二级子网。其中第 1 个二级子网，即 210.31.233.128(子网掩码为 255.255.255.224) 分配给技术部的下属分部 - 硬件部，该二级子网共有 30 个 IP 地址可供分配。技术部的下属分部 - 软件部分得了第 2 个二级子网，即 210.31.233.160(子网掩码为 255.255.255.224)，该二级子网共有 30 个 IP 地址可供分配。

VLSM 技术对高效分配 IP 地址 (减少浪费) 以及减少路由表大小都起到了非常重要的作用。

实战任务 2.4 子 网 划 分

2.4.1 B 类网络划分为 C 类网络

1. 问题提出

在图 2-15 中，172.16.0.0 被用作 B 类网络时，172.16 是网络位 (也可称为主类网络位)，0.0 是主机位，默认子网掩码是 255.255.0.0，共计有 65 534 个可用地址。为了更好地管理，现在根据实际需要增加 8 位子网位，那么一共可以划分为多少个子网？

2. 分析解答

增加了 8 位的子网位，自然主机位就减少了 8 位，此时的子网掩码为 255.255.255.0。

在增加了 8 位子网位之后，根据子网数的计算公式 2^n(n 代表增加的子网位数)，B 类网络 172.16.0.0 可以划分的子网数为 $2^8 = 256$ 个。划分出来不同的子网就相当于建立了不同的逻辑网络，这些不同逻辑网络之间的通信通过路由器来完成如图 2-20 所示。

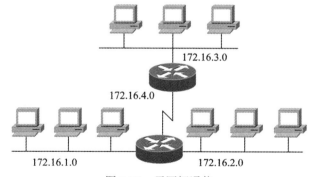

图 2-20 子网间通信

2.4.2 C 类网络内部间的划分

1. 问题提出

某公司拥有网段 193.168.50.0/24，计划将其划分为子网，要求每个子网至少能容纳 25 台主机。试对子网进行规划，并回答以下几个问题：

(1) 最多可有多少个子网？

(2) 每个子网掩码如何设置？

(3) 每个子网的网络编号是什么？

(4) 每个子网的广播地址是什么？

(5) 每个子网的 IP 地址的范围是多少？

2. 分析解答

本例中 193.168.50.0/24 属于 C 类网络，其标准子网掩码为 255.255.255.0，现要求每个子网至少能容纳 25 台主机，因而主机位必须保留 5 位才能满足要求，这就意味着原有的 8 位主机位中有 3 位被借出变成了网络位。所以：

(1) 最多能有 $2^3 = 8$ 个子网。

(2) 每个子网的子网掩码都是 /27(255.255.255.224)。

(3) 8 个子网的网络编号、广播地址和 IP 地址范围分别如表 2-3 所示。

表 2-3　子网划分结果

子网序号	子网编号	广播地址	IP 地址范围
1	193.168.50.0	193.168.50.31	193.168.50.1～193.168.50.30
2	193.168.50.32	193.168.50.63	193.168.50.33～193.168.50.62
3	193.168.50.64	193.168.50.95	193.168.50.65～193.168.50.94
4	193.168.50.96	193.168.50.127	193.168.50.97～193.168.50.126
5	193.168.50.128	193.168.50.159	193.168.50.129～193.168.50.158
6	193.168.50.160	193.168.50.191	193.168.50.161～193.168.50.190
7	193.168.50.192	193.168.50.223	193.168.50.193～193.168.50.222
8	193.168.50.224	193.168.50.255	193.168.50.225～193.168.50.254

■ 思政小课堂

作为数据通信工程师，需要严谨细致的工作态度和职业素养，特别是在网络数据规划方面，更需要在工作中认真仔细、精益求精，以免出现疏漏和错误，否则就会给后续的网络配置和调试带来问题。

为了培养严谨细致的工作态度，作为未来的数据通信工程师，在学习和实战过程中可以从以下几个方面养成良好的习惯：

(1) 在工作中要认真仔细，不能马虎大意，力求避免出现低级错误。对于重要的文件和数据，应反复核对，确保准确无误。

(2) 在工作中要不断追求卓越，精益求精。不应满足于现状，要不断改进自己的工作方法和流程，以提高工作效率和质量。

(3) 在工作中要遵守公司的规定和流程，决不违反工作纪律。对于特殊的工作任务，要提前了解并熟悉相关规定和流程。

(4) 在工作中要善于沟通，与网络工程建设方保持良好的合作关系。对于一些有争议或者有疑问的数据规划问题，要及时沟通解决，避免产生误会和冲突。

严谨细致的工作态度不仅有助于完成工作任务、提高工作质量和效率，还能够很好地增强个人的职业竞争力。

项 目 习 题

一、选择题

1. TCP/IP 相对于 OSI 的七层网络模型，没有定义 (　　)。

A. 物理层和链路层　　　　　　　　B. 链路层和网络层

C. 网络层和传输层　　　　　　　　D. 会话层和表示层

2. 下列属于网络层的协议是 (　　)。

A. IP　　　　　　　　　　　　　　B. TCP

C. ICMP　　　　　　　　　　　　D. ARP

3. 关于 ARP 说法正确的是 (　　)。

A. ARP 请求报文是单播

B. ARP 应答报文是单播

C. ARP 作用是获取主机的 MAC 地址

D. ARP 属于传输层协议

4. 关于 TCP 说法正确的是 (　　)。

A. TCP 是面向连接的

B. TCP 传输数据之前通过三次握手建立连接

C. TCP 传输数据完成后通过三次握手断开连接

D. TCP 有流量控制功能

5. 下列 IP 地址可能出现在公网中的是 (　　)。

A. 10.62.31.5　　　　　　　　　　B. 172.60.31.5

C. 172.16.10.1　　　　　　　　　　D. 192.168.100.1

6. 10.254.255.16/255.255.255.248 的广播地址是 (　　)。

A. 10.254.255.23　　　　　　　　　B. 10.254.255.255

C. 10.254.255.16　　　　　　　　　D. 10.254.0.255

7. 在一个 C 类地址的网段中划分出 15 个子网，下列子网掩码比较合适的是 (　　)。

A. 255.255.255.240　　　　　　　　B. 255.255.255.248

C. 255.255.255.0　　　　　　　　　D. 255.255.255.128

8. 在计算机网络中，协议是用来规定计算机之间如何进行相互通信和交换数据的规则，它由 (　　) 共同遵守。

A. 本地计算机　　　　　　　　　　B. 服务器

C. 工作站　　　　　　　　　　　　D. 所有网络设备和计算机

9. 在计算机网络中，IP 地址是用于标识网络中每台计算机的唯一地址，在 IPv4 中它由 (　　) 个十进制数字组成。

A. 4　　　　　　　　　　　　　　　B. 6

C. 8　　　　　　　　　　　　　　　D. 16

10. 在计算机网络中，DNS 的作用是将 (　　　) 转换成计算机能够识别的 IP 地址。

A. IP 地址   B. 域名

C. MAC 地址   D. 网络地址

二、简答题

1. 常用的 TCP/IP 应用层协议有哪些？

2. TCP 和 UDP 有哪些区别？

3. TCP 的可靠连接是通过什么机制来实现的？

4. 某主机 IP 地址为 172.16.2.163，掩码为 255.255.255.192，计算该主机所在子网的网络地址和广播地址。

5. 若网络中有两个 IP 地址，第一个 IP 地址为 131.55.223.75，主机的子网掩码为 255.255.224.0，第二个 IP 地址为 131.55.213.73，主机的子网掩码为 255.255.224.0，这两台主机属于同一子网吗？

模块二　交换网络技术

项目 3　配置和管理交换机

思政目标

弘扬工匠精神，培养对客户负责和网络安全意识。

思维导图

本项目思维导图如图 3-0 所示。

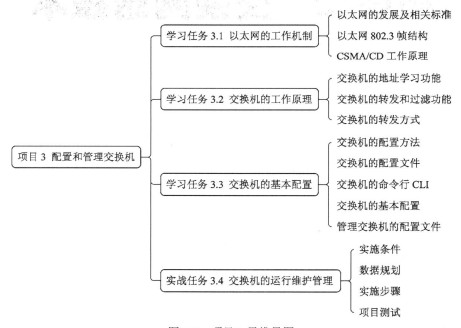

图 3-0　项目 3 思维导图

学习目标

◎了解以太网的发展、相关标准及基本概念。
◎掌握以太网 802.3 帧结构。
◎掌握交换机的工作原理。
◎学会交换机的基本配置。

学习任务 3.1　以太网的工作机制

3.1.1　以太网的发展及相关标准

1. 以太网的发展历史

以太网 (ETHERNET) 技术最初由 Xerox 公司于 1973 年提出并实现，最初以太网的速率仅有 2.94 Mbp。到 20 世纪 80 年代，以太网开始成为广泛采用的网络技术，它采用了碰撞检测的载波侦听多路访问 (CSMA/CD) 介质访问控制 (MAC) 机制，并遵循了美国电气和电子工程师协会制订的 802.3 LAN 标准，用于管理各个网络节点设备在网络总线上发送信息。以太网是一种全球范围内应用最广泛、最常见的网络技术，广泛应用于世界各地的局域网和企业骨干网。

以太网发展经历了几个重要历史阶段，具体如表 3-1 所示。

表 3-1　以太网发展主要历史阶段

时　间	名　称	速率 /(b/s)	主要传输介质
20 世纪 80 年代	以太网	10 M	同轴电缆 3 类双绞线
20 世纪 90 年代中期	快速以太网	100 M	5 类双绞线
20 世纪 90 年代中后期	千兆以太网	1000 M	超 5 类双绞线 光纤
21 世纪初期	万兆以太网	10 G	光纤

2. 以太网的发展现状

以太网技术目前应用最广泛的是千兆以太网，它突破了原有 LAN 应用的局限性，并被广泛应用于运营商城域网中；而且以太网已经开始迈向广域网的应用时代，包括 10 Gb/s 以太网，以及更高速率 (40 Gb/s) 以太网。

万兆以太网技术与千兆以太网类似，仍然采用以太网帧结构。它通过不同的编码方式或波分复用提供 10 Gb/s 传输速度。所以就其本质而言，10 Gb/s 以太网仍然是以太网的一种类型。万兆以太网的特性如下：

(1) 万兆以太网不再支持半双工数据传输，所有数据传输都采用全双工方式进行，这极大地扩展了网络的覆盖区域，并简化了标准。

(2) 万兆以太网不仅可以为企业骨干网提供服务，也可以对广域网以及其他长距离网络应用提供最佳支持。

(3) 万兆以太网采用了更先进的纠错和恢复技术，以确保数据传输的可靠性。

3. 以太网的相关标准

以太网以其高度灵活、相对简单、易于实现的特点，已成为当今最重要的一种局域网建网技术。虽然曾有其他网络技术被认为可以取代以太网，但绝大多数的网络管理人员仍将以太网作为首选的网络解决方案。为了进一步完善以太网，解决其面临的各种问题和局限，一些业界主导厂商和标准制定组织不断地修订和改进以太网规范。

美国电器和电子工程师协会 (IEEE) 于 1980 年 2 月成立了一个 802 委员会，该委员会制定了一系列局域网方面的标准，即 802.3 协议族，制定的以太网主要标准如下：

(1) IEEE 802.2 为以太网逻辑链路控制 (Logical Link Control，LLC) 标准。

(2) IEEE 802.3 为以太网标准。

① IEEE 802.3u 为 100 M 以太网标准。

② IEEE 802.3z 为 1000 M 以太网标准。

③ IEEE 802.3ab 为 1000 M 以太网运行在双绞线上的标准。

3.1.2　以太网 802.3 帧结构

1. 以太网 802.3 帧结构

以太网 802.3 的帧结构如图 3-1 所示，由七部分组成。

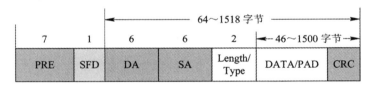

图 3-1　以太网 802.3 的帧结构

(1) 前导 (Preamble，PRE)：先导字节，包括 7 个 10101010 的字节，用作同步信号。

(2) 帧定界符开始 (Start of Frame Delimiter，SFD)：特殊模式 10101011 表示帧的开始。

(3) 目的地址 (Destination Address，DA)：表示帧的目的地。

· 若第一位是 0，该字段指定了一个特定站点。

· 若第一位是 1，该目的地址为一组地址，帧被发送到由该地址预先定义的一组地址中的所有站点。每个站点的接口知道自己的组地址，当它见到这个组地址时会作出响应。

· 若所有的位均为 1，该帧将被广播至所有的站点。

(4) 源地址 (Source Address，SA)：说明一个帧的来源。

(5) LENGTH/TYPE：数据和填充字段的长度 (值≤1500)/ 报文类型 (值＞1500)。

(6) DATA/PAD：DATA 是数据字段，PAD 是填充字段。数据字段至少为 46 个字节或更多。若数据不足，额外的 8 位位组将被填充到数据中以补足差额。

(7) CRC：校验字段，使用 32 位循环冗余校验码来进行错误检查。

2. 以太网帧结构类型

在图 3-1 中，若 LENGTH/TYPE 字段值＞1500，表明该字段是 TYPE，且表示以太网帧格式，以太网帧格式如图 3-2 所示。

在图 3-2 中：

(1) 当类型 (TYPE) 为 0800 时，表明数据是 IP 数据包。

(2) 当类型 (TYPE) 为 0806 时，表明数据是 ARP 请求/应答。

(3) 当类型 (TYPE) 为 0835 时，表明数据是 RARP 请求/应答。

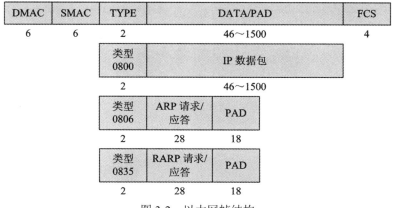

图 3-2　以太网帧结构

在图 3-2 中，SMAC 和 DMAC 说明了一个帧的来源和目的地，这里使用的是前文提到的设备物理地址，即 MAC 地址。为确保设备 MAC 地址的唯一性，通常会将其录在网络接口控制器 (NIC) 中。

3.1.3　CSMA/CD 工作原理

1. CSMA/CD 工作原理

传统以太网使用带有冲突监测的载波侦听多址访问 CSMA/CD(Carrier Sense Multiple Access with Collision Detection) 机制。

在以太网网段上需要进行数据传送的节点监听线路的过程称为 CSMA/CD 的载波侦听，如图 3-3(a) 所示。这时，如果有另外的节点正在传送数据，监听节点将不得不等待，直到传送节点的传送任务结束。

若恰逢两个工作站同时准备传送数据，以太网网段将发出"冲突"信号，如图 3-3(b) 所示。这时，节点上所有的工作站都将检测到冲突信号，因为此时线路上的电压超出了标准电压。

冲突产生后，这两个节点都将立即发出拥塞信号，如图 3-3(c) 所示。以确保每个工作站都能检测到此时以太网上的冲突情况。然后，网络进行恢复，在恢复的过程中，线路上将不再传输数据。当两个节点发送完拥塞信号，并过了一段随机时间后，这两个节点便开始启动随机计时器。第一个随机计时器超时的工作站将首先对导线进行监听，若监听到无信息在传输，则开始传输数据。当第二个工作站随机计时器超时后，也对导线进行监听，当监听到第一个工作站已经开始传输数据后，就只能继续等待。

在 CSMA/CD 方式下，每个时间段，只允许一个节点能够在导线上传输数据。若其他节点想传输数据，必须等到正在传输的节点完成传输后才能开始传输数据。这也是以太网被称为共享介质的原因。

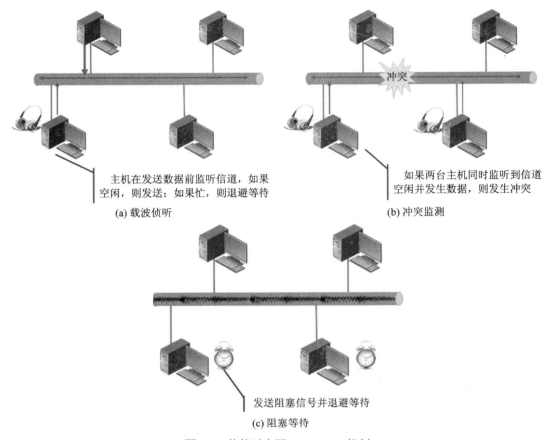

主机在发送数据前监听信道，如果
空闲，则发送；如果忙，则退避等待

(a) 载波侦听

如果两台主机同时监听到信道
空闲并发生数据，则发生冲突

(b) 冲突监测

发送阻塞信号并退避等待

(c) 阻塞等待

图 3-3   传统以太网 CSMA/CD 机制

2. 传统以太网工作机制

传统式以太网的集线器 (Hub) 工作在物理层，只能简单地再生和放大信号。而交换式以太网交换机 (Switch) 工作在数据链路层，根据 MAC 地址转发或过滤数据帧，传统与交换式以太网的比较如图 3-4 所示。

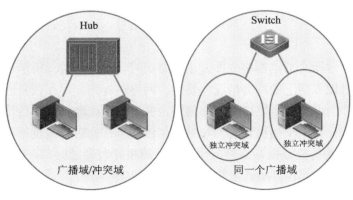

图 3-4   传统与交换式以太网的比较

集线器只对信号进行简单的再生与放大，所有设备共享一个传输介质，设备必须遵循 CSMA/CD 方式进行通信。使用集线器连接的传统共享式以太网中，所有工作站位于同一个冲突域和广播域中。

交换机工作在数据链路层，根据 MAC 地址转发或过滤数据帧。它隔离了冲突域，因此每个交换机端口都是单独的冲突域。如果工作站直接连接到交换机的端口，则此工作站独享带宽。但是由于交换机对目的地址为广播的数据帧进行泛洪操作，广播帧将被转发到所有端口，因此通过交换机连接的工作站都处于同一个广播域中。

学习任务 3.2 交换机的工作原理

以太网交换机具备三项基本功能，即地址学习功能、转发和过滤功能以及环路消除功能，本节介绍前两项基本功能。

在交换机中必须有一张 MAC 地址和端口对应关系的表，即 MAC 地址表。它是一个反映存储地址到端口映射关系的数据库，以太网交换机根据目标 MAC 地址来作出转发决定。

3.2.1 交换机的地址学习功能

以太网交换机与终端设备相连，当交换机的端口接收到帧时，它会读取帧的源 MAC 地址字段，然后与接收端口关联，并记录到 MAC 地址表中。由于 MAC 地址表保存在交换机的内存中，所以当交换机启动时，MAC 地址表是空的，如图 3-5 所示。

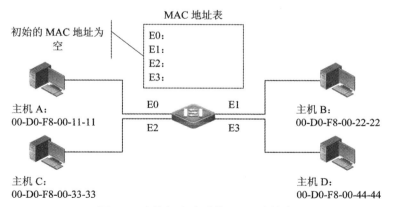

图 3-5 交换机启动时的 MAC 地址表

以太网交换机接收到数据流的第一个数据帧时，开始读取源 MAC 地址并建立 MAC 地址表，即进行 MAC 地址学习。举例来说，若主机 A 给主机 C 发送一个单播数据帧，交换机通过端口 E0 接收到该数据帧，读取出帧的源 MAC 地址后将主机 A 的 MAC 地址与端口 E0 关联，并记录到 MAC 地址表中。由于此时这个帧的目的 MAC 地址对交换机而言是未知的，为了确保这个帧能够到达目的地，交换机执行洪泛操作，即将该帧从除了接收端口之外的所有其他端口转发出去，具体过程如图 3-6 所示。

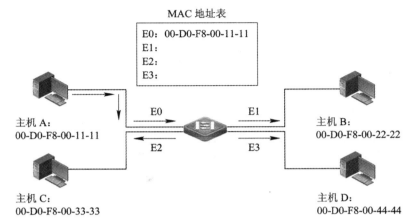

图 3-6   MAC 地址表的学习过程

当所有主机都发送过数据帧后，交换机将学习到所有主机的 MAC 地址与端口的对应关系，并将其记录到 MAC 地址表中，最终建立完整的 MAC 地址表，如图 3-7 所示。

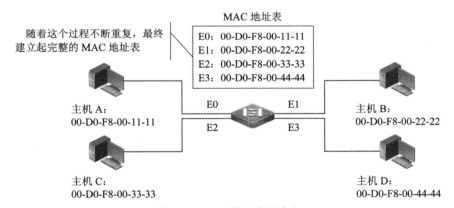

图 3-7   MAC 地址表的建立

3.2.2   交换机的转发和过滤功能

交换机的第二项功能是数据帧的转发和过滤。例如，当主机 A 向主机 C 发送一个单播数据帧时，交换机会检查该帧的目的 MAC 地址是否已经存在于 MAC 地址表中，并与端口 E2 相关联。若存在，则交换机将此帧转发至端口 E2，即作出转发决定。而对于其他的端口，并不转发此数据帧，这就是所谓的过滤操作，如图 3-8 所示。

当主机 A 发出数据帧时，交换机会检测到目的 MAC 地址为广播、组播或未知时，交换机将对此帧作出泛洪操作，即将该帧从除了接收端口外的其他所有端口进行转发，如图 3-9 所示。

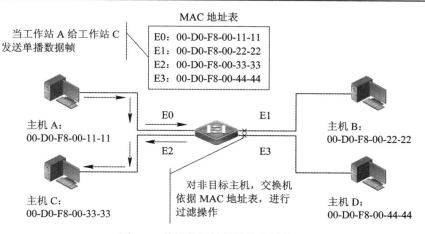

图 3-8　单播数据帧的转发和过滤

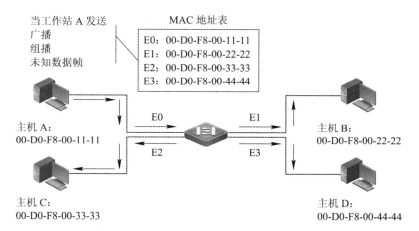

图 3-9　广播、组播或未知地址的洪泛操作

3.2.3　交换机的转发方式

在二层交换机上，有三种转发方式，包括直通转发、存储转发和无碎片直通转发。

1. 直通转发

直通转发如图 3-10 所示，直通转发是指交换机在接收到帧头（通常只检查 14 个字节）后立即检查目的 MAC 地址并进行转发，它的优点在于数据帧不需要存储，延迟非常小，交换速度非常快。缺点是由于数据包内容并没有被交换机保存下来，所以无法检查所传送的数据包是否有误，不能提供错误检测能力。此外，由于没有缓存，不能将具有不同速率的输入 / 输出端口直接接通，容易导致丢帧。

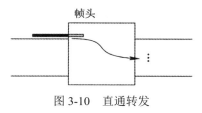

图 3-10　直通转发

2. 存储 - 转发

存储 - 转发如图 3-11 所示，它是计算机网络领域中应用最为广泛的一种方式。在这种方式下，交换机接收完整的帧后，会执行校验操作，然后转发正确的帧而丢弃错误的帧。存储 - 转发方式的缺点是数据处理时延时大，优点是它可以对进入交换机的数据帧进行错误检测，从而有效地改善网络性能。尤其重要的是这种方式支持不同速度端口间的转换，确保高速端口与低速端口之间的协同工作。

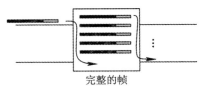

完整的帧

图 3-11　存储 - 转发

3. 无碎片直通转发

无碎片直通转发如图 3-12 所示，无碎片直通转发是介于前两种方式之间的一种解决方案。它会检查数据帧的长度是否达到了 64 B，如果小于 64 B，则丢弃该帧；如果大于 64 个字节，则依据目的 MAC 地址转发该帧。这种方式不提供数据帧的全部校验。但其数据处理速度比存储转发方式快，比直通转发方式慢。

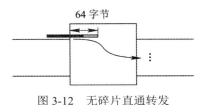

64 字节

图 3-12　无碎片直通转发

交换机无论采取哪种转发方式，它们的转发策略都是基于交换机的 MAC 地址表进行数据帧的转发。

学习任务 3.3　交换机的基本配置

3.3.1　交换机的配置方法

交换机的配置方法有多种，主要包括通过控制台端口（Console 口）对交换机进行配置、通过 Telnet 对交换机进行远程配置、通过 Web 对交换机进行远程配置以及通过 SNMP 管理工作站对交换机进行远程配置，下面分别介绍这几种配置方法。

1. 通过控制台端口（Console 口）对交换机进行配置

交换机的初次配置必须通过交换机的 Console 口完成。在无法进行远程访问时，需要进行灾难恢复、故障排除和口令恢复等操作。

通常情况下，由设备商交付的交换机会附带一条反转线，用于连接计算机的 COM 口和交换机的 Console 口，如图 3-13 所示。

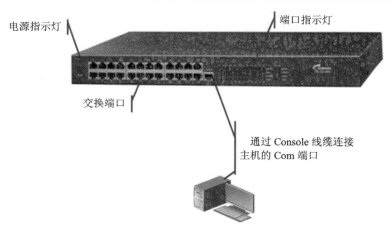

图 3-13　通过 Console 口对交换机进行配置

在计算机上使用超级终端工具就可以配置交换机，COM 口的属性配置如图 3-14 所示。

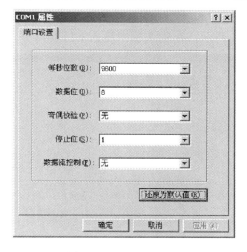

图 3-14　COM 口配置

2. 通过 Telnet 对交换机进行远程配置

通过 Telnet 对交换机进行远程配置，前提是交换机已经配置了管理 IP 地址，如图 3-15(a) 所示、远程登录密码等，并开启 Telnet。可以使用 Windows 自带的 Telnet 连接工具，在登录后的界面和 Console 口连接是一致的，如图 3-15(b) 所示。

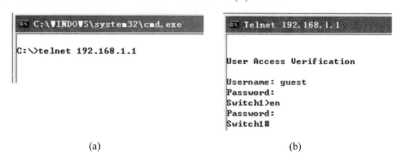

(a)　　　　　　　　　　　　　　(b)

图 3-15　通过 Telnet 对交换机进行远程配置

3. 通过 Web 对交换机进行远程配置

可以使用浏览器对交换机进行远程配置，前提是交换机必须已经配置了管理 IP 地址、密码等，并开启 HTTP，如图 3-16 所示。

图 3-16　通过 Web 对交换机进行远程配置

登录后的界面如图 3-17 所示，在输入框中输入 CLI 命令，单击"Command"按钮。

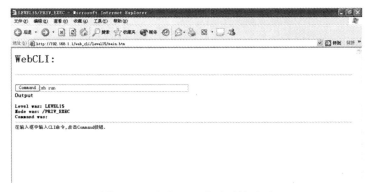

图 3-17　通过 Web 登录后的界面

4. 通过 SNMP 管理工作站对交换机进行远程配置

通过 SNMP 管理工作站对交换机进行远程配置，前提是交换机必须已经配置了管理 IP 地址等，并启用了 SNMP，该方式需要与网络管理软件配合使用，在此不进行详细介绍。

3.3.2　交换机的配置文件

交换机运行时需要依靠操作系统 (不同厂家的交换机操作系统不同) 和配置文件，网络工程师和网络管理员通过创建配置文件来定义所需要的交换机功能。每台交换机都包含两个配置文件，即启动配置文件和运行配置文件。

1. 启动配置文件

启动配置文件 (startup-config) 存储在非易失随机存取存储器 (NVRAM) 中，因为 NVRAM 具有非易失性，即使交换机关闭后，文件仍保持完好。每次交换机启动或重新加载时，都会将启动配置文件加载到交换机的内存中，该配置文件一旦被加载到交换机的内存中，就被视为运行配置 (running-config)。

2. 运行配置文件

在交换机的配置结束后，若要保持交换机最近更新的内容，在确保当前配置准确的前提下，可以将随机存取存储器 (RAM) 中的运行配置文件复制到 NVRAM 中，也就是说，当修改了 RAM 中的运行配置文件相关参数后，可以通过使用命令 (如 copy running-config startup-config) 将运行配置文件保存到启动交换机配置文件中。

如何配置运行配置文件或者初始参数文件涉及很多内容，这将成为我们接下来学习的重点。

3.3.3 交换机的命令行 CLI

1. 交换机的配置模式

在命令行 (CLI) 界面，根据要使用的交换机功能，可以进入交换机操作系统中不同的配置模式。如图 3-18 所示，图中以 Cisco IOS 为例，详细说明了交换机的各种配置模式。

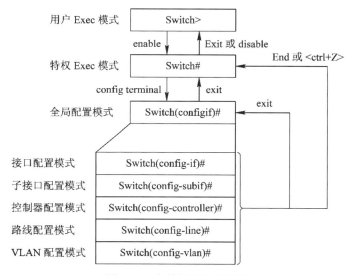

图 3-18 交换机的配置模式

为了方便用户对交换机进行配置和管理，交换机根据功能和权限将命令分配到不同的模式下，每条命令只有在特定的模式下才能执行。

每个 IOS 命令都有其特定的格式和语法，基本的 Cisco IOS 命令结构如图 3-19 所示。

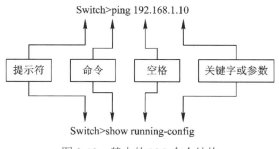

图 3-19 基本的 IOS 命令结构

表 3-2 列出了 IOS 的几个约定。

表 3-2　IOS 约定

序号	约定	说　　明
1	黑体字	表示命令，精确显示输入内容
2	斜体字	表示参数由用户输入值
3	<x>	尖括号包含可选内容（关键字或参数）
4	|	表示在可选的或必填的关键字或参数中进行选择
5	<x|y>	尖括号中以垂直线分割关键字或参数表示可选
6	{x|y}	大括号中以垂直线分割关键字或参数表示必填

2. 退出各种命令

退出各种命令模式的方法如下：

(1) 在特权模式下，使用"disable"或"exit"命令返回用户模式；

(2) 在用户模式和特权模式下，使用"exit"命令退出交换机；

(3) 在其他命令模式下，使用"exit"命令返回上一模式；

(4) 在用户模式和特权模式以外的其他命令模式下，使用"end"命令或按住键盘中的"Ctrl＋z"返回到特权模式。

3. 帮助功能

利用在线帮助功能，可以方便地得到命令提示：

(1) 在任意命令模式的提示符下输入问号"?"，可显示该模式下的所有命令；

(2) 在字符或字符串后面输入问号"?"，可显示以该字符或字符串开头的命令；

(3) 在字符串后面按住键盘中的"Tab"键，如果以该字符串开头的命令或关键字是唯一的，则将其补齐，并在后面加上一个空格；

(4) 在命令、关键字、参数后输入问号"?"，可以列出下一个要输入的关键字；

(5) 如果输入不正确的命令、关键字或参数，按回车键后用户界面会用"^"符号提供错误隔离。

4. 简写命令

交换机允许把命令和关键字缩写成能够唯一标识该命令或关键字的字符或字符串。

例如，可以把"config terminal"命令缩写成：

```
Switch#conf t
```

又如，可以把"show interfaces"命令缩写成：

```
Switch#show int
```

5. 使用历史缓存命令

(1) 使用上方向键：在历史命令表中浏览前一条命令。即从最近的一条记录开始，重复使用该操作可以查询更早的记录。

(2) 使用下方向键：在历史命令表中回到更近的一条命令。重复使用该操作可以查询更近的记录。

3.3.4　交换机的基本配置

1. 配置主机名

交换机配置主机名，命令如下：

Switch(Config)# hostname <name>

2. 配置交换机控制口令

(1) 控制台口令：用于限制人员通过控制台连接访问交换机，命令如下：

Switch (config)#line console 0

Switch (config-line)#password <123>

Switch (config-line)#login

(2) 配置特权口令和特权加密口令：用于限制人员执行交换机的特权模式。

可使用 "enable password" 和 "enable secret" 命令来配置特权口令和特权加密口令都为 123(可自定)，命令如下：

Switch (config)#enable password <123>

Switch (config)#enable secret <123>

(3) VTY 口令：用于限制人员通过 Telnet 访问交换机，命令如下：

Switch (config)#line vty 0 4

Switch (config-line)#password <123>

Switch (config-line)#login

■ 思政小课堂

通过交换机口令配置，管理员可以根据用户角色和需求，为不同用户分配不同的访问权限。这使得只有经过授权的用户才能访问特定的网络资源，从而有效防止了非法访问和潜在的安全风险。合理的权限控制不仅提高了网络安全性，还降低了因错误操作或恶意行为而导致的安全事件发生概率。

交换机作为网络的核心设备，其口令配置可以控制接入网络的设备。通过配置交换机的端口安全功能，可以限定只有经过认证和授权的设备才能接入网络，防止未经授权的设备随意接入网络，从而避免了潜在的安全风险。交换机口令配置是保障数据安全的重要手段之一。通过设置加密口令和访问控制策略，可以有效防止敏感数据的泄露和未经授权的修改，进一步保护了数据的安全性和完整性。

交换机口令配置有助于提升网络的安全审计能力。通过记录用户的登录日志和操作记录，管理员可以实时监控网络设备的运行状态和用户的活动情况。这有助于及时发现异常行为和潜在的安全威胁，为后续的安全审计和事件处理提供了有力支持。同时，这些日志记录还可以作为重要的审计证据，用于追踪安全事件的来源和责任人。

交换机的口令配置对网络安全具有重要意义。一个合理且强大的口令配置可以大大提升网络的整体安全性，防止未经授权的访问和潜在的安全风险。同时，这也为用户提供了更加流畅和安全的网络使用体验。因此，我们应该重视交换机的口令配置工作，并根据实际需求进行合理的配置和管理。

3. 配置交换机的管理 IP 地址

想要通过 Telnet、Web 等方式对交换机进行远程配置，输入如下命令才能实现：

```
Switch(config)# interface vlan <vlan-id>
Switch(config-if)# ip address <ip-address> <mask>
Switch(config-if)#no shutdown
```

4. 配置交换机的空闲时间

如果用户登录到一台交换机以后，经过一段时间没有进行任何键盘操作，或空闲超过系统默认的规定时间，如 10 分钟，交换机将自动注销此次登录，这就是空闲时间。该值可以通过控制台端的口令进行修改，命令如下：

```
Switch (config)#line console 0
Switch (config-line)#exec-timeout <0~35791>
```

3.3.5 管理交换机的配置文件

1. 查看配置文件

(1) 查看指定的文件。命令如下：

```
Switcht#more config.text
```

(2) 查看 RAM 里当前生效的配置信息。命令如下：

```
Switch # show running-config
```

2. 保存配置文件

保存配置文件。命令如下：

```
Switch # write [memory]
Switch# copy running-config startup-config
```

3. 删除交换机中的所有配置

删除交换机中的所有配置。命令如下：

```
Switcht# erase startup-config
```

注意：

提交命令后，交换机将提示确认：

```
Erasing the nvram filesystem will remove all configuration files! Continue? [confirm]
```

要确认并删除启动配置文件，则按 <Enter> 键，若按其他任何键则终止该过程。

4. 恢复交换机的原始配置

恢复交换机的原始配置。命令如下：

```
Switcht#reload
```

注意：

提交命令后，交换机将出现提示，询问是否保存所做的更改，若要放弃更改，则输入 no。

```
Proceed with reload? [confirm]
```

5. 查看保存在 NVRAM 里面的配置文件

查看保存在 NVRAM 里面的配置文件，命令如下：

```
Switcht#show startup-config
```

实战任务 3.4 交换机的运行维护管理

假如你是学校的网络管理员，现在你想在自己的办公室里对学校中心设备间的交换机进行配置，使你在自己的办公室里就可以远程登录到交换机上对它进行维护管理。

3.4.1 实施条件

Telnet 远程登录是通过连接计算机与交换机的网络进行登录的方式。要想实现 Telnet 远程登录，需要用一根网线连接计算机的网口和交换机的一个网口，并在登录之前设置交换机的管理 IP 地址和登录密码等参数。因此，设计的网络拓扑结构如图 3-20 所示。

根据实际情况可使用实体设备或 Packet Tracer 模拟器完成。

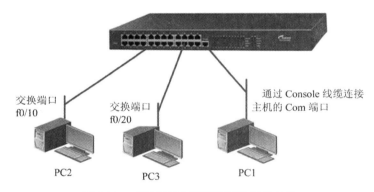

图 3-20 交换机基本配置的网络拓扑结构

3.4.2 数据规划

本项目交换机的名称、管理 IP 和各种口令的规划、PC 机的 IP 地址如表 3-3 所示。

表 3-3 规 划 表

序号	规划明细	具体内容
1	交换机的名称	jjtc
2	交换机的 CONSOLE 口令	abc
3	交换机的特权口令	abc
4	交换机的 VTY 口令	abc
5	交换机的管理 IP	192.168.1.1/24
6	PC1 的 IP 地址	192.168.1.2/24
7	PC2 的 IP 地址	192.168.1.10/24
8	PC3 的 IP 地址	192.168.1.20/24

3.4.3 实施步骤

1. 物理连接

(1) 计算机 PC1 的串口（COM 口）为 9 针，而交换机的 Console 接口是标准的 RJ45 接口，也就是我们通常说的水晶头，因此需要使用一个 DB9 的转换器和一条反转线。将转换器的一端插入 RJ45 接口，另一端插入 Console 接口。

(2) 使用直连线将 PC2 与 PC3 分别连接到交换机的 10 端口和 20 端口。

2. 使用超级终端

在 PC1 中打开计算机中的超级终端程序，在新建连接中随意输入一个用户名，然后选择计算机连接的端口，一般选择 COM1。在 COM1 属性里单击"还原为默认值"，单击"确定"按钮，此时在超级终端的窗口中会出现交换机提示符，表示已经登录到交换机上，如图 3-21 所示。

图 3-21　使用超级终端登录到交换机

3. 交换机的基本配置

(1) 交换机的命名。为交换机命名为"jjtc"，命令如下：

```
Switch>enab
Switch#configure ter
Switch(config)#hostname jjtc
jjtc (config)#exit
```

(2) 设置交换机的 CONSOLE 口令。命令如下：

```
jjtc (config)#line console 0
jjtc (config-line)#password abc
jjtc (config-line)#login
```

(3) 设置交换机的特权口令。命令如下：

```
jjtc (config)#enable password 123
```

(4) 设置交换机的 VTY 口令。命令如下：

```
jjtc (config)#line vty 0 4
jjtc (config-line)#password abc
```

jjtc (config-line)#login

(5) 分配交换机的管理 IP。命令如下：

jjtc (config)# interface vlan 1

jjtc (config-if)# ip address 192.168.1.1 255.255.255.0

jjtc (config-if)#no shutdown

(6) 查看交换机的状态信息。

① 显示交换机系统及版本信息，命令如下：

jjtc #show version

② 显示当前运行的配置参数，命令如下：

jjtc #show running-config

③ 显示交换机端口的状态，命令如下：

jjtc #show interfaces

④ 显示交换机 10 端口的状态，命令如下：

jjtc #show interface fastethernet 0/10

(7) 保存交换机的状态配置文件。命令如下：

jjtc # write [memory]

jjtc# copy running-config startup-config

4. 设置 PC1、PC2、PC3 的 IP 地址

在 PC1 中单击"网络连接"→"本地连接"→"属性"，如图 3-22 所示。

图 3-22　本地连接属性

单击"Internet 协议 (TCP/IP)"→"属性"→"使用下面的 IP 地址"，如图 3-23 所示，设置 PC1 的 IP 地址为 192.168.1.1，子网掩码为 255.255.255.0。

PC2、PC3 的 IP 地址设置步骤与 PC1 相同，只是其 IP 地址分别为 192.168.1.10 和 192.168.1.20。

图 3-23　Internet 协议 (TCP/IP) 属性

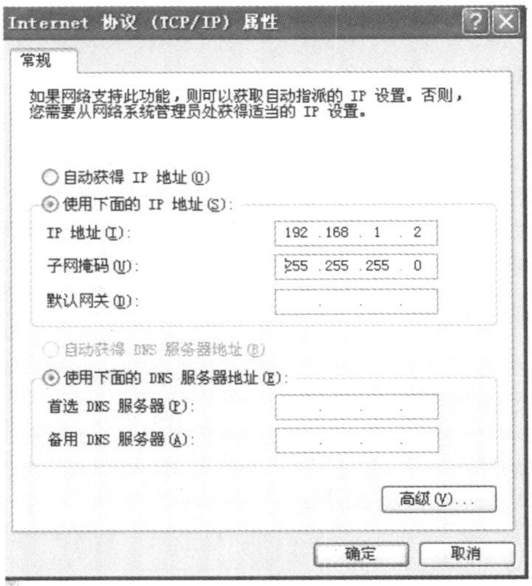

3.4.4　项目测试

1. 网络通信测试

测试 PC2 与 PC3 的网络通信状态，如图 3-24 所示。

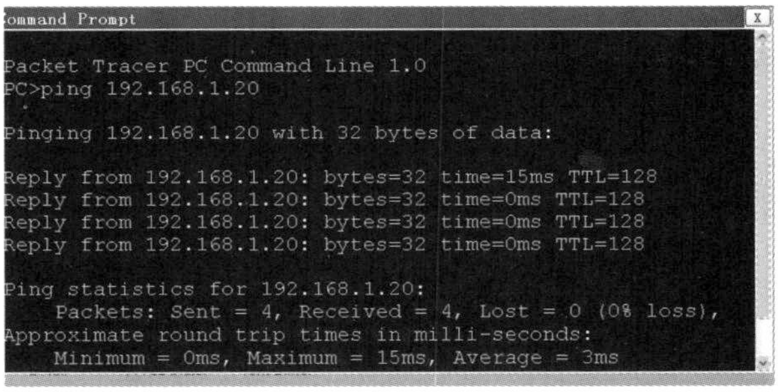

图 3-24　网络通信测试

2. 交换机远程登录测试

在 PC2 或 PC3 上使用 Telnet 命令远程登录到交换机，如图 3-25 所示。

图 3-25　远程登录到交换机

根据项目实施的过程撰写项目总结报告，对出现的问题进行分析，写出自己解决问题的方法和体会。

项 目 习 题

一、选择题

1. 如果要对一台刚拆箱的新交换机进行配置，可以采用的是 (　　)。

A. 通过控制台端口 (Console 接口) 对交换机进行配置

B. 通过 Telnet 对交换机进行远程配置

C. 通过 Web 对交换机进行远程配置

D. 通过 SNMP 管理工作站对交换机进行远程配置

2. 交换机根据 (　　) 来转发数据包。

A. IP 地址   B. MAC 地址

C. 端口号   D. 数据包大小

3. 当交换机收到一个未知目的 MAC 地址的数据包时，它会 (　　)。

A. 丢弃数据包   B. 将数据包转发到所有端口

C. 将数据包转发到默认端口   D. 发送 ARP 请求获取目的 MAC 地址

4. 交换机的参数中，决定其转发数据速度的是 (　　)。

A. 端口数量   B. 缓冲区大小

C. 转发速率   D. MAC 地址表大小

5. 交换机的配置模式中，用于配置交换机全局参数的是 (　　)。

A. 用户模式   B. 特权模式

C. 全局配置模式   D. 接口配置模式

6. 下列不是交换机主要功能的是 (　　)。

A. 学习   B. 数据处理

C. 路由   D. 转发 / 过滤

二、简答题

1. 以太网 802.3 帧结构由哪几部分组成？各部分的含义是什么？

2. 以太网 CSMA/CD 机制的主要特点是什么？

3. 交换机的转发有哪几种方式？它们有何特征？

项目 4   配置虚拟局域网

思政目标

弘扬工匠精神，树立网络精细化管理意识。

思维导图

本项目思维导图如图 4-0 所示。

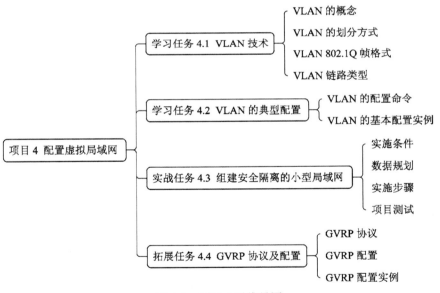

图 4-0　项目 4 思维导图

学习目标

◎了解 VLAN 的产生及其划分方式。

◎掌握 VLAN 的工作原理。

◎学会 VLAN 的典型配置。

◎掌握 GVRP 协议及基本配置。

学习任务 4.1　VLAN 技术

4.1.1　VLAN 的概念

1. 虚拟局域网 VLAN 的基本概念

虚拟局域网 (Virtual Local Area Network，VLAN) 是一种通过将局域网内的设备逻辑地划分成不同网段从而实现虚拟工作组的技术。划分 VLAN 的主要作用就是隔离广播域。

VLAN 按照一定的原则把网络资源和网络用户逻辑地进行划分，将一个物理上实际的网络划分成多个小的逻辑网络。这些小的逻辑网络形成各自的广播域，即虚拟局域网 VLAN。

如图 4-1 所示，在一个企业中，几个部门共同使用一个中心交换机，但各个部门属于不同的 VLAN，形成各自的广播域，广播报文不能跨越这些广播域传送，从而达到物理上隔离的效果。

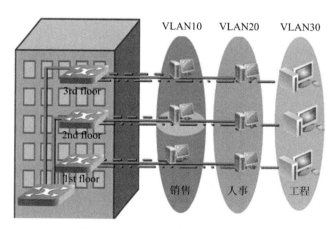

图 4-1　VLAN 在网络中的应用示意

2. VLAN 的优势

VLAN 将位于不同物理网段上的一组用户在逻辑上划分到同一个局域网内，在功能和操作上与传统 LAN 基本相同，可以提供一定范围内终端系统的互联。相比传统的 LAN，VLAN 具有以下优势：

(1) 减少移动和更改的成本。当用户从一个位置移动到另一个位置时，他的网络属性不需要重新配置，而是动态地完成，这种动态网络管理给网络管理者和使用者都带来了极大的好处。用户无论身在何处，都能不做任何修改地接入网络。当然，并非所有的 VLAN 定义方法都能做到这一点。

(2) 建立虚拟工作组。使用 VLAN 的最终目标是建立虚拟工作组模型。例如，在企业网中，同一部门的用户就像在同一个 LAN 上一样，很容易地互相访问，交流信息；同时，所有的广播包也都限制在该虚拟 LAN 上，而不影响其他 VLAN 的用户。如果一个人从一个办公地点换到另一个地点，但仍在该部门，那么该用户的配置无须改变；同样，如果一个人虽然办公地点没有变，但更换了部门，那么，只需网络管理员更改该用户的配置即可。VLAN 的目标就是建立一个动态的组织环境。

(3) 不受设备限制。只要网络设备支持 VLAN 技术，用户可以在网络中的任何位置使用 VLAN，不受物理设备的限制。VLAN 对用户的应用不会产生影响，反而解决了许多大型二层交换网络所面临的问题，其好处是显而易见的。

(4) 限制广播包，提高带宽的利用率。VLAN 技术有效地解决了广播风暴带来的性能下降问题。每个 VLAN 形成一个小的广播域，同一个 VLAN 的成员都位于其所属 VLAN 确定的广播域内。当一个数据包没有路由时，交换机只会将此数据包发送到所有属于该 VLAN 的其他端口，而不是所有的交换机的端口。这样就将数据包限制在一个 VLAN 内，在一定程度上可以节省带宽。

(5) 增强通信的安全性。一个 VLAN 的数据包不会发送到另一个 VLAN 中，因此其他 VLAN 用户在网络上是无法收到该 VLAN 的任何数据包，这确保了该 VLAN 的信息不会被其他 VLAN 的用户窃听，从而实现了信息的保密。

(6) 增强网络的健壮性。当网络规模增大时，部分网络出现问题往往会影响整个网络。引入 VLAN 后，可以将一些网络故障限制在一个 VLAN 之内。

(7) 降低管理维护的成本。由于 VLAN 是在逻辑上对网络进行划分，组网方案更加灵活，配置管理也更加简单，因此降低了管理维护的成本。

4.1.2　VLAN 的划分方式

1. 基于端口划分 VLAN

基于端口划分 VLAN 的方法是根据以太网交换机的端口来进行划分。例如，如图 4-2 所示，交换机的端口 1 为 VLAN1，端口 2 为 VLAN2，端口 3、4 为 VLAN3。当然，这些属于同一 VLAN 的端口可以不连续，具体如何配置由管理员决定。

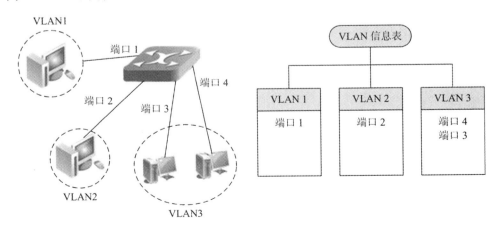

图 4-2　基于端口划分 VLAN 的实例

图 4-2 中，端口 1 被指定属于 VLAN1，端口 3 和端口 4 被指定属于 VLAN3。因此，连接在端口 1 的主机属于 VLAN1，连接在端口 2 的主机属于 VLAN2，连接在端口 3 和端口 4 的主机就属于 VLAN3。交换机维护一张 VLAN 映射表，表中记录了端口和 VLAN 的对应关系。

如果有多个交换机，也可以指定交换机 1 的 1～6 端口和交换机 2 的 1～4 端口为同一 VLAN，即同一 VLAN 可以跨越数个以太网交换机。

根据端口划分是目前定义 VLAN 的最常用方法。这种划分方法的优点是定义 VLAN 成员非常简单，只需指定所有的端口即可。缺点是，如果 VLAN A 的用户离开了原来的端口，到达新的交换机的某个端口，就必须重新配置该端口。

2. 基于 MAC 地址划分 VLAN

这种划分 VLAN 的方法是根据每个主机的 MAC 地址来划分的，即对所有主机都根据它的 MAC 地址，配置该主机属于哪个 VLAN。如图 4-3 所示，交换机维护一张 VLAN 映射表，这个 VLAN 表中记录着 MAC 地址和对应的 VLAN 关系。这种划分方法的最大优点是当用户物理位置移动时，即从一个交换机换到其他的交换机时，VLAN 不需要重新配置，所以，可以认为这种根据 MAC 地址的划分方法是基于用户的 VLAN 划分方法。

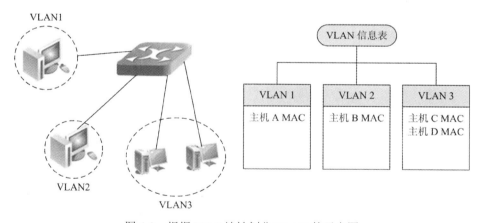

图 4-3　根据 MAC 地址划分 VLAN 的示意图

这种方法也有几个缺点。首先，在初始化时，所有用户都必须进行配置，如果用户数量庞大，配置的工作量很大。其次，这种划分方法可能导致交换机执行效率降低，因为在每一个交换机的端口都可能包含多个 VLAN 组的成员，这样无法有效地限制广播包。此外，对于使用笔记本电脑的用户来说，网卡可能经常更换，这就意味着，VLAN 就必须频繁地重新配置。

3. 基于协议划分 VLAN

这种情况是根据二层数据帧中协议字段进行 VLAN 的划分。如果一个物理网络中既有 Ethernet II 又有 LLC 等多种数据帧通信时，可以采用这种 VLAN 的划分方法，如图 4-4 所示。目前，一个 VLAN 可以配置多种协议类型划分。

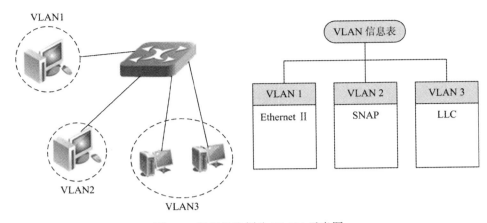

图 4-4　根据协议划分 VLAN 示意图

4. 基于 IP 子网划分 VLAN

基于 IP 子网的 VLAN 划分方法是根据报文中的 IP 地址确定报文属于哪个 VLAN，同一个 IP 子网的所有报文属于同一个 VLAN。这样可以将同一个 IP 子网中的用户划分在一个 VLAN 内。

如图 4-5 所示，交换机根据 IP 地址划分了 VLAN。主机设置的 IP 地址处于 10.1.1.0 地址段的同属于一个 VLAN1，处于 10.2.1.0 地址段的主机属于 VLAN2，处于 10.3.1.0 地址段的主机属于 VLAN3。

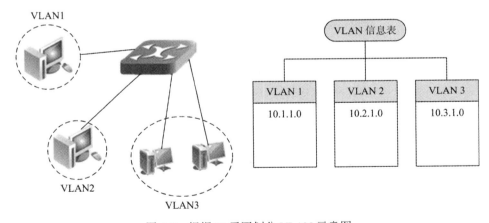

图 4-5　根据 IP 子网划分 VLAN 示意图

利用 IP 子网定义 VLAN 具有以下优势：

(1) 这种方式可以按传输协议划分网段。这对于希望针对具体应用的服务来组织用户的网络管理者来说非常有利。

(2) 用户可以在网络内部自由移动而不必重新配置自己的工作站，尤其是使用 TCP/IP 的用户。

这种方法的缺点是效率低，因为检查每一个数据包的网络层地址是很费时的。同时，由于一个端口也可能存在多个 VLAN 的成员，对广播报文也无法有效抑制。

4.1.3　VLAN 802.1Q 帧格式

目前，实现 VLAN 功能的技术有很多，因此可能给用户造成设备不兼容的问题，导致用户的投资浪费。我国华为、中兴的系列交换机均采用了 IEEE 组织定义的 802.1Q 协议来实现 VLAN 的功能。

IEEE 802.1Q 作为 VLAN 的正式标准，定义了在同一个物理链路上承载多个子网数据流的方法。IEEE 802.1Q 定义了 VLAN 帧格式，为识别帧属于哪个 VLAN 提供了一个标准的方法。这个格式统一了标识 VLAN 的方法，有利于保证不同厂家设备配置的 VLAN 可以互通。

IEEE 802.1Q 定义的内容包括 VLAN 的架构、VLAN 中所提供的服务、VLAN 实施中涉及的协议和算法。该协议不仅规定 VLAN 中的 MAC 帧格式，还制定了诸如帧发送及校验、回路检测，对业务质量 (QoS) 参数的支持以及对网管系统的支持等方面的标准。IEEE 802.1Q 的帧结构示意图，如图 4-6 所示。

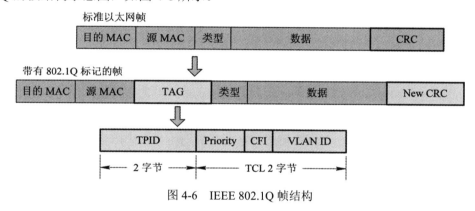

图 4-6　IEEE 802.1Q 帧结构

由图可知，802.1Q 帧是在普通以太网帧的基础上，在源 MAC 地址和类型字段之间插入一个四字节的 TAG 字段，这就是 802.1Q 标签头。

这四字节的 802.1Q 标签头包含了 2 个字节的标签协议标识 (Tag Protocol Identifier，TPID) 和 2 个字节的标签控制信息 (Tog Contol Information，TCI)。下面将详细介绍 TPID 和 TCI。

1. TPID

TPID 是 IEEE 定义的新的类型，表明这是一个加了 802.1Q 标签的帧。TPID 包含了一个固定的值 0 × 8100。

2. TCI

TCI 包含的是帧的控制信息，主要有下面几个元素：

(1) Priority：这 3 位指明帧的优先级。共有 8 种优先级，从 0 到 7，IEEE 802.1Q 标准使用这 3 位信息。

(2) Canonical Format Indicator(CFI)：CFI 值为 0 说明是规范格式，为 1 表示非规范格式。它在令牌环 / 源路由 FDDI 介质访问方法中用于指示封装帧中所带地址的比特次序信息。

(3) VLAN Identified(VLAN ID)：这是一个 12 位的域，指明 VLAN 的 ID，一共 4094 个，每个支持 802.1Q 协议的交换机发送出来的数据包都会包含这个域，用于指明自己所属的 VLAN。

在交换网络环境中，以太网的帧有两种格式：一些帧是没有加上这四个字节的标识，称为未标记的帧 (untagged frame)，如图 4-7 所示。

图 4-7   未标记的帧示意图

有些帧加上了这四个字节的标识，称为带有标记的帧 (tagged frame)，如图 4-8 所示，需要说明的是，未标记的帧插入了 tag 字段成为带有标记的帧后，整个帧的 CRC 需要重新计算。

MAC	VLAN 标识	数据

图 4-8   带有标记的帧示意图

4.1.4   VLAN 链路类型

VLAN 中有三种链路类型：接入 (Access)、干道 (Trunk) 和 Hybrid 链路，下面将分别介绍这三种链路类型的工作原理和方式。

1. Access 链路

用于连接主机和交换机的链路就是接入 (Access) 链路。通常情况下，主机无须知道自己属于哪些 VLAN，主机的硬件也未必支持带有 VLAN 标记的帧。主机要求发送和接收的帧均为未标记的帧。所以，Access 链路接收和发送的都是标准的以太网帧。

Access 链路属于交换机某一个特定的端口，这个端口属于且仅属于一个 VLAN，该端口不能直接接收其他 VLAN 的信息，也不能直接向其他 VLAN 发送信息。不同 VLAN 之间的数据传输必须通过三层路由处理，然后才能转发到该端口。

Access 链路的示意图如图 4-9 示。

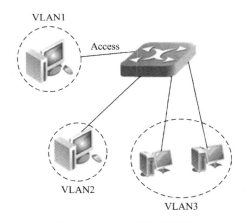

图 4-9   Access 链路示意图

Access 链路的概念总结如下：

(1) Access 链路通常是指网络设备与主机之间的链路；

(2) 一个 Access 端口只属于一个 VLAN；

(3) Access 端口发送不带标签的报文；

(4) 默认情况下，所有端口都包含在 VLAN 1 中，并且都是 Access 类型。

2. Trunk 链路

干道 (Trunk) 链路是可以传输多个不同 VLAN 数据的链路。干道链路通常用于交换机之间的连接，或者用于交换机和路由器之间的连接。

当数据帧在 Trunk 链路上传输时，交换机必须采用一种方法来识别数据帧属于哪一个 VLAN。IEEE 802.1Q 定义了 VLAN 帧格式，所有在 Trunk 链路上传输的所有帧都是带有标记的帧 (tagged frame)。通过这些标记，交换机能够确定每个帧分别属于哪个 VLAN。Trunk 链路示意图，如图 4-10 所示。与 Access 链路不同，Trunk 链路用于在不同设备之间 (如交换机和路由器、交换机和交换机) 传输 VLAN 数据，因此 Trunk 链路是不属于任何一个特定的 VLAN。通过配置，Trunk 链路可以传输所有的 VLAN 数据，也可以配置为只能传输指定 VLAN 的数据。

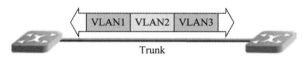

图 4-10　Trunk 链路示意图

尽管 Trunk 链路不属于任何一个特定的 VLAN，但必须为其配置一个端口 VLAN ID(Port VLAN ID，PVID)。不论什么原因，当 Trunk 链路上出现未标记的帧时，交换机就会自动给这个帧添加带有 PVID 的 VLAN 标记，并进行处理。

对于大多数用户来说，手工配置工作烦琐。一个规模较大的网络可能包含多个 VLAN，并且网络的配置也会随时发生变化，这就导致了根据网络的拓扑结构逐个交换机配置 Trunk 端口过于复杂。这个问题可以通过 GVRP 协议解决，GVRP 协议是根据网络情况动态配置干道链路。

Trunk 链路的概念总结如下：

(1) Trunk 链路通常是指网络设备与网络设备之间的链路；

(2) 一个 Trunk 端口可以属于多个 VLAN；

(3) Trunk 端口通过发送带标签的报文来区分某一数据包属于哪一个 VLAN；

(4) 标签遵守 IEEE802.1Q 协议标准。

图 4-11 中展示了一个局域网环境，网络中有两台交换机，并且配置了多个 VLAN。主机和交换机之间的链路属于 Access 链路，而交换机之间通过 Trunk 链路互相连接。

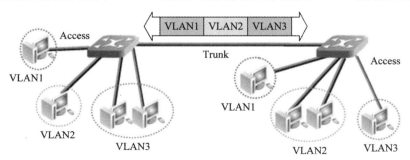

图 4-11　VLAN 中的 Access 链路和 Trunk 链路

对于主机而言，它不需要知道 VLAN 的存在。主机发出的报文都是标准以太网的报文，交换机接收到这些报文后，根据配置规则（如端口信息）判断出报文所属的 VLAN 并进行处理。如果报文需要发送到另外一台交换机，则该报文必须通过 Trunk 链路传输到目标一台交换机上。为了保证其他交换机正确处理报文的 VLAN 信息，Trunk 链路上传输的报文都带有 VLAN 标记。

在交换机最终确定报文发送端口后，并在将报文发送给主机之前，必须将 VLAN 的标记从以太网帧中删除，这样主机接收到的报文都是不带 VLAN 标记的以太网帧。

所以，一般情况下，Trunk 链路上传输的数据帧都带有 VLAN 信息，而 Access 链路上传输的是标准的以太网帧。这样的做法最终确保了网络中配置的 VLAN 能够被所有交换机正确处理，而主机则无须了解 VLAN 的信息。

3. Hybrid 链路

英文中的 Hybrid 意为"混合的"。在网络领域，Hybrid 端口可用于交换机之间连接，也可用于连接用户的计算机。

Hybrid 模式的端口可汇聚多个 VLAN，用户可自由指定是否打标签，可以接收和发送多个 VLAN 报文，并可剥离多个 VLAN 的标签。

Hybrid 端口与 Trunk 端口的区别在于：

(1) Hybrid 端口可以允许多个 VLAN 的报文不打标签，而 Trunk 端口只允许默认 VLAN 的报文不打标签；

(2) 在同一个交换机上 Hybrid 端口和 Trunk 端口不能并存。

4. 不同端口 VLAN 帧的转发过程

在交换机上有 Access、Trunk 和 Hybrid 端口；在端口属性中，有 untag 和 tag 两种类型。VLAN 帧的转发过程示意图，如图 4-12 所示。

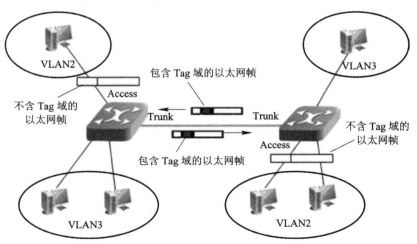

图 4-12　VLAN 帧的转发过程示意图

(1) Access 端口只属于一个 VLAN，所以它的默认 ID 即为其所在的 VLAN，不用额外设置。

① 当 Access 端口收到不包含 802.1Q tag header 的帧时，则被打上端口的 PVID。

② 当 Access 端口发送帧时，剥离 802.1Q tag header，发送的帧为普通以太网帧。

(2) Hybrid 端口和 Trunk 端口属于多个 VLAN，所以需要设置默认 VLAN ID，默认情况下为 VLAN1。

① 当 Trunk 端口收到帧时：

• 如果该帧不包含 802.1Q tag header，则打上端口的 PVID；

• 如果该帧包含 802.1Q tag header，则不做修改。

② 当 Trunk 端口发送帧时：

• 当该帧的 VLAN ID 与端口的 PVID 不同时，直接传输；

• 当该帧的 VLAN ID 与端口的 PVID 相同时，则剥离 802.1Q tag header。

(3) Hybrid 端口的工作相对复杂些。

① 当 Hybrid 端口收到帧时：

• 如果该帧不包含 802.1Q tag header，则打上端口的 PVID；

• 如果该帧包含 802.1Q tag header，则不改变。

② 当 Hybrid 端口发送帧时：

• 若帧包含 802.1Q tag header，是否保留 tag header 需根据 Hybrid 端口的设置来决定；

• 若端口设置为允许该 VLAN 帧 tagged，则保留 tag header；

• 若端口设置为允许该 VLAN 帧 untagged，则剥离 802.1Q tag header。

学习任务 4.2 VLAN 的典型配置

4.2.1 VLAN 的配置命令

1. 创建 VLAN

创建指定 VLAN，并进入 VLAN 配置模式，命令如下：

```
Switch(config)# vlan <vlan-id>
```

注意：交换机上默认只有 VLAN1，使用该命令可以创建其他 VLAN。

2. 为创建的 VLAN 命名

为创建的 VLAN 命名，命令如下：

```
Switch(config-vlan)# name <vlan- name>
```

VLAN 的命名是为了用于区分各个 VLAN，可以使用小组名称、部门、地区等作为标识。默认情况下，VLAN 的别名为 "VLAN" + VLAN ID，其中 VLAN ID 部分为 4 位数字，不足 4 位时用 0 补足。例如，ID 为 4 的 VLAN 默认别名为 VLAN0004。

3. 设置以太网端口的 VLAN 链路类型

设置以太网端口的 VLAN 链路类型，命令如下：

```
Switch (config)# interface <interface-name>
Switch (config-if)# switchport mode{access|trunk|hybrid}
```

中兴 ZXR10 8900 系列交换机以太网端口的 VLAN 链路类型有 3 种，即 Access 模式、Trunk 模式和 Hybrid 模式，默认为 Access 模式。不同厂家、不同系列的交换机在 VLAN 链路类型略有差异。

注意：

· Access 模式的端口只能属于一个 VLAN，端口不能打标签（untagged），通常用于连接计算机的端口。

· Trunk 模式的端口可以属于多个 VLAN，端口必须打标签（tagged），可以接收和发送多个 VLAN 的报文，通常作为交换机之间连接的 Trunk 端口。

· Hybrid 模式的端口可以属于多个 VLAN，用户可自由指定是否打标签，可以接收和发送多个 VLAN 报文，可用于交换机之间的连接，也可以连接用户计算机。

4. 把以太网端口加入指定 VLAN

Access 端口只能加入 1 个 VLAN，Trunk 端口和 Hybrid 端口可以加入多个 VLAN。

(1) 把 Access 端口加入到指定 VLAN。命令如下：

```
Switch (config)# interface <interface-name>
Switch (config-if)# switchport access vlan {<vlan-id>|<vlan-name>}
```

(2) 让 Trunk 端口透传指定 VLAN。命令如下：

```
Switch (config)# interface <interface-name>
Switch(config-if)#switchport mode trunk
Switch(config-if)#switchport trunk allowed vlan<vlan-id>
```

5. 设置以太网端口的 Native VLAN(PVID)

Access 端口只属于 1 个 VLAN，所以它的 Native VLAN 就是其所在的 VLAN，无须额外设置。

Trunk 端口和 Hybrid 端口属于多个 VLAN，需要设置 Native VLAN。如果设置了端口的 Native VLAN，当该端口接收到不带有 VLAN 标签的帧时，则将该帧转发到属于这个 Native VLAN 的端口。默认情况下，Trunk 端口和 Hybrid 端口的 Native VLAN 为 VLAN 1。

(1) 设置 Trunk 端口的 Native VLAN。命令如下：

```
Switch (config)# interface <interface-name>
Switch (config-if)# switchport trunk native vlan {<vlan-id> | <vlan-name>}
```

(2) 设置 Hybrid 端口的 Native VLAN。命令如下：

```
Switch (config)# interface <interface-name>
Switch (config-if)# switchport hybrid native vlan {<vlan-id>|<vlan-name>}
```

6. 创建 VLAN 三层接口

创建 VLAN 三层接口，命令如下：

```
Switch (config)# interface vlan <vlan-id>
```

7. 打开 / 关闭 VLAN 三层接口

打开 / 关闭 VLAN 三层接口，命令如下：

Switch (config)# interface vlan<vlan-id>
Switch (config-if)# no shutdown
Switch (config-if)# shutdown

注意：

• 打开 / 关闭 VLAN 三层接口只是打开 / 关闭 VLAN 的三层转发功能，对属于该 VLAN 的成员端口没有影响。

• 默认情况下，当 VLAN 接口下所有以太网端口状态为 down 时，VLAN 接口状态为 down。

• 当 VLAN 接口下至少有一个以太网端口处于 up 状态时，VLAN 接口状态为 up。可以强制关闭处于 up 状态的 VLAN 接口。

8. 显示 VLAN 配置

显示 VLAN 配置，命令如下：

Switch#show vlan {< brief>|<vlan-id>|<vlan-name>}

9. 把某一端口从 VLAN 中删除

把某一端口从 VLAN 中删除，命令如下：

Switch (config)# interface <interface-name>
Switch(config-if)#no switchport access vlan

10. VLAN 许可、删除等命令格式

VLAN 许可、删除等命令格式，命令如下：

Switch(config-if)# switchport trunk allowed vlan { all | [add| remove |except]}vlan-list}

其中：

(1) "all" 表示允许 VLAN 列表包含所有 VLAN；

(2) "add" 表示将指定的 VLAN 列表加入许可 VLAN 列表中；

(3) "remove" 表示将指定的 VLAN 列表从许可 VLAN 列表中删除；

(4) "except" 表示除列出的 VLAN 列表外的所有 VLAN 加入许可 VLAN 列表中；

(5) "vlan-list" 表示可以是一个单独的，VLAN 或以 "vlan n-vlan m" 的形式表示一组 VLAN，如 10~20。

4.2.2　VLAN 的基本配置实例

1. VLAN 的基本配置实例图

如图 4-13 所示，交换机 A 和交换机 B 互联，都连接了 VLAN 10 和 VLAN 20 的用户。

在组建办公区域网络时，发现有些部门的办公地点不在一起，一个部门的办公人员可能分布在办公楼的不同楼层。要求将各部门分属在不同楼层的多个办公室（两三个办公室）的计算机连接起来，形成一个部门的办公区域局域网络，以实现部门办公室内部可以相互访问，同时限制不同部门之间的访问权限。该背景下的网络拓扑设计如图 4-13 所示。

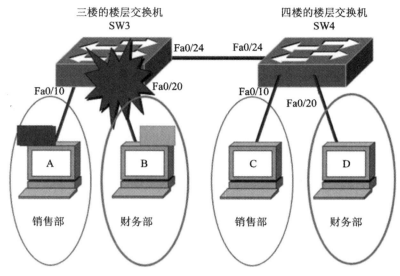

图 4-13　VLAN 配置实例图

2. VLAN 的基本配置实例步骤

(1) 交换机 SW3 上的配置。命令如下：

```
Switch(config)#hostname SW3
SW3(config)#vlan 10
SW3(config-vlan)#name xiaoshoubu
SW3(config-vlan)#exit
SW3(config)#vlan 20
SW3(config-vlan)#name caiwubu
SW3(config-vlan)#exit
SW3(config)#interface fastEthernet 0/10
SW3(config-if)#switchport mode access
SW3(config-if)#switchport access vlan10
SW3(config-if)#exit
SW3(config)#interface fastEthernet 0/20
SW3(config-if)#switchport mode access
SW3(config-if)#switchport access vlan20
SW3(config-if)#exit
SW3(config)#interface fastEthernet 0/24
SW3(config-if)#switchport mode trunk
```

(2) 交换机 SW4 上的配置可参照 SW3。

(3) 在交换机 SW3 上进行 VLAN 的配置验证时，先看一下 Fa0/24 口的 VLAN 配置，如下所示，从中可以看出，Fa0/24 处在所有的 VLAN 中。

再看一下交换机 SW3 上 VLAN 的整体配置，从中可以看出 Fa0/10、Fa0/20 分别已连接到 VLAN10 和 VLAN20 中。

```
SW3#show interfaces trunk
Port        Mode      Encapsulation   Status     Native vlan
Fa0/24      on        802.1q          trunking   1


Port        Vlans allowed on trunk
Fa0/24      1-1005


Port        Vlans allowed and active in management domain
Fa0/24      1,10,20


Port        Vlans in spanning tree forwarding state and not pruned
Fa0/24      1,10,20
```

```
SW3#show vlan
VLAN Name                         Status   Ports
---- ------------------------------ -------- -------------------------------

1    default                       active   Fa0/1, Fa0/2, Fa0/3, Fa0/4
                                            Fa0/5, Fa0/6, Fa0/7, Fa0/8
                                            Fa0/9, Fa0/11, Fa0/12, Fa0/13
                                            Fa0/14, Fa0/15, Fa0/16, Fa0/17
                                            Fa0/18, Fa0/19, Fa0/21, Fa0/22
                                            Fa0/23, Gig1/1, Gig1/2
10   xiaoshoubu                    active   Fa0/10
20   caiwubu                       active   Fa0/20
1002 fddi-default                  act/unsup
1003 token-ring-default            act/unsup
1004 fddinet-default               act/unsup
1005 trnet-default                 act/unsup
```

VLAN	Type	SAID	MTU	Parent	RingNo	BridgeNo	Stp	BrdgMode	Trans1	Trans2
1	enet	100001	1500	-	-	-	-	-	0	0
10	enet	100010	1500	-	-	-	-	-	0	0
20	enet	100020	1500	-	-	-	-	-	0	0
1002	fddi	101002	1500	-	-	-	-	-	0	0
1003	tr	101003	1500	-	-	-	-	-	0	0
1004	fdnet	101004	1500	-	-	-	ieee	-	0	0
1005	trnet	101005	1500	-	-	-	ibm	-	0	0

```
Remote SPAN VLANs
```

```
--------------------------------------------------------------------------------
Primary Secondary Type          Ports
```

实战任务 4.3 组建安全隔离的小型局域网

A 公司人力资源部、财务处、市场部和技术部分别建立了自己的局域网，并在这 4 个部门之间实现了资源共享。但是，随着网络规模的扩大，尽管客户端的计算机配置越来越高端，但各客户端之间通过网络传输文件的速度却变得越来越慢。经过技术人员的分析，公司的交换以太网只隔离了冲突域，但 ARP 等病毒是在同一个广播域内传播。因此，为了解决这一问题，需要将人力资源部、财务处、市场部和技术部各自的局域网划分为更小的逻辑网格 (VLAN)，每个逻辑网格都能有效隔离广播和单播流量。

随着公司业务的发展，公司为市场部新建了营销大楼，并在市场部内设立了财务处办公室。为确保信息的安全，要求人力资源部，财务处、市场部和技术部的各个局域网之间需要进行隔离，但是各部门内部保持连通。

4.3.1 实施条件

根据项目背景设计的网络拓扑结构如图 4-14 所示。根据实验室的实际情况，本项目可使用实体设备或 Packet Tracer 模拟器完成。

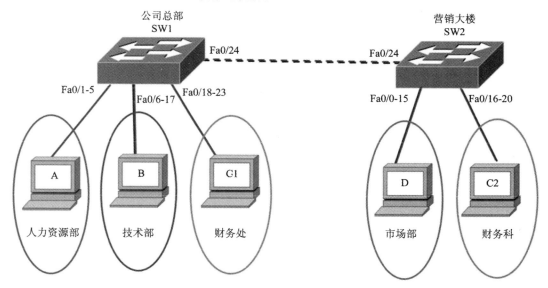

图 4-14 安全隔离的小型局域网拓扑结构

4.3.2 数据规划

规划各计算机的 IP 地址、子网掩码、默认网关及所属 VLAN，如表 4-1 所示。

表 4-1 计算机 IP 地址及 VLAN 规划表

部门	VLAN	VLAN 名称	计算机	连接交换机 / 端口	IP 地址	子网掩码	默认网关
人力资源部	10	RLZYB	PC1-1	SW1/Fa0/1	192.168.10.1	255.255.255.0	192.168.10.254
			PC1-5	SW1/Fa0/5	192.168.10.5		
技术部	20	JSB	PC1-6	SW1/Fa0/6	192.168.20.6		192.168.20.254
			PC1-17	SW1/Fa0/17	192.168.20.17		
财务处	30	CWC	PC1-18	SW1/Fa0/18	192.168.30.18		192.168.30.254
			PC1-23	SW1/Fa0/23	192.168.30.23		
市场部	40	SCB	PC2-1	SW2/Fa0/1	192.168.40.1		192.168.40.254
			PC2-15	SW2/Fa0/15	192.168.40.15		
财务科	30	CWC	PC2-16	SW2/Fa0/16	192.168.30.16		192.168.30.254
			PC2-20	SW2/Fa0/20	192.168.30.20		

4.3.3 实施步骤

1. 绘制网络拓扑图

打开 Packet Tracer 模拟器，按照图 4-14 选择交换机（本例中选择 2960），绘制网络拓扑图，如图 4-15 所示。

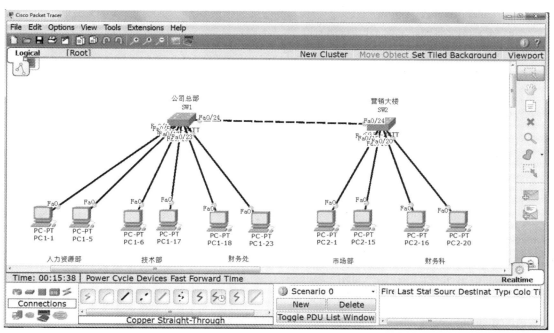

图 4-15 绘制网络拓扑示意图

根据表 4-1 的规划对交换机 SW1 和 SW2 进行配置。

2. 交换机 SW1 的配置

交换机 SW1 的配置如下：

(1) 为交换机命名为 SW1，并创建 VLAN10，创建 VLAN10 命名为"RLZYB"。命令如下：

```
Switch(config)#hostname SW1
SW1(config)#VLAN 10
SW1(config-vlan)#name RLZYB
SW1(config-vlan)#exit
```

(2) 创建 VLAN20，创建 VLAN20 命名为"JSB"。命令如下：

```
SW1(config)#VLAN 20
SW1(config-vlan)#name JSB
SW1(config-vlan)#exit
```

(3) 创建 VLAN30，创建 VLAN30 命名为"CWC"。命令如下：

```
SW1(config)#VLAN 30
SW1(config-vlan)#name CWC
SW1(config-vlan)#exit
```

(4) 将 Fa 0/1-5 加入到 VLAN10 中。命令如下：

```
SW1(config)#interface range fastEthernet 0/1-5
SW1(config-if-range)#switchport mode access
SW1(config-if-range)#switchport access VLAN 10
SW1(config-if-range)#exit
```

(5) 将 Fa 0/6-17 加入到 VLAN20 中。命令如下：

```
SW1(config)#interface range fastEthernet 0/6-17
SW1(config-if-range)#switchport mode access
SW1(config-if-range)#switchport access VLAN 20
SW1(config-if-range)#exit
```

(6) 将 Fa 0/18-23 加入到 VLAN30 中。命令如下：

```
SW1(config)#interface range fastEthernet 0/18-23
SW1(config-if-range)#switchport mode access
SW1(config-if-range)#switchport access VLAN 30
```

(7) 将 Fa 0/24 口设置成 trunk 口。命令如下：

```
SW1(config)#interface fastEthernet 0/24
SW1(config-if)#switchport mode trunk
```

(8) 让 Fa 0/24 口透传 VLAN30。命令如下：

```
SW1(config-if)#switchport trunk allowed VLAN 30
SW1(config-if)#exit
```

3. 交换机 SW1 的配置验证

(1) 使用 show vlan 验证 SW1 的 VLAN 配置，如下所示。

```
SW1#show vlan
VLAN Name                    Status   Ports
---- ------------------------------  --------  -----------------------------

1    default                 active   Gig1/1, Gig1/2
10   RLZYB                      active   Fa0/1, Fa0/2, Fa0/3, Fa0/4
                                      Fa0/5
20   JSB                        active   Fa0/6, Fa0/7, Fa0/8, Fa0/9
                                      Fa0/10, Fa0/11, Fa0/12, Fa0/13
                                      Fa0/14, Fa0/15, Fa0/16, Fa0/17
30   CWC                        active   Fa0/18, Fa0/19, Fa0/20, Fa0/21
                                      Fa0/22, Fa0/23
1002 fddi-default            act/unsup
1003 token-ring-default      act/unsup
1004 fddinet-default         act/unsup
1005 trnet-default           act/unsup
```

VLAN	Type	SAID	MTU	Parent	RingNo	BridgeNo	Stp	BrdgMode	Trans1	Trans2
1	enet	100001	1500	-	-	-	-	-	0	0
10	enet	100010	1500	-	-	-	-	-	0	0
20	enet	100020	1500	-	-	-	-	-	0	0
30	enet	100030	1500	-	-	-	-	-	0	0
1002	fddi	101002	1500	-	-	-	-	-	0	0
1003	tr	101003	1500	-	-	-	-	-	0	0
1004	fdnet	101004	1500	-	-	-	ieee	-	0	0
1005	trnet	101005	1500	-	-	-	ibm	-	0	0

```
Remote SPAN VLANs
----------------------------------------------------------------------------

Primary Secondary Type        Ports
------- --------- ----------------  ------------------------
```

(2) 使用 show interfaces trunk 验证 SW1 的 trunk 口配置，如下所示。

```
SW1#show interfaces trunk
Port       Mode      Encapsulation  Status      Native vlan
Fa0/24     on        802.1q         trunking    1
Port       Vlans allowed on trunk
Fa0/24     30
Port       Vlans allowed and active in management domain
Fa0/24     30
Port       Vlans in spanning tree forwarding state and not pruned
```

Fa0/24   none

4. 交换机 SW2 的配置

(1) 为交换机命名为 SW2，并创建 VLAN30，创建 VLAN30 命名为 "CWC"。命令如下：

```
Switch(config)#hostname SW2
SW2(config)#vlan 30
SW2(config-vlan)#name CWC
SW2(config-vlan)#exit
```

(2) 创建 VLAN40，创建 VLAN40 命名为 "SCB"。命令如下：

```
SW2(config)#vlan 40
SW2(config-vlan)#name SCB
SW2(config-vlan)#exit
```

(3) 将 Fa 0/16-20 加入到 VLAN30 中。命令如下：

```
SW2(config)#interface range fastEthernet 0/16-20
SW2(config-if-range)#switchport mode access
SW2(config-if-range)#switchport access vlan 30
SW2(config-if-range)#exit
```

(4) 将 Fa 0/1-15 加入到 VLAN40 中。命令如下：

```
SW2(config)#interface range fastEthernet 0/1-15
SW2(config-if-range)#switchport mode access
SW2(config-if-range)#switchport access vlan 40
SW2(config-if-range)#exit
```

(5) 将 Fa 0/24 口设置成 trunk 口。命令如下：

```
SW2(config)#interface fastEthernet 0/24
SW2(config-if)#switchport mode trunk
```

(6) 让 Fa 0/24 口透传 VLAN30。命令如下：

```
SW2(config-if)#switchport trunk allowed vlan 30
SW2(config-if)#exit
```

5. 交换机 SW2 的配置验证

(1) 使用 show vlan 验证 SW2 的 VLAN 配置，如下所示。

```
SW2#show vlan

VLAN Name                          Status    Ports
---- ------------------------------ --------- ----------------------------

1    default                        active    Fa0/21, Fa0/22, Fa0/23, Gig1/1
                                              Gig1/2
30   CWC                            active    Fa0/16, Fa0/17, Fa0/18, Fa0/19
```

			Fa0/20
40	SCB		active Fa0/1, Fa0/2, Fa0/3, Fa0/4
			Fa0/5, Fa0/6, Fa0/7, Fa0/8
			Fa0/9, Fa0/10, Fa0/11, Fa0/12
			Fa0/13, Fa0/14, Fa0/15
1002	fddi-default		act/unsup
1003	token-ring-default		act/unsup
1004	fddinet-default		act/unsup
1005	trnet-default		act/unsup

VLAN	Type	SAID	MTU	Parent	RingNo	BridgeNo	Stp	BrdgMode	Trans1	Trans2
1	enet	100001	1500	-	-	-	-	-	0	0
30	enet	100030	1500	-	-	-	-	-	0	0
40	enet	100040	1500	-	-	-	-	-	0	0
1002	fddi	101002	1500	-	-	-	-	-	0	0
1003	tr	101003	1500	-	-	-	-	-	0	0
1004	fdnet	101004	1500	-	-	-	ieee	-	0	0
1005	trnet	101005	1500	-	-	-	ibm	-	0	0

Remote SPAN VLANs

——

Primary	Secondary	Type	Ports
-------	---------	----------------	--------------------------------------

(2) 使用 show interfaces trunk 验证 SW2 的 trunk 口配置，如下所示。

```
SW2#show interfaces trunk
Port        Mode        Encapsulation Status      Native vlan
Fa0/24      on          802.1q        trunking    1

Port        Vlans allowed on trunk
Fa0/24      30

Port        Vlans allowed and active in management domain
Fa0/24      30

Port        Vlans in spanning tree forwarding state and not pruned
Fa0/24      30
```

6. PC 机 IP 地址配置

根据表 4-1 中的规划对各计算机的 IP 地址、子网掩码、默认网关进行设置 (设置方法参照实战项目 3.4)。

4.3.4　项目测试

1. PC1-1 与 PC1-6 之间的测试

通过对 PC1-1 与 PC1-6 之间的项目测试，可知两者不能连通，如图 4-16 所示，说明同一交换机上人力资源部与技术部不能互相通信。

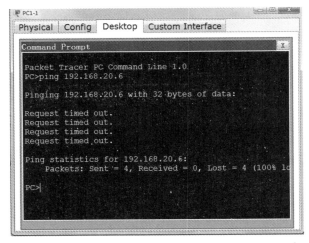

图 4-16　PC1-1 与 PC1-6 测试图

2. PC1-1 与 PC1-18 之间的测试

通过对 PC1-1 与 PC1-18 之间的项目测试，可知两者不能连通，如图 4-17 所示，说明同一交换机上人力资源部与财务处不能互相通信。

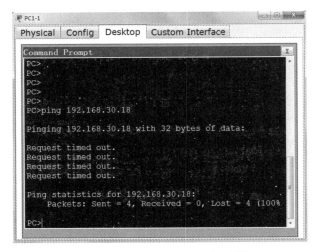

图 4-17　PC1-1 与 PC1-18 测试图

3. PC1-1 与 PC2-1 之间的测试

通过对 PC1-1 与 PC2-1 之间的项目测试，可知两者不能连通，如图 4-18 所示，说明不同交换机上人力资源部与市场部不能互相通信。

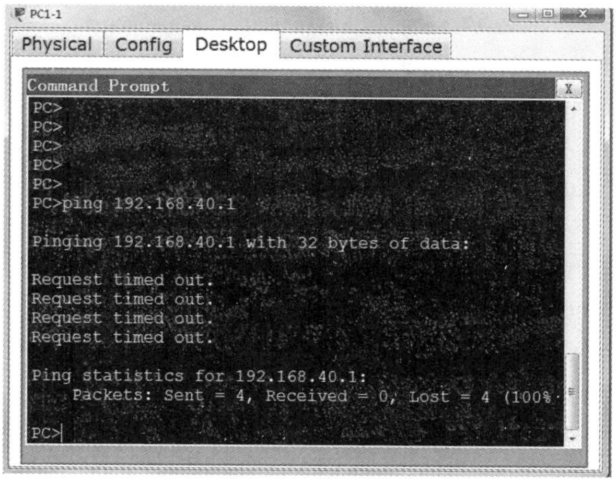

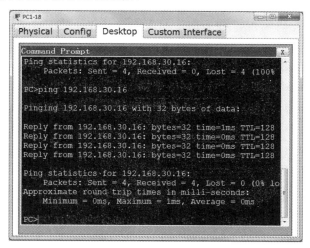

图 4-18　PC1-1 与 PC2-1 测试图

4. PC1-18 与 PC2-16 之间的测试

通过对 PC1-18 与 PC2-16 之间的项目测试，可知两者通信正常，如图 4-19 所示，说明不同交换机上财务处之间能够互相通信。

图 4-19　PC1-18 与 PC2-16 测试图

拓展任务 4.4　GVRP 协议及配置

4.4.1　GVRP 协议

1. GVRP 概述

GARP(Generic Attribute Registration Protocol) 是一种通用的属性注册协议，它为处于同一个交换网内的交换成员之间提供了分发、传播、注册某种信息的一种手段，如 VLAN、多播组地址等。

GARP 本身并不以一个实体形式存在于交换机中。遵循 GARP 协议的应用实体被称为 GARP 应用。目前主要的 GARP 应用为 GVRP 和 GMRP。

(1) GVRP(GARP VLAN Registration Protocol)：用于注册和注销 VLAN 属性。

(2) GMRP(GARP Multicast Registration Protocol)：用于注册和注销 Multicast 属性。

通过 GARP 机制，一个 GARP 成员上的属性信息会迅速传播到整个交换网。

下面将重点学习 GVRP，了解为什么需要 GVRP。

无论一个网络由多少个交换机组成，也无论一个 VLAN 跨越了多少个交换机，根据 VLAN 的定义，一个 VLAN 只确定了一个广播域。广播报文能够被在同一个广播域中的所有主机接收到，也就是说，广播报文必须被发送到一个 VLAN 中的所有端口。由于 VLAN 可能跨越多个交换机，当一个交换机从某个 VLAN 的一个端口收到广播报文后，为了确保同属一个 VLAN 的所有主机都能接收到这个广播报文,交换机必须按照如下原则将报文进行转发：

(1) 发送给本交换机中同一个 VLAN 中的其他端口；

(2) 将这个报文发送给本交换机所包含这个 VLAN 的所有 Trunk 链路，以便让其他交换机上的同一个 VLAN 的端口也发送该报文。

将一个端口设置为 Trunk 端口，也就是和这个端口相连的链路被设置为 Trunk 链路，同时还可以配置哪些 VLAN 的报文可以通过这个 Trunk 链路。对于允许通过的 VLAN 配置，需要根据网络的配置情况进行考虑，而不应该让 Trunk 链路传输所有的 VLAN，因为每个 VLAN 的所有广播报文必须被发送到这个 VLAN 的每个端口。如果允许 Trunk 链路传输所有的 VLAN，这些广播报文将被传送到所有其他交换机上。如果在 Trunk 链路的另外一端没有这个 VLAN 的成员端口，那么带宽和处理时间将被浪费，如图 4-20 所示，VLAN 2 的广播报文没有必要传播到最右边的交换机上。

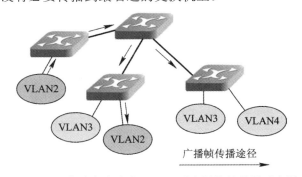

图 4-20　网络中存在多个 VLAN 时广播帧的传递示意图

对于多数用户来说，手动配置过于频繁。一个规模较大的网络可能包含多个 VLAN，而且网络的配置也会随时发生变化，有时会导致网络拓扑变动，逐个交换机配置 Trunk 端口变得复杂。这个问题可以由 GVRP 协议来解决,它可以根据网络情况动态配置 Trunk 链路。

2. GVRP 工作原理

VLAN 注册协议 (GARP VLAN Registration Protocol，GVRP)。基于 GARP 的工作机制，GVRP 是 GARP 的一种应用，它维护交换机中的 VLAN 动态注册信息，并将该信息传播到其他的交换机中。

所有支持 GVRP 特性的交换机能够接收来自其他交换机的 VLAN 注册信息，并动态更新本地的 VLAN 注册信息，包括当前的 VLAN 成员和这些 VLAN 成员可通过哪个端口到达等。此外，所有支持 GVRP 特性的交换机能够将本地的 VLAN 注册信息传播到其他交换机，以确保同一交换网内所有支持 GVRP 特性的设备的 VLAN 信息保持一致。GVRP 传播的 VLAN 注册信息包括本地手动配置的静态注册信息和来自其他交换机的动态注册信息。

对于支持 GVRP 特性的交换机而言，不同交换机上的 VLAN 信息可以由协议动态维护和更新，用户只需要对少数交换机进行 VLAN 配置，即可应用到整个交换网络，无须耗费大量时间进行拓扑分析和配置管理。该协议会自动根据网络中 VLAN 的配置情况，动态地传播 VLAN 信息并在相应的端口上进行配置。

根据 VLAN 注册信息，交换机了解到 Trunk 链路对端有哪些 VLAN，从而自动配置 Trunk 链路，只允许对端交换机需要的 VLAN 在 Trunk 链路上传输。

如图 4-21 所示，GVRP 成员通过声明或回收声明告诉其他 GVRP 成员希望对方注册或注销自己的 VLAN 信息，并根据其他 GVRP 成员的声明或回收声明来注册或注销对方的 VLAN 信息。

GVRP 的应用实体在协议中被称为 GVRP Participant。在交换机内，每个参与协议的端口都可以被视为一个应用实体，如 4-22 所示。

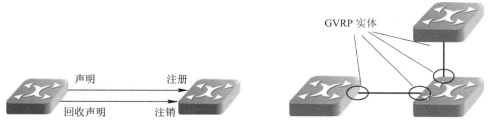

图 4-21　GVRP 成员收发声明或回收声明　　　图 4-22　GVRP 实体示意图

3. GVRP 注册过程

如图 4-23 所示，通过"声明→注册"的过程，使得链路两端口都具备 VLAN 2 属性，则允许 VLAN 2 的帧在此链路上传递。

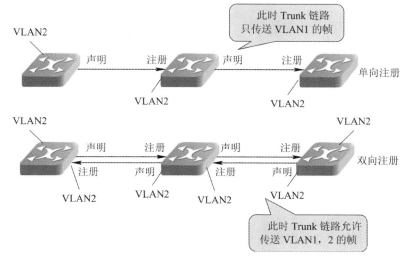

图 4-23　GVRP 注册过程示意图

4. GVRP 端口注册模式

GVRP 端口注册模式有以下三种：

(1) Normal 模式。允许该端口动态注册、注销 VLAN，传播动态 VLAN 以及手动配置的 VLAN 信息，这是端口默认模式。

(2) Fixed 模式。禁止该端口动态注册、注销 VLAN，只传播手动配置的静态 VLAN 信息，不传播动态 VLAN 信息。也就是说，被设置为 fixed 模式的 Trunk 口，即使允许所有 VLAN 通过，实际通过的 VLAN 也只能是手动配置的那些 VLAN。

(3) Forbidden 模式。禁止该端口动态注册、注销 VLAN，不传播除 VLAN 1 以外的任何的 VLAN 信息。也就是说，被配置为 Forbidden 模式的 Trunk 口，即使允许所有 VLAN 通过，实际通过的 VLAN 也只能是默认 VLAN，即 VLAN 1。

4.4.2 GVRP 配置

下面描述的 GVRP 配置命令对接的是中兴的设备。中兴交换机的 GVRP 设置主要包括以下内容。

1. 开启 / 关闭系统 GVRP 功能

开启 / 关闭系统 GVRP 功能，命令如下：

```
zte(config)## set gvrp
```

系统的 GVRP 功能默认处于关闭状态，该命令用于全局开启 / 关闭 GVRP。GVRP 功能的开启要在 GARP 开启的情况下才能进行。

2. 开启 / 关闭端口 GVRP 功能

开启 / 关闭端口 GVRP 功能，命令如下：

```
zte(config)#set gvrp port<portlist> {enable | disable}
```

系统端口的 GVRP 功能默认处于关闭状态，该命令用于开启 / 关闭端口 GVRP 功能，端口 GVRP 功能开启后可以接受 GVRP 协议报文。

3. 配置端口的 GVRP 注册类型功能

配置端口的 GVRP 注册类型功能，命令如下：

```
zte(config)# set gvrp port<portlist>registration{normal | fixed | forbidden}
```

4. Trunk 端口开启 / 关闭 GVRP 功能

Trunk 端口开启 / 关闭 GVRP 功能，命令如下：

```
zte(config)#set gvrp trunk< trunklist > {enable | disable}
```

5. 配置 Trunk 端口的 GVRP 注册类型

配置 Trunk 端口的 GVRP 注册类型，命令如下：

```
zte(config)# set gvrp trunk < trunklist > registration {normal | fixed | forbidden}
```

系统 Trunk 端口的 GVRP 注册类型默认处于 normal 状态，该命令用于设置 Trunk 端口 GVRP 注册类型，Trunk 端口注册类型有 3 种，每种注册类型的功能和端口的功能相同。

6. 显示 GVRP 配置信息

显示 GVRP 配置信息，命令如下：

```
zte# show gvrp
```

该命令用于显示 GVRP 配置信息，包括 GVRP 开启与否，各端口和 Trunk 端口 GVRP 的配置情况。

4.4.3　GVRP 配置实例

如图 4-24 所示，在交换机 B 和 port 2 上启用 GVRP，并将 Trunk 端口 (port 2) 的 GVRP 注册类型设置为 fixed 类型。以下 GVRP 配置命令对接的是中兴的设备。

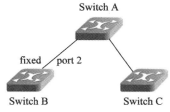

图 4-24　GVRP 配置实例

1. 交换机 B 上关于 GVRP 的主要配置

交换机 B 上关于 GVRP 的主要配置，命令如下：

```
zte(config)##set garp enable
zte(config)#set gvrp enable
zte(config)#set gvrp port 2 enable
zte(config)#set gvrp port 2 registration fixed
```

2. 在交换机 B 上查看 GVRP 状态

在交换机 B 上查看 GVRP 状态如下所示。

```
zte(cfg)#show gvrp
    GVRP is enabled!
    PortId Status   Registration LastPduOrigin
    _____ _____ _____ _____
    2      Enabled Fixed        00.00.00.00.00.00
```

■ 思政小课堂

VLAN 技术的应用是网络精细化管理的典型表现，其优势主要体现在两个方面。首先，VLAN 技术通过精细化的网络管理，可以对网络资源进行更精确、全面的管理，从而更准确地掌握网络资源的利用情况，提高网络资源的利用效率。这不仅可以避免网络资源的浪费，还可以提高网络的整体性能和服务质量。其次，精细化管理加强了网络安全管理，防止非法访问和攻击网络，保护网络系统的安全稳定。此外，通过对网络资源的实时监控和管理，可以及时发现和解决网络故障，确保网络的稳定运行。

项 目 习 题

一、选择题

1. 具有隔离广播信息能力的网络互联设备是（　　）。

A. 网关　　　　　　　　　　　B. 中继器

C. 路由器　　　　　　　　　　D. 交换机

2. VLAN 的主要优势是（　　）。

A. 提高网络带宽　　　　　　　B. 增强网络安全性

C. 减少网络延迟　　　　　　　D. 降低网络成本

3. 在一个 VLAN 中，关于广播流量被控制的说法正确的是（　　）。

A. VLAN 通过限制广播流量只能在单个物理网段内传播

B. VLAN 通过限制广播流量只能在单个逻辑网段内传播

C. VLAN 不限制广播流量

D. VLAN 通过将广播流量发送到所有端口来控制

4. 在配置 VLAN 时，下列参数存在的是（　　）。

A. VLAN ID　　　　　　　　　B. VLAN 名称

C. VLAN 描述　　　　　　　　D. VLAN 类型（如静态或动态）

5. 下列不是 VLAN 划分方法的是（　　）。

A. 基于端口的 VLAN　　　　　B. 基于 MAC 地址的 VLAN

C. 基于 IP 地址的 VLAN　　　　D. 基于物理位置的 VLAN

6. 以下关于 802.1Q VLAN 标准的正确描述是（　　）。

A. 它定义了如何在帧中添加 VLAN 标签

B. 它仅适用于华为交换机

C. 它规定了物理端口的划分方式

D. 它是一个关于网络安全的标准

7. 下列交换机命令用于将端口加入到 VLAN 中的是（　　）。

A. access vlan vlan-id　　　　　B. switchport access vlan vlan-id

C. vlan vlan-id　　　　　　　　D. set port lan vlan-id

8. 连接在不同交换机上的、属于同一 VLAN 的数据帧必须通过的传输是（　　）。

A. 服务器　　　　　　　　　　B. 路由器

C. Backbone 链路　　　　　　　D. Trunk 链路

二、简答题

1. 在交换机 VLAN 中 Access 链路的主要特点是什么？

2. 如果静态地将交换机端口划分到 VLAN 中，去除该 VLAN 后将出现什么情况？

3. 对于图 4-25，交换机 A、B、C 的基本配置如表 4-2 所示。

(1) PC1 和 PC2 配置了位于同一子网的 IP 地址，但两台 PC 连接到不同的 VLAN 中，按照给出的交换机的配置，PC1 和 PC2 之间能够 ping 通吗？

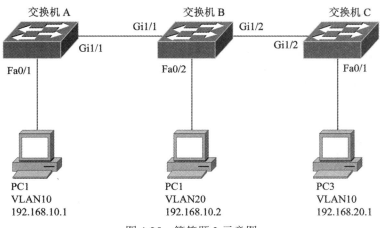

图 4-25   简答题 3 示意图

(2) PC2 和 PC3 被分配到不同的 IP 子网和同一个 VLAN 中，PC2 和 PC3 之间能够 ping 通吗？

表 4-2   实训题中交换机 A、B、C 的基本配置

交换机 A 的配置
interface gigabitethernet 1/1
switchport mode acess
swtichport acess vlan 10
interface fastethernet 0/1
switchport mode acess
swtichport acess vlan 10
交换机 B 的配置
interface gigabitethernet 1/1
switchport mode acess
swtichport acess vlan 20
interface gigabitethernet1/2
switchport trunk encapsulation isl
switchport mode trunk
interface fastethernet 0/2
switchport mode acess
swtichport acess vlan 20
交换机 C 的配置
interface gigabitethernet 1/2
switchport trunk encapsulation dotlq
switchport mode trunk
interface fastethernet 0/1
switchport mode acess
swtichport acess vlan 10

项目 5 管理交换网络的冗余链路

思政目标

弘扬工匠精神，深刻理解党的二十大报告中我国高水平科技自立自强的重要性。

思维导图

本项目思维导图如图 5-0 所示。

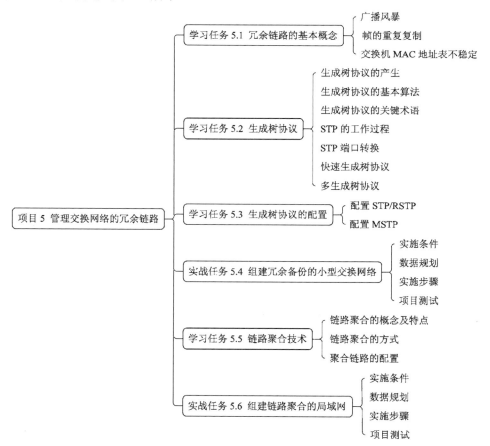

图 5-0　项目 5 思维导图

学习目标

◎理解生成树协议的内容、术语及规划。

◎能够对交换机配置生成树协议，并选出主链路和冗余链路。

◎学会利用冗余技术来实现实际的工程任务。

◎了解链路聚合的基本概念。

◎掌握链路聚合的方法。

◎学会链路聚合的配置。

学习任务 5.1　冗余链路的基本概念

在传统的交换网络中，设备之间是通过单条链路进行连接的，如图 5-1 所示。终端 PC 通过连接到交换机上来实现对服务器的访问，当某个节点或链路发生故障时，可能导致整个网络无法访问。

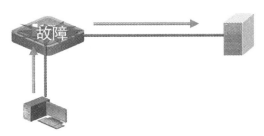

图 5-1　单点故障

为了解决这一问题，可在网络中再多搭建一条或几条链路，即冗余链路，如图 5-2 所示。图中搭建两条链路来实现终端对服务器的访问。正常情况下，数据会按照 A→B→服务器指示的链路进行传输；如果这条链路出现故障，也可以利用 A→C→B→服务器指示的冗余链路进行数据传输。这种设计提高了网络的健壮性和稳定性。

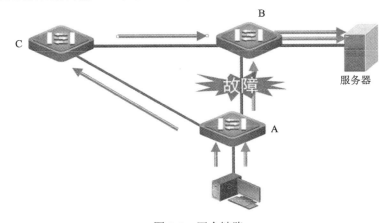

图 5-2　冗余链路

现今为了防止单链路故障，网络一般都会设置冗余备份链路，但是冗余备份链路可能导致网络中存在环路。而存在环路的交换网络则会带来 3 个问题：广播风暴、帧的重复复制和交换机 MAC 地址表的不稳定。

5.1.1　广播风暴

如图 5-3 所示，Host X 发送了一个广播包，交换机 A 和 B 都将收到这个广播包，并根据交换机的工作原理进行转发。由于交换机在转发数据帧时不对帧做任何处理，所以当同一广播帧再次到达时，交换机 A 无法识别此数据帧已被转发过，交换机 A 仍将对此广播帧进行洪泛操作。

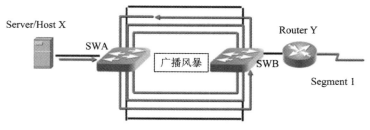

图 5-3　广播风暴示意图

当广播帧到达交换机 B 时，将重复相同的操作，并且此过程会不断进行下去，无限循环。以上分析的只是广播被传播的一个方向，实际环境中会在两个不同的方向上发生这一过程。

这种不断循环转发的广播帧会在短时间内消耗整个网络的带宽，从而影响连接在该网段上的所有主机设备。主机的 CPU 将不得不产生中断来应对不断到来的广播帧，这将严重消耗系统的处理能力，甚至可能导致系统死机。

广播包在该网络中不断被重复转发，占据了网络带宽，导致正常数据无法传输，这种现象被称为"广播风暴"。一旦发生"广播风暴"，系统将无法自动恢复，必须由系统管理员进行手动干预以恢复网络状态。

5.1.2　帧的重复复制

如图 5-4 所示，Host X 向 Router Y 发送了一个单播帧，由于任何一台交换机之前都没有学习过 Router Y 的 MAC 地址，当交换机无法确定帧的目的 MAC 地址时，会进行洪泛操作。因此，Router Y 将会收到来自 Switch A 和 Switch B 的两个完全相同的重复帧。

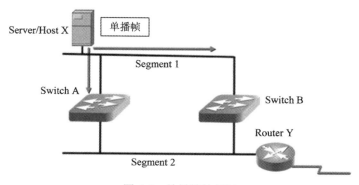

图 5-4　单播帧的复制

根据上层协议与应用的不同，同一个数据帧被传输多次可能导致应用程序的错误。

5.1.3 交换机 MAC 地址表不稳定

如图 5-5 所示，Host X 向 Router Y 发送了一个单播帧。在网络中，任何一台交换机都没有学过 Host X 的 MAC 地址。Switch A 和 Switch B 从各自的 Port 0 接口学到了 Host X 的 MAC 地址，并将其加入 MAC 地址表中。根据交换机的工作原理，该帧被洪泛转发出去。这导致 Switch A 和 Switch B 都从各自的 Port 1 接口学习到了 Host X 的 MAC 地址，并将其加入 MAC 地址表中。

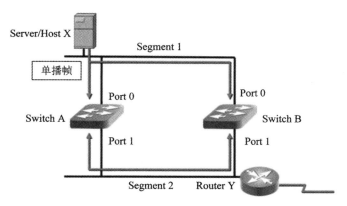

图 5-5   MAC 地址表不稳定的过程示意图

交换机学习到了错误的信息，并且造成交换机 MAC 地址表的不稳定，这种现象也被称为 MAC 地址漂移。

学习任务 5.2 生成树协议

5.2.1 生成树协议的产生

尽管交换机组成的网络存在冗余备份后可能存在环路的隐患，但所有的用户仍希望网络具备优秀的故障恢复能力。也就是说，当链路发生故障时，网络能够在不需要人为干预的前提下，故障能够自动地恢复。要实现这一点，网络首先必须具备物理上的冗余，而物理上的冗余往往会带来环路的问题。

为了解决交换机环路带来的这些问题，需要找到一种方法，通过某种算法来阻断冗余链路，将一个存在环路的交换网络修剪成一个无环路的树状拓扑结构。这样来，既解决了环路问题，同时也能在某条活动链路断开时，通过激活被阻断的冗余链路重新调整拓扑结构以恢复网络的连通性。也就是说，当主要链路正常时，断开备份链路，如图 5-6(a) 所示；而当主要链路出现故障时，自动启用备份链路，如图 5-6(b) 所示。生成树协议 (Spanning-Tree Protocol) 能够发现冗余网络拓扑中的环路，并通过阻塞某个端口来自动消除环路。

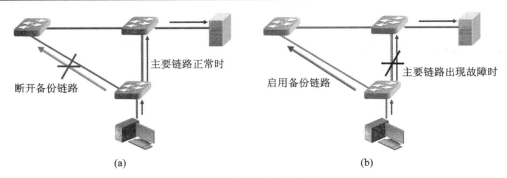

图 5-6   生成树协议示意图

5.2.2   生成树协议的基本算法

1. 生成树算法的基本原理

用于构建生成树的算法称为生成树算法 (Spanning Tree Algorithm，STA)。

生成树算法的基本原理很简单，即交换机之间彼此传递一种特殊的配置消息，生成树协议 (802.1D) 将这种配置消息称为"桥协议数据单元"或者"BPDU"。BPDU 中包含了足够的信息来保证网桥完成生成树的计算。交换机会根据 BPDU 消息来执行以下工作：

(1) 在桥接网络的所有参与生成树计算的网桥中，选出一个作为树根 (Root Bridge)。

(2) 计算其他网桥到根网桥的最短路径。

(3) 为每个 LAN 选出一个指定网桥，该网桥必须是离根网桥最近的。指定网桥负责将这个 LAN 上的包转发给根桥。

(4) 为每个网桥选择一个根端口，该端口提供的路径是本网桥到根网桥的最短路径。

(5) 确定除根端口之外的包含在生成树上的端口。

2. BPDU 帧格式及作用

(1) BPDU 帧格式。

桥协议数据单元 (Bridge Protocol Data Unit，BPDU) 的帧格式如图 5-7 所示。

图 5-7   BPDU 的帧格式示意图

图中各段内容的含义如下：

• DMA：目的 MAC 地址，即配置消息的目的地址，固定的组播地址为 0x0180c2000000。

• SMA：源 MAC 地址，即发送该配置消息的桥 MAC 地址。

• L/T：帧长。

• LLC Header：配置消息固定的链路头。

• Payload：BPDU 的数据。

(2) BPDU 包含的关键字段。

BPDU 包含的关键字段及其作用如表 5-1 所示。

表 5-1　BPDU 包含的关键字段及其作用

字　段	字　节	作　　用
协议 ID	2	标识生成树协议的 ID
版本号	1	标识生成树协议的版本
报文类型	1	标识是配置 BPDU 还是 TCN BPDU
标记域	1	标识生成树协议的域
根网桥 ID	8	用于通告根网桥的 ID
根路径成本	4	说明这个 BPDU 从根传输了多远
发送网桥 ID	8	发送这个 BPDU 网桥的 ID
端口 ID	2	发送报文的端口的 ID
报文老化时间	2	计时器值，用于说明生成树用多长时间完成它的每项功能
最大老化时间	2	
访问时间	2	
转发延迟	2	

交换机之间通过传递表 5-1 中的内容就能够完成生成树的计算。

(3) BPDU 的作用。

BPDU 的作用除了在 STP(Spanning Tree Protocol，生成树协议) 刚开始运行时选举根桥外，其他的作用还包括检测发生环路的位置、阻止环路发生、通告网络状态的改变、监控生成树的状态等。

5.2.3　生成树协议的关键术语

为了叙述方便，下面先介绍生成树协议的几个关键术语。

1. 根交换机

. 在每个广播域中，选出一个根交换机 (Root Switch)，其网桥 ID(Bridge ID) 值最小，即为根交换机。

Bridge ID 由两部分组成：一个是交换机的优先级，取值范围为 0～65 535，默认值是32 768，值是 0 或 4096 的倍数；另一个是交换机的 MAC 地址。选择根交换机时，首先比较交换机的 Bridge ID 值，较小者为根交换机。如果交换机的 Bridge ID 相同，则比较MAC 地址，仍然是较小者为根交换机。

2. 非根交换机

除了根交换机之外的其他交换机统称为非根交换机。在非根交换机中，还包含一种角色，叫作指定交换机，它是指某一网段通过该交换机到达根交换机的路径花费最少的交换机。

3. 路径花费

路径花费 (Root Path Cost) 是指非根交换机到达根交换机的路径开销。这个路径开销与带宽成反比。带宽越高，路径花费越小，而根交换机的路径花费为 0。不同带宽下的路径开销如表 5-2 所示。

表 5-2   不同带宽下的路径开销

链路带宽 /(Mb/s)	路径开销
10	100
16	62
45	39
100	19
155	14
622	6
1000	4
10 000	2

如果从非根交换机到达根交换机有多条链路，那么路径开销是多条链路路径开销的总和。如图 5-8 所示，如果交换机 D 到根交换机的路径是 D→B→Root(根)，每条链路的带宽是 100 Mb/s，则路径开销就是 19 + 19 = 38。

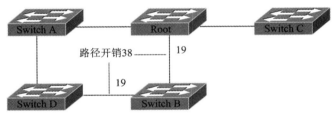

图 5-8   路径开销计算示意图

4. 根端口

根端口 (Root Port) 简称 RP，是指一台非根交换机到达根交换机具有最佳路径的端口，且该端口处于转发状态 (Forwarding)。特别需要注意的是，根端口位于非根交换机上。

如图 5-9 所示，交换机 B 和 C 到达根交换机 A 最近的端口分别是 B 和 C 的根端口 RP，图中用"○"表示。

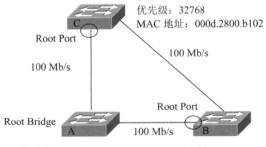

图 5-9   根端口示意图

5. 指定端口

指定端口 (Designated Port) 简称 DP，是指从每个网段到达根交换机的具有最佳路径的端口。指定端口在根交换机上，也处于转发状态 (Forwarding)。在生成树协议中，交换机有 Bridge ID，端口也有 Port ID。Port ID 由两部分组成：一个是端口的优先级，取值范围为 0~255，默认值是 128，值是 0 或 16 的倍数；另一个是端口的编号。

在每个网段上，选择一个指定端口，根交换机上的所有端口均为指定端口，非根交换机上的指定端口则依据以下三个方面综合考虑：根路径成本最低、端口所在的网桥的 ID 值较小、端口 ID 值较小。

如图 5-10 所示，根交换机 A 上的端口都是指定端口 DP，而交换机 B 和交换机 C 中，由于交换机 B 的网桥 ID 较小，所以 B 上的端口为指定端口，图中用"☆"表示。

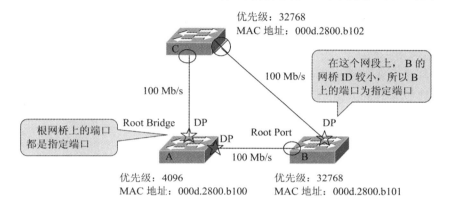

图 5-10　指定端口示意图

6. 非指定端口

如果某个端口既不是根端口也不是指定端口，那么它就是非指定端口，也称为冗余端口。如图 5-11 所示，C 交换机的另一个端口处于阻塞状态 (Blocking)。

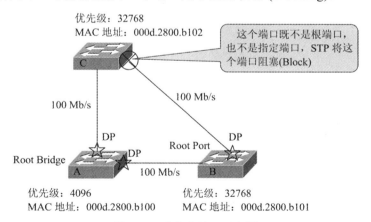

图 5-11　非指定端口示意图

5.2.4　STP 的工作过程

STP 的工作过程主要包括 4 个步骤：第一步选举根交换机；第二步在非根交换机上选举一个根端口；第三步在每个网段选举一个指定端口；第四步阻塞非根口非指定端口。下面通过几个实例来介绍 STP 的工作过程。

1. 选举根桥（交换机）

开始启动 STP 时，所有交换机将根桥 ID 设置为与自己的桥 ID 相同，即认为自己是根桥。

当收到其他交换机发出的 BPDU 并且其中包含比自己的桥 ID 小的根桥 ID 时，交换机将此具有最小桥 ID 的交换机作为 STP 的根桥。

当所有交换机都发出 BPDU 后，具有最小桥 ID 的交换机被选择作为整个网络的根桥。在正常情况下，网桥每隔 Hello Time(定时发送 BPDU 的周期，默认为 2 s) 从所有的端口发出 BPDU。

图 5-12 所示的是选举 STP 根交换机的过程。首先选举根端口，在这个网络拓扑中，3 台交换机搭建了冗余环路，现运行生成树协议；然后选举根交换机，通过比较 Bridge ID 来实现，先比较交换机优先级，图中 SW2 的优先级为 4096，SW1 和 SW3 的优先级都是默认的 32 768，根据"谁小谁优先，谁就是根交换机"的原则，因此 SW2 成为根交换机，其他的交换机就是非根交换机。

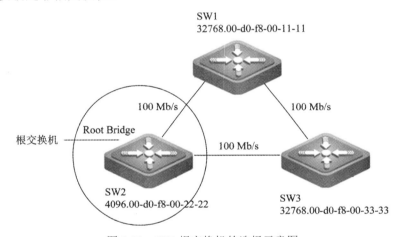

图 5-12   STP 根交换机的选择示意图

2. 选举一个根端口

在非根交换机上选举一个根端口 (根口)，选举过程依据的顺序是先比较到根交换机的路径开销。如果路径开销相同，再比较上一级发送网桥的 Bridge ID，如果仍然相同，则比较上一级交换机发送端口的 PortID。比较时全都是值越小的链路越优先，其对应的端口就是根口。

(1) 比较路径开销。

如图 5-13 所示，前面已经选出了根交换机。现在在两台非根交换机 SW1 和 SW3 上选择根口。首先比较根路径的花费，从 SW1 到根交换机有两条路径：一条是 Fa0/1→根交换机 SW2，百兆链路路径开销为 19；另一条是 Fa0/2→交换机 SW3→根交换机 SW2，路径开销为 19 + 19 = 38。因为第一条路径的开销较小，所以 Fa0/1 就是根口，图中用圆圈 (○) 表示。按照同样的方法，在 SW3 上选择出的根口为 SW3 的 Fa0/1 口。

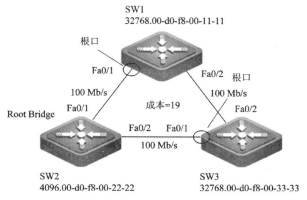

图 5-13 路径开销相同下 STP 根口的选择示意图

(2) 比较发送网桥的 Bridge ID。

如果增加一个交换机 SW4，变成如图 5-14 所示网络拓扑，则选举根口的过程与 (1) 中的描述相同，SW1 和 SW4 通过比较路径花费选出了根口，分别是 Fa0/1 和 Fa0/2。

再看 SW3，它有两条链路：第一条链路是 SW3→SW1→SW2；第二条链路是 SW3→SW4→SW2。这两条链路的路径花费都是 38，无法比较。因此，比较发送网桥的 Bridge ID。给 SW3 发送生成树信息的交换机分别是 SW1 和 SW4，比较它们的优先级和 MAC 地址，由于优先级相同，SW1 的 MAC 地址小，所以第一条链路是最优路径 (SW3→SW1→SW2)，F0/2 就是交换机 SW3 的根口。

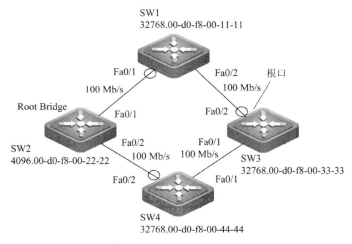

图 5-14 比较发送网桥的 Briddge ID 进行 STP 根口的选择示意图

(3) 比较发送端口 ID。

如果发送网桥 ID 也相同，可以通过比较发送端口 ID 来选举根口。假设在 SW1 和 SW3 之间增加了一条链路，网络拓扑如图 5-15 所示。仍然是选择 SW3 上的根端口，通过刚才比较发送网桥的 ID 确定了 SW3 到达根交换机的最优路径是 SW3→SW1→SW2(根)。但是，SW3 和 SW1 之间通过两条百兆链路连接，这时再比较发送网桥 ID 就无法确定大小。只有比较发送端口的 ID 才能确定根口对 SW1 上的 Fa0/2 口和 Fa0/3 口进行比较，主要比较端口优先级和端口编号，在端口优先级相同 (没有设置，则全都是默认的 128) 的情况下，则比较端口编号。SW1 的 Fa0/2 口编号较小，因此这条链路就是最优路径，SW3 上的 Fa0/2 口就是根口。

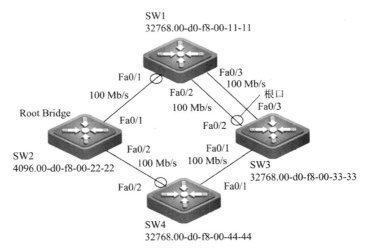

图 5-15　比较发送网桥的 Port ID 进行 STP 根口的选择示意图

3. 选举指定端口

根口选举完成后，下一步就是选举指定端口，指定端口为每个网段到根交换机最近的端口，处于转发状态。选举的过程仍然是先比较根路径花费，根路径花费相同的话再比较发送网桥，如果发送网桥仍然相同，最后较发送端口 ID。在图 5-16 所示的网络拓扑中，通过比较网桥 ID 选举出 SW2 为根交换机，通过根口的选举依据选出了 SW1 和 SW3 上的根口，接下来该选举指定端口。根交换机的路径花费最小为 0，所以其 Fa0/1 和 Fa0/2 都是指定端口，图中用"☆"表示。若网段到根交换机路径花费相同，则需比较 SW1 和 SW3 的 Bridge ID，SW1 与 SW3 优先级相同，但是 SW1 的 MAC 地址较小，所以 SW1 的 Bridge ID 小，因此 SW1 的 Fa0/2 口被选举为指定端口。在图 5-16 中，"○"是根口，"☆"是指定端口，这些端口均处于开启的数据转发状态。

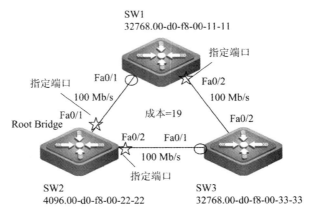

图 5-16　STP 指定端口的选择示意图

4. 非指定端口 (冗余端口)

在图 5-16 中，只有 SW3 的 Fa0/2 这个端口既不是根端口也不是指定端口，因此它是非指定端口,也就是冗余端口,该端口处于阻塞状态。在这个具有冗余环路的网络里,在运行生成树协议后,SW1→SW2 和 SW3→SW2 这两条链路成为主链路,处于开启状态,而其余链路则成为备份链路。当主链路开启时,备份链路处于关闭状态。如果主链路出现故障导致断开,则网络将重新运行生成树协议,重新选择根口和指定端口,此时冗余链路将开启,用于替代主链路,保障网络正常运行。

5.2.5　STP 端口转换

1. STP 算法计时器

从整个网络来看,阻塞某些端口等同于阻塞某些链路,而其他的链路组成一个无环路的树状拓扑结构。当链路发生故障时,网络的拓扑发生改变,新的配置消息需要一定的时延才能传遍整个网络。那么在其他网桥发现拓扑改变之前可能会出现以下两种情况:

(1) 在旧拓扑中处于转发状态的端口在新的拓扑中应该被阻塞,但它自身并没有意识到这一点,造成临时的路径回环。

(2) 在旧拓扑中被阻塞的端口应该在新的拓扑中参与数据转发,但如果它自身不知道,则会造成网络暂时失去连通性。

第二种情况影响不大,只会导致少量数据包的丢失。而前文已经详细介绍了第一种临时路径回环所带来的问题,生成树算法的定时器策略为此提供了一种很好的解决方案。

生成树算法的配置消息中包含了一个生存期的域值,根网桥周期性地通过其所有端口发送生存期为 0 的配置消息,接收到配置消息的网桥也同样从自己的指定端口发送自己的生存期为 0 的配置消息。如果生成树的某个分支出现故障,则该分支下游的端口将不再接收到新的配置消息,其自身配置消息的生存期值不断增长,直至达到一个极限。在此之后,该网桥将抛弃这个过时的配置消息,并重新开始生成树计算。

定时发送的周期称为 Hello Time,网桥从指定端口以 Hello Time 为周期定时发送配置消息。

配置消息的生存期为 Message Age(默认为 2 s)、最大生存期为 Max Age(默认为 20 s)。端口储存的配置消息有一个生存期 Message Age 字段,并按时间递增。每当收到一个生存期更小的配置消息时,则更新自身的配置消息。当一段时间未收到任何配置消息,且生存期达到 Max Age 时,网桥将判定该端口连接的链路发生故障,并进行故障处理。

生成树使用定时器来确定状态转换所需的时间,示意图如图 5-17 所示。

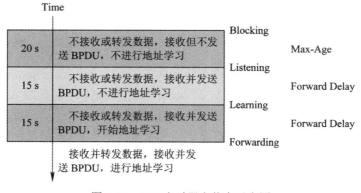

图 5-17　STP 定时器和状态示意图

2. STP 的端口状态

当网络拓扑发生变化时，新的配置消息需要一定的时延才能传播到整个网络。

在所有网桥接收到这个变化的消息之前，若旧拓扑结构中处于转发的端口尚未意识到自己应该在新拓扑中停止转发，则可能出现临时环路。为了解决临时环路的问题，生成树采用了一种定时器策略：在端口从阻塞状态到转发状态之间增加一个中间状态，该状态只学习 MAC 地址但不参与转发，并且两次状态切换的时间长度都是 Forward Delay(转发延迟，协议默认值是 15 s)。这样可确保在拓扑变化时不会产生临时环路。在 802.1D 的协议中，端口存在以下几种状态：

(1) 阻塞 (Blocking)：处于此状态的端口无法参与转发数据报文，但是可以接收配置消息并传递至 CPU 处理。该端口不能发送配置消息，也不进行地址学习。

(2) 监听 (Listening)：处于此状态的端口同样不参与数据转发，也不进行地址学习，但是可以接收并发送配置消息。

(3) 学习 (Learning)：处于此状态的端口同样不能转发数据，但是开始进行地址学习，并可以接收、处理和发送配置消息。

(4) 转发 (Forwarding)：一旦端口进入此状态，即可转发任何数据，同时也进行地址学习和配置消息的接收、处理和发送。

交换机上原先被阻塞的端口，若在最大老化时间内未收到 BPDU，则从阻塞状态转变为监听状态。监听状态经过一个转发延迟 Forward Delay(15 s) 后进入学习状态，再经过一个转发延迟的 MAC 地址学习过程后进入转发状态。如果到达监听状态后发现本端口不应在新的生成树中转发数据，则直接返回阻塞状态。

STP 接口 4 种状态之间的转换关系如图 5-18 所示。

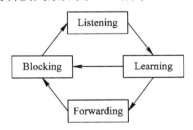

图 5-18　STP 接口状态的转换关系

5.2.6　快速生成树协议

1. STP 的不足

在生成树协议中，端口从阻塞状态进入转发状态必须经历两倍的 Forward Delay 时间，所以网络拓扑结构改变之后需要至少两倍的 Forward Delay 时间才能恢复连通性。如果网络中的拓扑结构变化频繁，就会导致网络频繁失去连通性，从而给用户带来不便。

为了解决这些问题，必须改进生成树算法，快速生成树协议 (Rapid Spanning Tree Protocol, RSTP) 的出现，有效地解决了这些问题。

2. RSTP 的特点

RSTP 之所以称为快速生成树协议 (IEEE 802.1w)，是因为它在保持 STP 所有优点的基础上，比 STP 提供了更快的拓扑收敛速度。当物理拓扑或配置参数发生变化时，冗余交换机端口在点对点连接条件下，端口状态可以迅速迁移 (Discarding→Forwarding)，从而显著减少网络拓扑重新收敛的时间。

RSTP 定义了两种新增加的端口角色，用于取代阻塞端口，如图 5-19 所示。

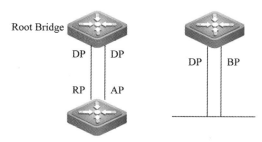

图 5-19 RSTP 定义的两种新端口

(1) 替代 (Alternate) 端口 AP：为根端口到根网桥的连接提供了备用路径。

(2) 备份 (Backup) 端口 BP：提供了到达同一段网络的备份路径。

RSTP 共有 3 种端口状态：丢弃 (Discarding)、学习 (Learning) 和转发 (Forwarding)。这 3 种端口状态与 STP 的端口状态对应关系如表 5-3 所示。

表 5-3 STP 与 RSTP 的端口状态对应表

运行状态	STP 端口状态	RSTP 端口状态	在活动的拓扑中是否包含此状态
Disabled	Disabled	Discarding	否
Enabled	Blocking	Discarding	否
Enabled	Listening	Discarding	否
Enabled	Learning	Learning	是
Enabled	Forwarding	Forwarding	是

3. RSTP 的改进

RSTP 协议的改进主要体现在以下 3 点：

(1) 新根端口可立即进入转发状态。在新拓扑结构中，如果旧的根端口已经进入阻塞状态，且新根端口连接的对端交换机的指定端口处于 Forwarding 状态，则新根端口可立即进入 Forwarding 状态。

(2) 指定端口可以通过与相连的网桥进行一次握手，快速进入 Forwarding 状态。

(3) 网络边缘端口，即直接与终端相连的端口，而不是和其他网桥相连的端口，可直接进入 Forwarding 状态，无需任何延时。

此外，RSTP 协议与 STP 协议完全兼容，根据收到的 BPDU 版本号自动判断与之相连的交换机支持的是 STP 协议还是 RSTP 协议。

5.2.7 多生成树协议

1. 单生成树的缺点

前文介绍了单生成树 (Single Spanning Tree，SST) 的工作原理。单生成树协议是一种二层管理协议，通过有选择性地阻塞网络中的冗余链路，来达到消除网络二层环路的目的，同时具备链路备份功能。单生成树实际上控制着端口的转发权，尤其是在和别的协议同时运行时，可能会切断其他协议的报文通路。

此外，如图 5-20 所示，假设交换机 B 是根桥，交换机 A 的一个端口被阻塞，这种情况下意味着交换机 A 和 D 之间的链路将不再传输任何流量。所有交换机 A 和 D 之间的流量都将经过交换机 B 和 C 进行转发，增加了这几条链路的负担。

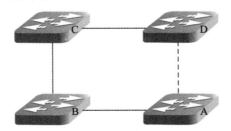

图 5-20　单生成树的缺点示意图

这只是单生成树缺陷中的其中一个，单生成树还可能出现以下问题：

(1) 由于整个交换网络只有一棵生成树，在网络规模较大时，可能会导致较长的收敛时间，并且拓扑改变的影响范围也较大。

(2) 在网络结构不对称的情况下，单生成树可能会影响网络的连通性。

这些缺陷都是单生成树无法克服的，因此，支持 VLAN 的生成树协议应运而生，这就是多生成树协议。

2. 多生成树协议

1) 多生成树协议 (MSTP) 的优势

多生成树协议 (Multiple Spanning Tree Protocol，MSTP) 是 IEEE 802.1s 中定义的一种新生成树协议。

如图 5-21 所示，4 台交换机都 Trunk 了 VLAN2 和 VLAN3。在单生成树状态下，假设阻断了 Switch A 的 Port 1 接口，那么 Switch A 到 Switch D 间的链路在正常情况下一直处于闲置，没有任何业务流量。

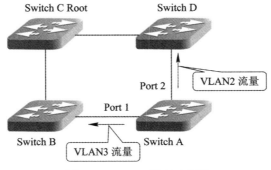

图 5-21　MSTP 原理示意图

但是，如果这 4 台交换机都运行 MSTP 协议并且都 Trunk 了 VLAN2 和 VLAN3，则可以灵活设置。假设 Switch C 是所有 VLAN 的根桥，通过配置 MSTP，可以使得 Switch A 上的 Port 1 端口阻塞 VLAN2 的流量 (但不阻塞 VLAN3 流量)，同时使得 Switch A 上 Port 2

端口阻塞 VLAN3 的流量 (但不阻塞 VLAN2 流量)。

　　这样配置后，可以看到，Switch A 与 Switch B 之间的链路仍然可以承载 VLAN3 的流量，Switch A 与 Switch D 之间的链路也仍然可以承载 VLAN2 的流量。同时，这种配置具有链路备份和流量均衡的功能，而这在之前的单生成树情况下是无法实现的。

　　MSTP 协议的优势在于将支持和不支持 MSTP 的交换机划分成不同的区域，分别称为 MST 域 (Multiple Spanning Tree Region，多生成树域) 和 SST 域。在 MST 域内部，可以运行多个实例化的生成树，SSTP 模式和 RSTP 模式均可以作为 MSTP 模式的特例在 MST 域的边缘运行。

　　在 SSTP 模式和 RSTP 模式下，不存在 VLAN 的概念，每个端口的状态只有一种，即端口在不同 VLAN 中的转发状态一致。而在 MSTP 模式下，可以存在多个 Spanning-Tree 实例，端口在不同 VLAN 下的转发状态可以不同；在 MST 区域内部，可以形成多个独立的子树实例，实现负载均衡。

　　相较于之前的几种生成树协议，MSTP 具有明显的优势。它具有 VLAN 认知能力，可以实现负载均衡，可将多个 VLAN 捆绑到一个实例，降低资源的占用率。最重要的是，MSTP 可以很好地向下兼容 STP/RSTP 协议，并且 MSTP 是 IEEE 标准，其推广的阻力较小。

　　2) MSTP 中的基本概念

　　在 STP 协议的基础上，MSTP 提出了一些新的概念。

　　(1) 多生成树实例 (Multiple Spanning Tree Instance，MSTI)。这是 MSTP 中最重要的概念，是指由一组交换机组成，运行一个或多个业务 VLAN 的组合，在这个组合中统一运行 MSTP 算法建立一棵生成树。

- 每个实例对应一个或一组 VLAN；
- 每个 VLAN 只能对应一个实例 (映射)；
- 每个交换机可以运行多个实例 (MSTID：1~16)；
- 没有配置 VLAN 与实例的映射关系时，所有 VLAN 映射到实例 0；
- 实例是 MST 域内的概念；
- 每个实例上分别计算各自的生成树，互不干扰；
- 每个实例的生成树算法与 RSTP 基本相同；
- 每个实例的生成树可以有不同的根和不同的拓扑；
- 每个实例各自发送自己的 BPDU；
- 每个实例的拓扑可以通过手动配置确定；
- 每个端口在不同实例上的生成树参数可以不同；
- 每个端口在不同实例上的角色、状态可能不同。

　　(2) MST 域 (MST Region)。每一个 MST 域都由一个或几个具有相同 MST 配置 ID(MCID) 的相连网桥组成，它们启用相同的多个实例。用户可以通过 MSTP 配置命令把多台具有相同特征的交换机划分到同一个多生成树域内。这些交换机的共同特征包括：

- 都启动 MSTP；
- 都具有相同的域名 (Region Name)；
- 各交换机将相同的 VLAN 映射到同一个实例 (如把 VLAN2 映射到 instance 2，把 VLAN3 映射到 instance 3)；

　　•都具有相同的 MSTP 修订级别 (Revision Level)；

　　•彼此之间的物理链路要连通。

　　(3) MST 配置 ID(MCID)。具有相同的 MCID 的 MST 桥属于相同的 MST 域，它由四部分组成：

　　•Format Selector：0(无须配置)；

　　•Configuration Name：32 B 字符串 (包括网桥的 MAC 地址)；

　　•Revision Level：2 B 非负整数 (0)；

　　•Configuration Digest：利用 HMAC-MD5 算法将域中 VLAN 和实例的映射关系加密成 16 B 的摘要。

　　(4) 公共生成树 (Common Spanning Tree，CST)。把每个域看成一台交换机，这样，域之间就形成了一棵转发树，此树称为公共成生树。

　　(5) 内部生成树 (Internal Spanning Tree，IST)。内部生成树是多生成树的一个特殊实例 (Instance ID = 0)。

　　(6) 公共内部生成树 (Common and Internal Spanning Tree，CIST)。公共内部生成树是由所有 IST(一棵 IST 视为一台交换机)、STP 交换机和 RSTP 交换机组成的一棵贯穿整个网络的树。

　　(7) 总根 (CIST Root)。由网络中所有交换机竞选出的优先级最高的交换机。

　　(8) 域根 (Region Root)。在一个域内拥有相同域配置的 MSTP 交换机中，在某一多生成树实例中竞选出的优先级最高的交换机，即为该生成树实例的域根。

　　MSTP 的主要概念如图 5-22 所示。

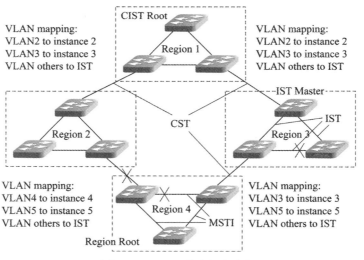

图 5-22　MSTP 基本概念实例

3. MSTP 的实现原理

MSTP 的实现需要理解以下几点：

(1) MSTP 将整个二层网络划分为多个 MST 域，各个域之间通过计算生成 CST。

(2) 域内通过计算生成多棵生成树，每棵生成树都被称为一个 MSTI。

(3) MSTP 同 RSTP 一样，使用配置消息进行生成树的计算，只是配置消息中携带的是交换机上 MSTP 的配置信息。

(4) MSTI 的计算。在 MST 域内，MSTP 根据 VLAN 和生成树实例的映射关系，针对不同的 VLAN 生成不同的生成树实例。每棵生成树独立进行计算，计算过程与 STP/RSTP 计算生成树的过程类似。

(5) CIST 生成树的计算。经过比较配置消息后，在整个网络中选择一个优先级最高的交换机作为 CIST 的树根。在每个 MST 域内，MSTP 通过计算生成 IST；同时，MSTP 将每个 MST 域作为单台交换机对待，通过计算在 MST 域间生成 CST。CST 和 IST 构成了整个交换机网络的 CIST。

学习任务 5.3　生成树协议的配置

5.3.1　配置 STP/RSTP

在思科模拟器中，生成树协议 STP 的配置主要有以下几个方面。

(1) 在全局模式或端口模式下启用或关闭 STP 协议。命令如下：

```
Switch(config)#spanning-tree vlan < vlan id>
Switch (config-if)# nospanning-tree
```

(2) 设置 STP 协议的模式。命令如下：

```
Switch (config)# spanning-tree mode{pvst | rapid-pvst}
```

(3) 配置生成树协议发送 BPDU 包的时间间隔 (Hello Time)。命令如下：

```
Switch(config)#spanning-tree vlan < vlan id> hello-time<time>
```

单位是 s，范围为 1～10，默认值为 2 s。

(4) 设置生成树协议的转发延迟时间。命令如下：

```
Switch(config)#spanning-tree vlan < vlan id>forward-delay <time>
```

单位是 s，范围为 4～30，默认值为 15 s。

(5) 配置生成树协议 BPDU 包的最大有效时间。命令如下：

```
Switch(config)#spanning-tree vlan < vlan id> max-age<time>
```

单位是 s，范围为 6～40，默认值为 20 s。

(6) 配置交换机的优先级数值。命令如下：

```
Switch (config)# spanning-tree vlan < vlan id> priority<priority>
```

该命令参数说明如表 5-4 所示。

表 5-4　交换机的优先级数值配置说明

参　数	描　　述
<priority>	交换机的优先级，必须为 0 或 4096 的倍数，默认为 32 768(8 × 4096)，最大为 61 440(15 × 4096)，值越小优先级越高。

(7) 配置端口的路径开销。命令如下：

Switch (config-if)# spanning-tree vlan <vlan id>cost <cost>

Switch (config-if)# spanning-tree cost <cost>

端口的路径开销配置说明如表 5-5 所示。

表 5-5　端口的路径开销配置说明

参　数	描　述
<cost>	端口的路径开销，范围为 1～2 000 000；默认情况下，端口的路径开销是根据此端口的速率，通过速率 - 路径开销的映射表来设置的，参见表 5-2

(8) 配置端口优先级。命令如下：

Switch (config-if)# spanning-tree vlanport-priority<priority>

端口优先级配置说明如表 5-6 所示。

表 5-6　端口优先级配置说明

参　数	描　述
<priority>	端口优先级，必须为 16 的倍数，默认为 128(8 × 16)，最大为 240(15 × 16)

5.3.2　配置 MSTP

并非所有厂商的所有设备都支持多生成树，由于思科模拟器并不支持多生成树，因此下面的命令适用于 ZXR10 设备。

(1) 在全局模式或端口模式启用或关闭 STP 协议。命令如下：

ZXR10 (config)# spanning-tree{enable|disable}

ZXR10 (config-if)#spanning-tree {enable|disable}

其中 enable 表示开启 STP 协议，disable 表示关闭 STP 协议。

(2) 设置 STP 协议的模式。命令如下：

ZXR10 (config)# spanning-tree mode{stp | rstp | mstp}

这里应当设为 MSTP。

(3) 进入 MSTP 配置模式。命令如下：

ZXR10 (config)# spanning-tree mst configuration

(4) 创建 MSTP 实例。命令如下：

ZXR10 (config-mstp)# instance<instance>vlan <vlan-id>

创建 MSTP 实例命令中的参数说明如表 5-7 所示。

表 5-7　创建 MSTP 实例命令中的参数说明

参　数	描　述
<instance>	实例号，范围为 1～63
<vlan-id>	实例对应的 VLAN 映射表，范围为 1～4094

(5) 设置 MST 配置名称。命令如下：

ZXR10 (config-mstp)# name<string>

名称长度不超过 32 个字符，配置名称默认为交换机的 MAC 地址。

(6) 设置 MST 配置版本号。配置 STP 模式为 MSTP 时，若需要把交换机配置在一个区域中，必须配置该参数，使每个交换机的配置保持一致，范围为 0～65 535，默认为 0。命令如下：

ZXR10 (config-mstp)# revision<version>

(7) 配置网桥在某已创建实例中的优先级。命令如下：

ZXR10 (config)# spanning-tree mst instance<instance>priority<priority>

配置网桥在某已创建实例中的优先级参数说明如表 5-8 所示。

表 5-8　网桥在某已创建实例中的优先级配置参数说明

参数	描　　述
<instance>	实例号，范围为 0～63，实例 0 永久存在
<priority>	网桥优先级，必须为 4096 的倍数，默认为 32 768(8×4096)，最大为 61 440(15×4096)

(8) 配置端口在某已创建实例中的端口优先级。命令如下：

ZXR10 (config-if)# spanning-tree mst instance <instance> priority <priority>

配置端口在某已创建实例中的端口优先级参数说明如表 5-9 所示。

表 5-9　端口在某已创建实例中的端口优先级参数配置说明

参数	描　　述
<instance>	实例号，范围为 0～63，实例 0 永久存在
<priority>	端口优先级，必须为 16 的倍数，默认为 128(8×16)，最大为 240(15×16)

(9) 多生成树配置实例。如图 5-23 所示，在骨干网运行 MSTP。3 台交换机 A、B、C 配置在同一个 MST 区域中，该 MST 域作为 CST 的根，即 CIST 根桥位于 MST 区域内部。它们的初始优先级均为 32 768，根据 MAC 地址确定 CIST Root 和 IST Root。创建两个 MST 实例，将区域中的 VLAN 映射到这两个 MST 实例中。

3 台交换机的 MAC 地址分别为：

- Switch A：00d0.d0f0.0101。
- Switch B：00d0.d0f0.0102。
- Switch C：00d0.d0f0.0103。

交换机 D 上运行 CST 模式，它的 MAC 地址为 00d0.d0f0.0104，优先级为 32 768。

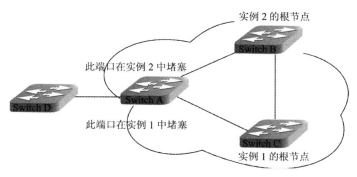

图 5-23　MSTP 配置实例图

本例的目的是要实现整个网络的快速聚合和区域内交换机 A 上两条链路的负载均衡。

① 交换机 A 上的配置如下：

```
ZXR10_A(config)#spanning-tree mode mstp
ZXR10_A(config)#spanning-tree mst configuration    /* 配置 MST 区域 */
ZXR10_A(config-mstp)#name zte
ZXR10_A(config-mstp)#revision2
ZXR10_A(config-mstp)#instance1 vlan1-10
/* 将 VLAN1 到 10 映射到 instance 1 中 */
ZXR10_A(config-mstp)#instance 2 vlan11-20
/* 将 VLAN11~VLAN20 映射到 instance 2 中 */
```

② 交换机 B 上的配置如下：

```
ZXR10_B(config)#spanning-tree mode mstp
ZXR10_B(config)#spanning-tree mst configuration    /* 配置 MST 区域 */
ZXR10_B(config-mstp)#name zte
ZXR10_B(config-mstp)#revision 2
ZXR10_B(config-mstp)#instance 1 vlan1-10
/* 将 VLAN1~VLAN10 映射到 instance 1 中 */
ZXR10_B(config-mstp)#instance 2 vlan11-20
/* 将 VLAN11~VLAN20 映射到 instance 2 中 */
ZXR10_B(config-mstp)#spanning-tree mst instance 2 priority 4096
/* 改变交换机 B 在 instance 2 中的优先级，使之成为 instance 2 的 Root*/
```

③ 交换机 C 上的配置如下：

```
ZXR10_C(config)#spanning-tree mode mstp
ZXR10_C(config)#spanning-tree mst configuration    /* 配置 MST 区域 */
ZXR10_C(config-mstp)#name zte
ZXR10_C(config-mstp)#revision 2
ZXR10_C(config-mstp)#instance1vlan 1-10
/* 将 VLAN1~VLAN10 映射到 instance 1 中 */
ZXR10_C(config-mstp)#instance 2 vlan11-20
/* 将 VLAN11~VLAN20 映射到 instance 2 中 */
ZXR10_C(config-mstp)#spanning-tree mst instance 1 priority 4096
/* 改变交换机 C 在 instance 1 中的优先级，使之成为 instance 1 的 Root*/
```

④ 交换机 D 保持默认配置即可。

实战任务 5.4 组建冗余备份的小型交换网络

　　在上一个项目中，A 公司人力资源部、财务处、市场部、技术部虽然分别建立了自己的局域网。随着公司业务的发展，公司又为市场部新建了营销大楼。为了信息的安全，对人力资源部、财务处、市场部、技术部各局域网之间进行了广播隔离。然而，有一天，公司总部财务处与营销大楼的财务科数据通信突然中断，但财务科内部网络仍然连通。经网络技术人员检查，发现是公司总部与营销大楼交换机之间的物理链路出现了故障，现公司要求解决该问题。

5.4.1　实施条件

根据项目背景，网络技术人员设计了改进的网络拓扑结构，即在公司总部与营销大楼交换机之间增加了一条冗余备份物理链路，如图 5-24 所示。

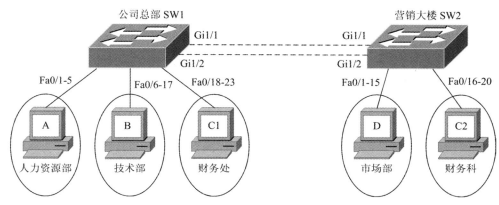

图 5-24　冗余备份的小型交换网络

根据实验室的实际情况，本项目可使用实体设备或 Packet Tracer 模拟器完成。

本项目关于数据规划、实施步骤等内容的介绍使用 Packet Tracer 模拟器完成。

5.4.2　数据规划

本项目的数据规划涉及各计算机的 IP 地址、子网掩码、默认网关及所属 VLAN，与项目 4 中的表 4-1 相同，只有两台交换机的物理连接发生变化，备份链路规划如表 5-10 所示。

表 5-10　两台交换机的备份链路规划表

公　司　总　部					营　销　大　楼				
交换机名称	交换机型号	交换机优先级	本端接口名称	对端接口名称	交换机名称	交换机型号	交换机优先级	本端接口名称	对端接口名称
SW1	2960	4096	Gi1/1	Gi1/1	SW2	2960	32 768（缺省）	Gi1/1	Gi1/1
			Gi1/2	Gi1/2				Gi1/2	Gi1/2

5.4.3　实施步骤

1. 绘制网络拓扑图

打开 Packet Tracer 模拟器，按照图 5-23 选择交换机（本例中选择 2960）并绘制网络拓扑图，如图 5-25 所示。

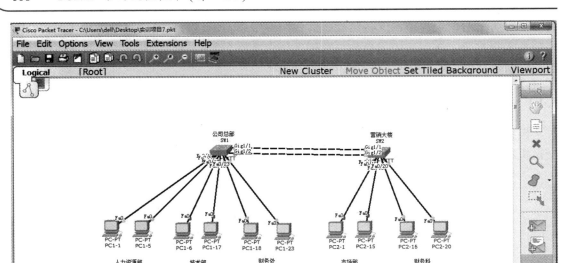

图 5-25　冗余备份的网络拓扑连接示图

2. 交换机 SW1 和 SW2 的基本配置及 VLAN 配置

关于交换机 SW1 和 SW2 的基本配置及 VLAN 配置在项目 4 中已详细介绍，这里不再赘述。

3. 检查未配置 RSTP 的交换机

在没有配置快速生成书协议 RSTP 之前，交换机 SW1 和交换机 SW2 应先查看 STP 的基本情况。

(1) 检查交换机 SW1 的默认配置。

对交换机 SW1 进行检查，查看情形如下：

```
SW1#show spanning-tree

VLAN0001

  Spanning tree enabled protocol ieee

  Root ID    Priority      32769

             Address       0001.43C0.AB91

             Cost          4

             Port          25(GigabitEthernet1/1)

             Hello Time  2 sec  Max Age 20 sec  Forward Delay 15 sec

  Bridge ID  Priority      32769  (priority 32768 sys-id-ext 1)

             Address       0030.F269.25DA

             Hello Time  2 sec  Max Age 20 sec  Forward Delay 15 sec

             Aging Time 20
```

```
Interface       Role  Sts   Cost    Prio.Nbr  Type
--------------- ----  ---  --------- --------- -----------------------------
Gi1/1           Root  FWD   4        128.25    P2p
Gi1/2           Altn  BLK   4        128.26    P2p
VLAN0010
   Spanning tree enabled protocol ieee
   Root ID    Priority    32778
              Address     0030.F269.25DA
              This bridge is the root
              Hello Time  2 sec  Max Age 20 sec  Forward Delay 15 sec
   Bridge ID  Priority    32778  (priority 32768 sys-id-ext 10)
              Address     0030.F269.25DA
              Hello Time  2 sec  Max Age 20 sec  Forward Delay 15 sec
              Aging Time  20
Interface       Role  Sts  Cost    Prio.Nbr  Type
--------------- ----  ---  --------- --------- -----------------------------
Fa0/1           Desg  FWD  19        128.1     P2p
Fa0/5           Desg  FWD  19        128.5     P2p
VLAN0020
   Spanning tree enabled protocol ieee
   Root ID    Priority    32788
              Address     0030.F269.25DA
              This bridge is the root
              Hello Time  2 sec  Max Age 20 sec  Forward Delay 15 sec
   Bridge ID  Priority    32788  (priority 32768 sys-id-ext 20)
              Address     0030.F269.25DA
              Hello Time  2 sec  Max Age 20 sec  Forward Delay 15 sec
              Aging Time  20
Interface       Role Sts Cost    Prio.Nbr Type
--------------- ---- ---  --------- --------- -----------------------------
Fa0/17          Desg FWD 19        128.17   P2p
Fa0/6           Desg FWD 19        128.6    P2p
VLAN0030
   Spanning tree enabled protocol ieee
   Root ID    Priority    32798
              Address     0030.F269.25DA
              This bridge is the root
              Hello Time  2 sec  Max Age 20 sec  Forward Delay 15 sec
   Bridge ID  Priority    32798  (priority 32768 sys-id-ext 30)
```

```
                    Address    0030.F269.25DA
                    Hello Time  2 sec  Max Age 20 sec  Forward Delay 15 sec
                    Aging Time  20
Interface        Role  Sts  Cost      Prio.Nbr Type
---------------- ---- --- --------- --------------------------------
Fa0/18           Desg  FWD  19        128.18  P2p
Fa0/23           Desg  FWD  19        128.23  P2p
```

（2）检查交换机 SW2 的默认配置。

对交换机 SW2 进行检查，查看情形如下：

```
SW2#show spanning-tree
VLAN0001
   Spanning tree enabled protocol ieee
   Root ID    Priority   32769
              Address    0001.43C0.AB91
              This bridge is the root
              Hello Time  2 sec  Max Age 20 sec  Forward Delay 15 sec
   Bridge ID  Priority   32769  (priority 32768 sys-id-ext 1)
              Address    0001.43C0.AB91
              Hello Time  2 sec  Max Age 20 sec  Forward Delay 15 sec
              Aging Time  20
Interface        Role  Sts  Cost      Prio.Nbr Type
---------------- ---- --- --------- --------------------------------
Gi1/1            Desg  FWD  4         128.25  P2p
Gi1/2            Desg  FWD  4         128.26  P2p
VLAN0030
   Spanning tree enabled protocol ieee
   Root ID    Priority   32798
              Address    0001.43C0.AB91
              This bridge is the root
              Hello Time  2 sec  Max Age 20 sec  Forward Delay 15 sec
   Bridge ID  Priority   32798  (priority 32768 sys-id-ext 30)
              Address    0001.43C0.AB91
              Hello Time  2 sec  Max Age 20 sec  Forward Delay 15 sec
              Aging Time  20
Interface        Role Sts Cost    Prio.Nbr Type
---------------- ---- --- --------- --------------------------------
Fa0/16           Desg FWD 19        128.16  P2p
Fa0/20           Desg FWD 19        128.20  P2p
......
```

4. 对交换机 SW1 进行 RSTP 配置

对交换机 SW1 进行 RSTP 配置，命令如下：

```
SW1(config)#interface range gigabitEthernet1/1-2
SW1(config-if-range)#switchport mode trunk
SW1(config-if-range)#switchport trunk allowed vlan10,20,30
SW1(config)#spanning-tree vlan 10,20,30
SW1(config)#spanning-tree mode rapid-pvst
SW1(config)#spanning-tree vlan 10,20,30 priority 4096
SW1(config)#exit
```

交换机 SW1 的 RSTP 配置完成后，查看结果如下：

```
SW1#show spanning-tree
VLAN0001
  Spanning tree enabled protocol rstp
  Root ID    Priority   32769
             Address   0001.43C0.AB91
             Cost      4
             Port      25(GigabitEthernet1/1)
             Hello Time  2 sec  Max Age 20 sec  Forward Delay 15 sec


  Bridge ID  Priority   32769  (priority 32768 sys-id-ext 1)
             Address    0030.F269.25DA
             Hello Time  2 sec  Max Age 20 sec  Forward Delay 15 sec
             Aging Time  20
Interface       Role Sts Cost    Prio.Nbr Type
--------------- ----- --- --------- --------- --------------------------------

Gi1/1       Desg FWD 4       128.25  P2p
Gi1/2       Desg FWD 4       128.26  P2p


VLAN0010
  Spanning tree enabled protocol rstp
  Root ID    Priority   4106
             Address    0030.F269.25DA
             This bridge is the root
             Hello Time  2 sec  Max Age 20 sec  Forward Delay 15 sec
  Bridge ID  Priority   4106  (priority 4096 sys-id-ext 10)
             Address    0030.F269.25DA
             Hello Time  2 sec  Max Age 20 sec  Forward Delay 15 sec
             Aging Time  20
Interface       Role  Sts  Cost    Prio.Nbr  Type
```

```
——————————— ———— ——— ———————— ———————— ———————————————————————————
Fa0/1        Desg  FWD   19      128.1    P2p
Gi1/1        Desg  FWD   4       128.25   P2p
Gi1/2        Desg  FWD   4       128.26   P2p
Fa0/5        Desg  FWD   19      128.5    P2p


VLAN0020
  Spanning tree enabled protocol rstp
  Root ID    Priority    4116
             Address     0030.F269.25DA
             This bridge is the root
             Hello Time  2 sec  Max Age 20 sec  Forward Delay 15 sec
  Bridge ID  Priority    4116  (priority 4096 sys-id-ext 20)
             Address     0030.F269.25DA
             Hello Time  2 sec  Max Age 20 sec  Forward Delay 15 sec
             Aging Time  20
Interface    Role  Sts  Cost    Prio.Nbr Type
——————————— ———— ——— ———————— ———————— ———————————————————————————
Fa0/17       Desg  FWD   19      128.17   P2p
Gi1/1        Desg  FWD   4       128.25   P2p
Gi1/2        Desg  FWD   4       128.26   P2p
Fa0/6        Desg  FWD   19      128.6    P2p


VLAN0030
  Spanning tree enabled protocol rstp
  Root ID    Priority    4126
             Address     0030.F269.25DA
             This bridge is the root
             Hello Time  2 sec  Max Age 20 sec  Forward Delay 15 sec
  Bridge ID  Priority    4126  (priority 4096 sys-id-ext 30)
             Address     0030.F269.25DA
             Hello Time  2 sec  Max Age 20 sec  Forward Delay 15 sec
             Aging Time  20
Interface    Role  Sts  Cost    Prio.Nbr Type
——————————— ———— ——— ———————— ———————— ———————————————————————————
Fa0/18       Desg  FWD   19      128.18   P2p
Fa0/23       Desg  FWD   19      128.23   P2p
Gi1/1        Desg  FWD   4       128.25   P2p
Gi1/2        Desg  FWD   4       128.26   P2p
```

5. 对交换机 SW2 进行 RSTP 配置

对交换机 SW2 进行 RSTP 配置，命令如下：

```
SW2(config)#interface range gigabitEthernet1/1-2
SW2(config-if-range)#switchport mode trunk
SW2(config-if-range)#switchport trunk allowed vlan 30，40
SW2(config)#spanning-tree vlan 30,40
SW2(config)#spanning-tree mode rapid-pvst
SW2(config)#exit
```

交换机 SW2 的 RSTP 配置完成后，查看结果如下：

```
SW2#show spanning-tree
VLAN0001
  Spanning tree enabled protocol rstp
  Root ID    Priority    32769
             Address     0001.43C0.AB91
             This bridge is the root
             Hello Time  2 sec  Max Age 20 sec  Forward Delay 15 sec

  Bridge ID  Priority    32769  (priority 32768 sys-id-ext 1)
             Address     0001.43C0.AB91
             Hello Time  2 sec  Max Age 20 sec  Forward Delay 15 sec
             Aging Time  20

Interface       Role Sts Cost      Prio.Nbr Type
--------------- ---- --- --------- -------- -------------------------------

Gi1/1           Desg FWD 4         128.25   P2p
Gi1/2           Desg FWD 4         128.26   P2p
VLAN0030
  Spanning tree enabled protocol rstp
  Root ID    Priority    4126
             Address     0030.F269.25DA
             Cost        4
             Port        25(GigabitEthernet1/1)
             Hello Time  2 sec  Max Age 20 sec  Forward Delay 15 sec

  Bridge ID  Priority    32798  (priority 32768 sys-id-ext 30)
             Address     0001.43C0.AB91
             Hello Time  2 sec  Max Age 20 sec  Forward Delay 15 sec
             Aging Time  20

Interface       Role Sts Cost      Prio.Nbr  Type
--------------- ---- --- --------- --------- ------------------------------

Fa0/16          Desg FWD 19        128.16    P2p
Fa0/20          Desg FWD 19        128.20    P2p
```

```
Gi1/1        Desg  FWD  4       128.25    P2p
Gi1/2        Desg  FWD  4       128.26    P2p
……
```

5.4.4 项目测试

1. 关闭交换机 SW1 的 Gi1/1 端口

关闭交换机 SW1 的 Gi1/1 端口（相当于两台交换机 Gi1/1 端口之间连接的主链路出现了故障），命令如下：

```
SW1(config)#interface gigabitEthernet 1/1
SW1(config-if)#shutdown
```

查看交换机 SW1 的 RSTP，结果如下：

```
SW1#show spanning-tree
VLAN0001
  Spanning tree enabled protocol rstp
  Root ID    Priority    32769
             Address     0001.43C0.AB91
             Cost        4
             Port        25(GigabitEthernet1/1)
             Hello Time  2 sec  Max Age 20 sec  Forward Delay 15 sec

  Bridge ID  Priority    32769 (priority 32768 sys-id-ext 1)
             Address     0030.F269.25DA
             Hello Time  2 sec  Max Age 20 sec  Forward Delay 15 sec
             Aging Time  20

Interface       Role  Sts  Cost     Prio.Nbr  Type
--------------- ----  ---  -------- --------- ------------------------------
Gi1/1           Desg  FWD  4        128.25    P2p
Gi1/2           Desg  FWD  4        128.26    P2p
VLAN0010
  Spanning tree enabled protocol rstp
  Root ID    Priority    4106
             Address     0030.F269.25DA
             This bridge is the root
             Hello Time  2 sec  Max Age 20 sec  Forward Delay 15 sec

  Bridge ID  Priority    4106 (priority 4096 sys-id-ext 10)
             Address     0030.F269.25DA
             Hello Time  2 sec  Max Age 20 sec  Forward Delay 15 sec
             Aging Time  20

Interface       Role  Sts  Cost     Prio.Nbr  Type
```

```
——————————— ——— —— ————————————————————————
Fa0/1        Desg  FWD  19     128.1   P2p
Gi1/2        Desg  FWD  4      128.26  P2p
Fa0/5        Desg  FWD  19     128.5   P2p
```

2. 测试 PC1～PC 18 与 PC2～PC 16 的连通性

对 PC1～PC 18 与 PC2～PC 16 的连通性进行测试，可参照项目实战 4.3 的测试步骤，这里不再赘述。

学习任务 5.5　链路聚合技术

随着互联网的发展，数据业务量不断增长，对网络服务质量的要求也日益提高。由于 STP 是单链路数据传输环境，当网络两端访问量过大时，带宽不能满足要求，导致数据传输速度变慢，为此需要学习网络中的链路聚合技术。

5.5.1　链路聚合的概念及特点

1. 链路聚合概述

链路聚合 (Link Aggregation) 也称为端口捆绑、端口聚集或链路聚集。链路聚合是将交换机的多个端口聚合在一起形成一个汇聚组。从外部来看，一个汇聚组就好像是一个端口，如图 5-26 所示。

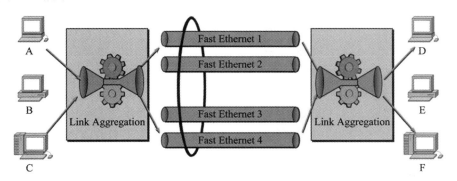

图 5-26　端口聚合在一起形成一个汇聚组

链路聚合是在数据链路层上实现的，使用链路聚合服务的上层实体把同一聚合组内的多条物理链路视为一条逻辑链路。

交换机根据用户配置的接口负载分担策略来决定报文从哪一个成员接口发送到对端的交换机。当交换机检测到其中一个成员接口的链路中断时，就停止在此接口上发送报文，直到这个接口的链路恢复正常，从而增加连接的可靠性，如图 5-27 所示。

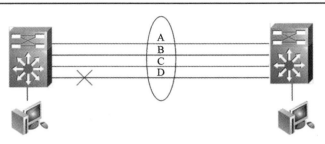

图 5-27　链路聚合提高网络可靠性

2. 链路聚合的优点

(1) 增加网络带宽。

端口聚合可以将多个连接的端口捆绑成一个逻辑连接，捆绑后的带宽是每个独立端口的带宽总和。

当端口上的流量增加成为限制网络性能的瓶颈时，采用支持该特性的交换机就可以轻松增加网络的带宽。例如，可以将 2～4 个 100 Mb/s 端口连接在一起，组成一个 200～400 Mb/s 的连接。该特性可适用于 10 M、100 M、1000 M 的以太网。

(2) 提高网络连接的可靠性。

当主干网络以很高的速率连接时，一旦出现网络连接故障，后果将不堪设想。高速服务器以及主干网络连接必须保证绝对的可靠性，采用链路聚合可以有效地解决这种故障。例如，将一根电缆错误地拔下来不会导致链路中断。这是因为，在组成链路聚合的端口中，如果某一端口连接失败，网络数据将自动重定向到其他连接上。这个过程非常快，只需更改一个访问地址，交换机随后即可将数据转移到其他端口上。例如，图 5-27 中 D 链路断开，流量会自动在剩下的 A、B、C 三条链路间重新分配。该特性可以保证网络无间断地继续正常工作。

(3) 避免二层环路，实现链路传输弹性和冗余。

对于两个交换机之间的多条平行链路，如果不使用链路聚合，STP 协议只会保留一条链路而阻塞其余链路，这样不能充分利用设备的端口处理能力与物理链路。然而，通过使用链路聚合技术，STP 看到的是交换机之间一条大带宽的逻辑链路。链路聚合可以充分利用所有设备的端口处理能力与物理链路，使流量在多条平行物理链路间进行负载均衡。当一条链路出现故障时，流量会自动在剩余链路间重新分配，并且这种故障切换所用的时间是毫秒级的，远快于 STP 的切换时间，因此对大部分应用都不会造成影响。

5.5.2　链路聚合的方式

在交换机中，链路聚合使用两种协议进行协商：一种是端口聚合协议 (Port Agegregation Protocol，PAgP) 它是 Cisco 的专用解决方案；另一种是链路聚合控制协议 (Link Aggregation Control Protocol，LACP)。

1. 端口聚合协议 (PAgP)

交换机通过端口聚合协议把多个物理接口捆绑在一起，形成一个简单的逻辑接口即聚合端口 Aggregate Port(AP)，如图 5-28 所示。

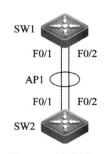

图 5-28　聚合端口

1) 端口聚合的注意事项

在端口聚合时要注意以下几点：

(1) AP 成员端口的端口速率必须一致。

(2) AP 成员端口必须属于同一个 VLAN。

(3) AP 成员端口使用的传输介质应相同。

(4) 默认情况下创建的 Aggregate Port 是二层 AP。

(5) 二层端口只能加入二层 AP，三层端口只能加入三层 AP。

(6) AP 不能设置端口安全功能。

(7) 当把端口加入一个不存在的 AP 时，AP 会被自动创建。

(8) 一个端口加入 AP，端口的属性将被 AP 的属性所取代。

(9) 一个端口从 AP 中删除，则端口的属性将恢复为其加入 AP 前的属性。

(10) 当一个端口加入 AP 后，不能在该端口上进行任何配置，直到该端口退出 AP。

2) 端口聚合的局限

聚合端口是用户手动配置聚合组号和端口成员的一种方式。这种方式不利于观察链路聚合端口的状态，所以也被称为静态链路聚合。由于无法检测到链路对端端口的状态，如果对端端口处于 down 状态，但只要本端端口仍处于 up 状态，仍然会向这个对端端口转发流量，这可能会造成部分业务中断。

2. 链路聚合控制协议 (LACP)

链路聚合控制协议 (Link Aggregation Control Protocol，LACP) 遵循 IEEE 802.3ad 标准。LACP 通过协议将多个物理端口动态聚合到 Trunk 组，形成一个逻辑端口。LACP 自动生成聚合以获得最大的带宽，因此也被称为动态链路聚合。动态聚合的聚合组号根据协议自动创建，聚合端口根据 key 值自动匹配添加。动态聚合有两种模式，分别为主动协商和被动协商。

1) LACP 原理

基于 IEEE 802.3ad 标准的 LACP 是一种实现链路动态汇聚的协议。LACP 为交换数据的设备提供了一种标准的协商方式，使系统能够根据自身配置自动形成聚合链路并启动聚合链路收发数据。聚合链路形成后，LACP 负责维护链路状态，在聚合条件发生变化时，可以自动调整或解散链路聚合。

LACP 协议通过链路聚合控制协议数据单元 (Link Aggregation Control Protocol Data Unit，LACPDU) 与对端进行信息交互。

启用某端口的 LACP 协议后，该端口将通过发送 LACPDU 向对端通告自己的系统优先级、系统 MAC 地址、端口优先级、端口号和操作 key。对端接收到这些信息后，将这些信息与其他端口所保存的信息进行比较，以选择能够汇聚的端口，从而双方可以就端口加入或退出某个动态聚合组达成一致。

2) LACP 报文

LACP 协议的报文结构如图 5-29 所示。报文长度为 128 字节，不携带 VLAN 的 tag 标志。

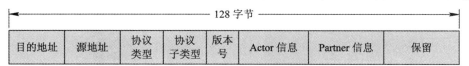

图 5-29　LACP 的报文结构

LACP 协议报文的各字段解释如下：

(1) 目的地址为 0x0180-c200-0002，LACP 协议报文是以太网上的组播报文。

(2) 源地址是与发送 LACPDU 报文的端口相关联的、唯一的 MAC 地址。

(3) 报文协议类型值为 0x8809，子类型值为 0x01(LACP)，当前版本为 0x01。

(4) Actor 信息域中携带本系统和端口信息，如系统 ID、端口优先级、key 等。

(5) Partner 域中包含本系统中目前保存的对端系统信息。

(6) 其他为保留域。

5.5.3   聚合链路的配置

1. 端口聚合的配置

1) 聚合端口的配置命令

在低端交换机上配置聚合端口的命令如下：

```
Switch (config)# interface range <interface-name>
Switch(config-if-range)#channel-protocol pagp
Switch(config-if-range)#channel-group<number >mode < auto| desirable>
```

2) 聚合端口的配置实例

如图 5-30 所示，两台交换机 SW1 与 SW2 的 Fa0/1 到 Fa0/3 互相连接，现要进行端口聚合，配置如下：

(1) SW1 的配置。SW1 的端口聚合配置如下：

```
SW1(config)#interface range  fastEthernet 0/1-3
SW1 (config-if-range)#channel-protocol pagp
SW1 (config-if-range)#channel-group 1 mode auto
```

(2) SW2 的配置。SW2 的端口聚合配置参照 SW1。

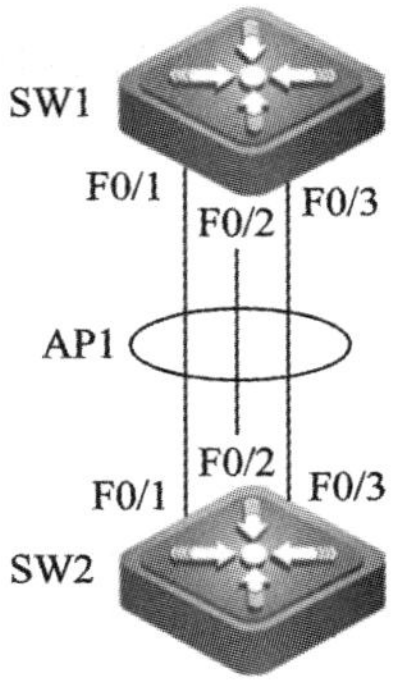

2. 链路聚合的配置

1) 链路聚合的配置命令

在交换机上配置链路聚合的命令如下：

```
Switch (config)# interface range <interface-name>
Switch(config-if-range)#channel-protocol  lacp
Switch(config-if-range)#channel-group<number >mode <on| active | passive>
```

图 5-30   聚合端口的配置实例

2) 链路聚合的配置实例

如图 5-31 所示，两台交换机 SWA 与 SWB 的 Gi0/1 到 Gi0/2 互相连接，现要进行链路聚合，配置如下。

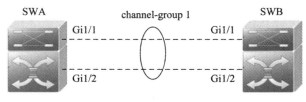

图 5-31   链路聚合配置实例

(1) SWA 的链路聚合配置。SWA 的链路聚合配置如下：

```
SWA(config)#interface range gigabitEthernet 0/1-2
SWA(config-if-range)#channel-protocol lacp
SWB(config-if-range)#channel-group 1 mode active
```

(2) SWB 的链路聚合配置。SWB 的链路聚合配置可参照 SWA。

在链路聚合的配置过程中，需要特别注意所对接的厂商设备及其支持的协议。

一般来说，高端交换机通常支持静态和动态两种链路聚合方式。静态链路聚合的双方之间没有用于聚合的协议报文的交互，必须手动将其加入聚合组中。而动态链路聚合的双方会进行 LACP 协议报文的交互，以判断端口是否应该加入聚合组中。

3. 聚合链路的维护与诊断

交换机上聚合链路的维护与诊断命令有以下几种：

(1) 显示聚合链路的配置信息，命令如下：

```
Switch#show etherchannel summary
```

(2) 显示某聚合组单个端口的活动信息，命令如下：

```
Switch#show interfaces etherchannel
```

(3) 显示聚合链路的负载均衡配置信息，命令如下：

```
Switch#show etherchannel load-balance
```

在图 5-30 的实例中进行端口聚合的验证如下：

```
SW1#show etherchannel summary
Flags:  D - down        P - in port-channel
        I - stand-alone s - suspended
        H - Hot-standby (LACP only)
        R - Layer3      S - Layer2
        U - in use      f - failed to allocate aggregator
        u - unsuitable for bundling
        w - waiting to be aggregated
        d - default port
Number of channel-groups in use:  1
Number of aggregators:         1
Group  Port-channel    Protocol    Ports
------+-------------+-----------+------------------------------------------
1    Po1(SU)       PAgP     Fa0/1(P) Fa0/2(P) Fa0/3(P)
```

在图 5-31 的实例中进行链路聚合的验证如下：

```
SWA#show etherchannel summary
Flags:  D - down        P - in port-channel
        I - stand-alone s - suspended
        H - Hot-standby (LACP only)
        R - Layer3      S - Layer2
        U - in use      f - failed to allocate aggregator
        u - unsuitable for bundling
```

```
        w - waiting to be aggregated
        d - default port
Number of channel-groups in use:  1
Number of aggregators:        1

Group Port-channel    Protocol   Ports
------+------------+-----------+-----------------------------------------
1     Po1(SU)        LACP       Gig1/1(P) Gig1/2(P)
```

实战任务 5.6　组建链路聚合的局域网

在实战任务 5.4 中，尽管 A 公司的人力资源部、财务处、市场部、技术部分别建立了自己的局域网，且随着公司业务的发展，又为市场部新建了营销大楼。为了确保信息的安全，对人力资源部、财务处、市场部、技术部各局域网之间进行了广播隔离和交换机之间的链路备份。随着公司市场份额的逐年提升，公司建立了自己的网站，并购买了几台交换机和一台服务器，然而，在公司局域网长期运行过程中，发现在公司服务器非常繁忙时，网络性能下降，网速变慢。查找原因并进行分析后，发现主要链路带宽不足，无法满足日常工作需要，存在网络链路瓶颈问题。因此，公司领导要求采取技术措施，提高网络主要链路带宽及冗余度。

5.6.1　实施条件

根据项目背景，网络技术人员设计了改进的网络拓扑结构，即在公司总部与营销大楼交换机之间增加了 4 条物理链路进行聚合，并对几台交换机进行了堆叠，将服务器连接在公司总部的交换机上，如图 5-32 所示。

根据实验室的实际情况，本项目可使用实体设备或 Packet Tracer 模拟器完成。本项目选择使用 Packet Tracer 模拟器完成。

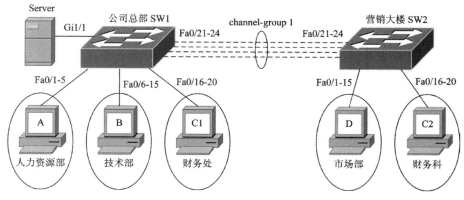

图 5-32　链路聚合的局域网拓扑图

5.6.2　数据规划

规划涉及各计算机的 IP 地址、子网掩码、默认网关及所属 VLAN，如表 5-11 所示。

表 5-11　IP 地址及 VLAN 规划表

部门	VLAN	VLAN 名称	计算机	连接交换机/端口	IP 地址	子网掩码	默认网关
人力资源部	10	RLZYB	PC1-1	SW1/Fa0/1	192.168.10.1		192.168.10.254
技术部	20	JSB	PC1-6	SW1/Fa0/6	192.168.20.6		192.168.20.254
财务处	30	CWC	PC1-18	SW1/Fa0/18	192.168.30.18	255.255.255.0	192.168.30.254
市场部	40	SCB	PC2-1	SW2/Fa0/1	192.168.40.1		192.168.40.254
财务科	30	CWC	PC2-16	SW2/Fa0/16	192.168.30.16		192.168.30.254
服务器	2	Server	Server-PT	SW1/Gi1/1	192.168.2.2		192.168.2.254

5.6.3　实施步骤

1. 物理连接

两台交换机的物理链路规划如表 5-12 所示。

表 5-12　两台交换机的备份链路规划表

公 司 总 部					营 销 大 楼				
交换机名称	交换机型号	本端接口名称	对端接口名称	channel-group	交换机名称	交换机型号	本端接口名称	对端接口名称	channel-group
SW1	2960	Fa0/21	Fa0/21	1	SW2	2960	Fa0/21	Fa0/21	1
		Fa0/22	Fa0/22				Fa0/22	Fa0/22	
		Fa0/23	Fa0/23				Fa0/23	Fa0/23	
		Fa0/24	Fa0/24				Fa0/24	Fa0/24	

打开 Packet Tracer 模拟器，按照表 5-12 选择交换机 (本例中选择 2960)，进行物理连接后，连接示图如图 5-33 所示。

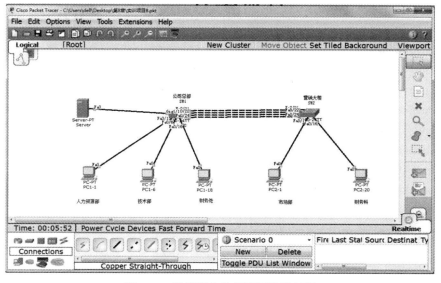

图 5-33　链路聚合的局域网连接示图

2. 配置交换机 SW1

在前几个项目的基础上，本项目的实施过程和部分命令不再进行详细的解释。

```
Switch(config)#hostname SW1
SW1(config)#vlan 2
SW1(config-vlan)#name Server
SW1(config-vlan)#exit
SW1(config)#interface vlan 2
SW1(config-if)#ip address 192.168.2.1 255.255.255.0
SW1(config-if)#no shutdown
SW1(config-if)#exit
SW1(config)#interface gigabitEthernet 1/1
SW1(config-if)#switchport mode access
SW1(config-if)#switchport access vlan 2
SW1(config-if)#exit
SW1(config)#vlan 10
SW1(config-vlan)#name RLZYB
SW1(config)#interface fastEthernet 0/1
SW1(config-if)#switchport mode access
SW1(config-if)#switchport access vlan 10
SW1(config-if)#exit
SW1(config)#vlan 20
SW1(config-vlan)#name JSB
SW1(config-vlan)#exit
SW1(config)#interface fastEthernet 0/6
SW1(config-if)#switchport mode access
SW1(config-if)#switchport access vlan 20
SW1(config-if)#exit
SW1(config)#vlan 30
SW1(config-vlan)#name CWC
SW1(config-vlan)#exit
SW1(config)#int fastEthernet 0/18
SW1(config-if)#switchport mode access
SW1(config-if)#switchport access vlan 30
SW1(config-if)#exit
SW1(config)#interface range fastEthernet 0/21-24
SW1(config-if-range)#switchport mode trunk
SW1(config-if-range)#switchport trunk allowed vlan 2,10,20,30,40
SW1(config-if-range)#channel-protocol lacp
SW1(config-if-range)#channel-group 1 mode active
SW1(config-if-range)#no shutdown
```

3. 配置交换机 SW2

交换机 SW2 的配置情况如下：

```
SW2(config)#hostname SW2
SW2(config)#vlan 30
SW2(config-vlan)#name CWC
SW2(config-vlan)#exit
SW2(config)#interface fastEthernet 0/16
SW2(config-if)#switchport mode access
SW2(config-if)#switchport access vlan 30
SW2(config-if)#exit
SW2(config)#vlan 40
SW2(config-vlan)#name SCB
SW2(config-vlan)#exit
SW2(config)#interface fastEthernet 0/1
SW2(config-if)#switchport mode access
SW2(config-if)#switchport access vlan 40
SW2(config-if)#exit
SW2(config)#interface range fastEthernet 0/21-24
SW2(config-if-range)#switchport mode trunk
SW2(config-if-range)#switchport trunk allowed vlan 2,10,20,30,40
SW2(config-if-range)#channel-protocol lacp
SW2(config-if-range)#channel-group 1 mode active
SW2(config-if-range)#no shutdown
```

4. 查看交换机 SW1 和 SW2 的运行配置

（略）

5. 查看交换机 SW1 链路聚合配置

交换机 SW1 链路聚合配置如下：

```
SW1#show etherchannel summary
Flags:  D - down        P - in port-channel
        I - stand-alone s - suspended
        H - Hot-standby (LACP only)
        R - Layer3      S - Layer2
        U - in use      f - failed to allocate aggregator
        u - unsuitable for bundling
        w - waiting to be aggregated
        d - default port
Number of channel-groups in use: 1
Number of aggregators:        1
```

```
Group  Port-channel  Protocol   Ports
------+------------+----------+--------------------------------------------
1     Po1(SU)       LACP      Fa0/21(P) Fa0/22(P) Fa0/23(P) Fa0/24(P)
```

6. 查看交换机 SW2 链路聚合配置

交换机 SW2 链路聚合配置如下：

```
SW2#show etherchannel summary
Flags: D - down        P - in port-channel
       I - stand-alone s - suspended
       H - Hot-standby (LACP only)
       R - Layer3      S - Layer2
       U - in use      f - failed to allocate aggregator
       u - unsuitable for bundling
       w - waiting to be aggregated
       d - default port
Number of channel-groups in use: 1
Number of aggregators:         1
Group Port-channel   Protocol   Ports
------+------------+----------+--------------------------------------------
1     Po1(SU)       LACP      Fa0/21(P) Fa0/22(P) Fa0/23(P) Fa0/24(P)
```

7. 查看交换机 SW1 和 SW2 的 VLAN 配置

（略）

8. 对计算机进行 IP 配置

（略）

5.6.4　项目测试

参照实战任务 4.3 测试计算机之间的通信。

■ 思政小课堂

从 STP 技术到链路聚合技术的转变代表了交换网络科技的进步。

STP 技术的出现显著提高了交换网络的稳定性和可靠性。当网络拓扑发生变化时，STP 能够迅速计算出一个无环的生成树，防止广播风暴和数据包在网络中产生无限循环，从而避免了网络堵塞或数据包丢失的问题。这使得企业、组织和个人在使用交换网络时，能够享受到更加稳定、可靠的网络服务，为各种业务活动提供了坚实的网络基础。

链路聚合技术的出现则进一步提升了交换网络的性能和带宽。通过将多个物理端口汇聚在一起，形成一个逻辑端口，链路聚合技术实现了带宽的倍增和负载均衡。这使得交换网络能够更好地应对大规模数据传输和高并发业务场景，满足了日益增长的网络需求，为用户提供了更加快速、高效的网络体验。

党的二十大报告中提出我国要实现高水平科技自立自强，这是党中央作出的顶层设计和战略安排，是我们通过努力要实现的目标任务。具体来说，"高水平"有三重含义：一是自主创新能力达到新高度；二是国家创新体系更加健全；三是进入创新型国家前列。因此，高水平科技自立自强既是中国式现代化的重要支撑保障，又是中国式现代化建设的强大动力引擎。我们要深刻把握高水平科技自立自强对全面建成社会主义现代化强国的重大意义，坚定不移走中国特色自主创新之路，加快建设世界重要人才中心和创新高地，为全面建成社会主义现代化强国作出新的更大贡献。

项 目 习 题

一、选择题

1. 以下描述了帧的无穷泛洪或环路的术语是 (　　)。

A. 泛洪风暴　　　　　　　　　　B. 环路负载

C. 广播风暴　　　　　　　　　　D. 广播负载

2. 以下描述了多帧复制到达同一交换机的不同端口的术语是 (　　)。

A. 泛洪风暴　　　　　　　　　　B. 帧的重复复制

C. MAC 地址表不稳定　　　　　　D. 环路负载

3. 以下拥有从非根网桥到根网桥的最低开销路径的端口是 (　　)。

A. 根端口　　　　　　　　　　　B. 阻塞端口

C. 指定端口　　　　　　　　　　D. 替代端口

4. STP 中，在一个网段中选取指定端口的方法是 (　　)。

A. 到根网桥的低开销路径等

B. 到根网桥的高开销路径

C. 到最近非根网桥的低开销路径

D. 到最近非根网桥的高开销路径

5. 按顺序排列 IEEE 802.1d 生成树状态是 (　　)。

A. 学习、监听、丢弃、转发、阻塞

B. 阻塞、监听、学习、转发、丢弃

C. 监听、学习、丢弃、转发、阻塞

D. 丢弃、阻塞、监听、学习、转发

6. 下列技术中可以防止交换网络中的广播风暴的是 (　　)。

A. 端口隔离　　　　　　　　　　B. VLAN 划分

C. 流量控制　　　　　　　　　　D. 生成树协议

7. 如果把快速以太网 4 个端口捆绑成聚合端口，则能够支持的最大速率是 (　　)。

A. 100 Mb/s　　　　　　　　　　B. 200 Mb/s

C. 400 Mb/s　　　　　　　　　　D. 800 Mb/s

E. 1600 Mb/s

8. 在一个包含 3 个成员端口的聚合端口中，如果一个成员端口出现故障，将会出现的情况是 (　　)。

A. 当前使用该成员端口转发的流量将被丢弃

B. 当前所有流量的 50% 会被丢弃

C. 当前使用该成员端口转发的流量将切换到其他成员端口继续转发

D. 聚合端口将会消失，剩余的两个成员端口将会从聚合端口中释放并恢复为加入聚合端口之前的状态

9. 下列不是有效的以太网信道负载均衡方法的是（　　）。

A. 源 AMC 地址　　　　　　　　　B. 源和目标 MAC 地址

C. 源 P 地址　　　　　　　　　　　D. IP 优先级

10. 下列不是链路聚合的优点的是（　　）。

A. 提高网络带宽　　　　　　　　　B. 增加网络可靠性

C. 减少网络延迟　　　　　　　　　D. 降低网络成本

二、简答题

1. 如 5-34 所示，在网络 1 与网络 2 的通信过程中，使用什么技术可以阻止交换环路形成？

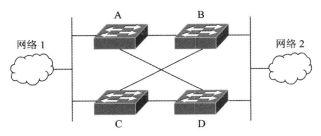

图 5-34　简答题 1 示意图

2. 相较于 STP，使用 RSTP 有哪些优点？

3. 一个大型企业网络中，有多个 VLAN 用于划分不同的业务区域和用户群体。企业需要保证不同 VLAN 之间的通信畅通，同时又要避免广播风暴和数据环路，建议启用哪一种生成树协议？为什么？

4. 多生成树实例 MSTI 有哪些特点？

5. 链路聚合技术有何优点？

6. 链路聚合有哪两种方式？其主要区别是什么？

模块三　网络互联技术

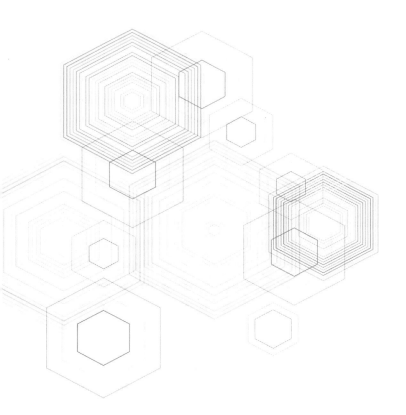

部署和实施企业内部局域网互联

思政目标

弘扬工匠精神，保持追求卓越，持续改进的工作态度。

思维导图

本项目思维导图如图 6-0 所示。

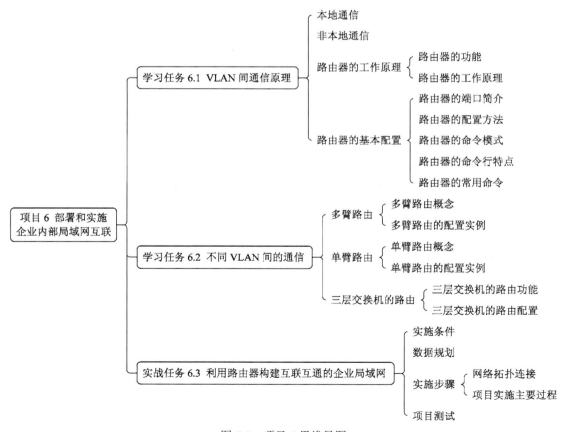

图 6-0　项目 6 思维导图

学习目标

◎ 了解 VLAN 间通信原理。
◎ 掌握路由器的工作原理。
◎ 学会路由器的基本配置。
◎ 掌握三层交换机的基本配置。
◎ 学会 VLAN 间的三种通信方法。

学习任务 6.1　VLAN 间通信原理

在实战任务 5.6 中，我们观察到财务处 (同一 VLAN30) 内部的主机可以互相通信，但与服务器 (VLAN2) 之间无法通信。此外，其他不同的 VLAN 之间也无法通信。

6.1.1　本地通信

处于相同 VLAN 内部的主机称为本地主机，与本地主机之间的通信叫作本地通信。处于不同 VLAN 的主机则称为非本地主机，与非本地主机之间的通信叫作非本地通信。

对于本地通信而言，通信两端的主机同处于一个相同的广播域中，两台主机之间的流量可以直接相互到达。通信过程与前文所述二层网络中的情况相同，即通过 MAC 地址表和 802.1d 来实现，这里就不再详细描述。

6.1.2　非本地通信

对于非本地通信，通信两端的主机位于不同的广播域内，它们之间的流量无法直接互相到达。主机通过 ARP 广播请求也无法获取对方的地址，此时的通信必须借助于中间的路由器或三层交换机来完成。

换言之，一个网络在使用 VLAN 隔离成多个广播域后，各个 VLAN 之间不能互相访问，因为各个 VLAN 的流量实际上已经在物理上隔离开。前文中我们对 VLAN 技术进行了详细讲解。然而，隔离网络并非建网的最终目标。选择 VLAN 隔离只是为了优化网络，最终目标还是确保整个网络通畅无阻。

VLAN 之间通信的解决方法是，在 VLAN 之间配置路由器。这样，同一 VLAN 内部的流量仍然通过原来的 VLAN 内部的二层网络进行传输；而不同 VLAN 之间的通信流量，即从一个 VLAN 到另外一个 VLAN，需要通过路由在三层设备上进行转发。一旦转发到目的网络后，再通过二层交换网络把报文最终发送给目的主机。由于路由器对以太网上的广播报文采取不转发的策略，因此中间配置的路由器并不影响划分 VLAN 所达到的广播隔离的目的。那么，如何实现不同 VLAN 之间的通信呢？这就需要借助三层设备 (如三层交换机和路由器) 或三层以上的设备。

6.1.3　路由器的工作原理

路由器是用于连接不同网络的专用计算机设备，能够实现在不同网络间转发数据的功能。每个路由器的三层接口都可以连接到不同的网络 (这里所说的三层接口可以是物理接口，也可以是各种逻辑接口或子接口)。

1. 路由器的功能

路由器具备以下功能：

1) 网络互联

路由器的核心功能是实现不同网络之间的互联，在不同网络之间转发数据单元。如图 6-1 所示，它实现了 LAN1、LAN2 和 LAN3 这三个不同局域网之间的连接。

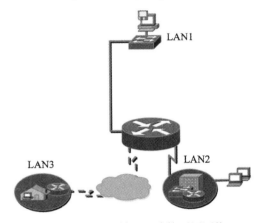

图 6-1　路由器被用于连接不同网络

路由器工作在网络层，能够识别网络层的控制信息，并根据目的网络地址进行数据转发。每个路由器端口不仅是独立的冲突域，同时也是独立的广播域。

2) 路由功能

路由功能也就是路由器的路径选择功能，如图 6-2 所示，主要包括路由表的建立、维护和查找。路由器提供了在异构网络中的互联机制，根据路由表将数据包从一个网络发送到另一个网络，路由指导 IP 数据包的发送路径信息。

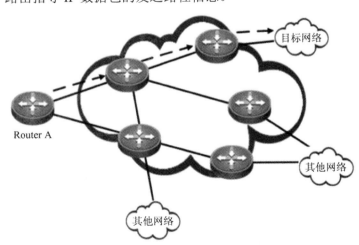

图 6-2　路由器的路径选择

完成路由功能需要路由器学习和维护以下几个基本信息：

(1) 首先需要了解被路由的协议。一旦在接口上配置了 IP 地址和子网掩码，即在接口上启动了 IP 协议，默认情况下 IP 路由是打开的，只要路由器在接口上配置了三层地址信息并且接口状态正常，就能利用该接口转发数据包。

(2) 目的网络地址是否已存在。通常，IP 数据包的转发依据是目的网络地址，路由表中必须存在能够匹配的路由条目，才能够转发该数据包；否则，此 IP 数据包将被路由器丢弃。

(3) 路由表中还包含将数据包转发至目的网络所需的信息，包括发送该数据包的出口端口以及应该转发到哪个下一条地址等信息。

3) 数据交换 / 转发功能

路由器的交换功能与以太网交换机执行的交换功能不同。路由器的交换功能是指数据在路由器内部移动和处理的过程，包括从接收接口收到数据帧、解封装、对数据包进行处理、根据目的网络查找路由表、确定转发接口、进行新的数据链路层封装等过程。

4) 隔离广播、制定访问规则

路由器还可以阻止广播的通过，并且可以通过设置访问控制列表 (ACL) 来控制流量。这部分内容将在项目 9 中详细学习。

2. 路由器的工作原理

(1) 直联网段的通信。

如图 6-3 所示，路由器实现网络互联和数据转发的功能主要是依赖于其内部的路由表。每个路由表里每一行叫做一个路由条目，每个路由条目包含网段信息、转发端口等相关信息。那么这些路由信息是如何加载到路由表中的？

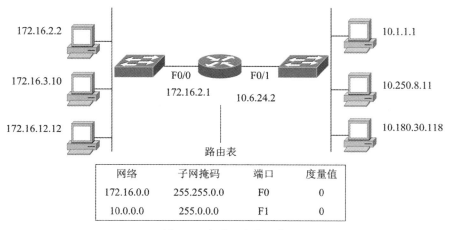

图 6-3　直联网段的通信

从图中的网络拓扑可知，两台二层交换机构建了两个局域网，一个是 172.16.0.0/16 的网段，另一个是 10.0.0.0/8 的网段。现在需要实现这两个网段之间的通信，因此将这两台二层交换机分别连接到路由器的两个网口。路由表中的路由信息可以分为两类：其中一类是直联网段信息。例如，172.16.0.0 和 10.0.0.0 这两个网段和路由器直接相连。将给路由器的两个端口分配完相应网段的 IP 地址并开启后，这两个直联网段的信息可直接加载到路由表中。

当路由器收到一个数据包并想要将其转发出去的时，首先查看数据包中的目的地址，然后查找路由表以确定合适的出口进行转发。例如，位于最左上角的 IP 地址为 172.16.2.2 的主机需要将数据传送给 10.1.1.1 的主机。数据包的格式从前往后依次为源 IP 地址、目的 IP 地址和所携带的数据。为数据包到达路由器时，路由器会查看目的 IP 所属的网段，如在 10.0.0.0 网段内，再查看路由表是否有与该网段相关的路由条目。如果发现该目的网络连接在 F1 口，则数据包将顺着 F1 口转发出去，从而到达 10.0.0.0 的网段。当数据包到达右边的交换机时，再通过运行 ARP 和内部的 MAC 地址表，将数据包转发至 10.1.1.1 的主机。从这一过程中可以看到，路由器通过它内部的路由表来实现网络互联和数据转发。如果路由表中来包含目的网段的信息，这时路由器就会丢弃该数据包，即未找到适当的出口进行转发该数据包。

(2) 非直联网段的通信。

除了直联网段的通信外，还存在另一类非直联网段的路由信息。不同网段主机之间进行通信时，首先由源主机将数据发送至其默认网关路由器，路由器在物理层接收到信号后进行成帧并送数据至链路层处理，解封装后将 IP 数据包送至三层处理。根据目的 IP 地址查找路由表决定转发接口，然后经过数据链路层重新封装后并通过物理层发送出去。每台路由器都执行同样的操作，按照逐跳 (hop by hop) 的原则最终将数据发送至最终的目的，如图 6-4 所示。这类信息需要在路由器运行某种路由协议，以学习非直联网络的信息。我们将在项目 8 详细学习这一内容。

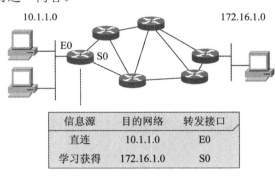

图 6-4　非直联网段的通信

6.1.4　路由器的基本配置

1. 路由器的端口简介

在前面介绍网络设备中，我们知道路由器配备了控制端口 Console 口和 AUX 口，Console 和交换机的 Console 的原理相同，通过反转线连接至计算机的 COM 口，用于对路由器进行登录配置。AUX 口则是用于路由器远程配置连接的异步端口，也可称为备份口。它通过电话线连接至调制解调器 (Modem) 上，Modem 再连接到路由器的 AUX 口，用户可通过电话拨号的方式对路由器进行远程调试。同时也可以作为主干线路的备份，当主线路断掉后，系统将自动启动 AUX 端口进行电话拨号，以保持线路的连接。

以太网端口用于连接以太网的 (即局域网内网)，在物理线路连接正常时，相应的指示灯将点亮。

广域网端口用于连接广域网的，各厂商通常配有专用的广域网线缆，并在前面板或后面板上设有广域网指示灯，物理线路连接正常后，相应的指示灯也将亮起。值得特别注意的是，路由器内部的主板上一般设有若干个广域网插槽，用户可以根据工程的实际情况购买相应的广域网模块并安装到插槽中。

一般情况下，路由器的以太网口主要用于连接交换机，而广域网口用来连接广域网，支持封装帧中继、DDN 和 PPP 等协议。部分厂商设计的路由器还配备告警指示灯 (ALM 灯)，当灯点亮时表示系统发生故障；同时还包含风扇状态指示灯 (FAN 灯)，当灯点亮时表示风扇运行正常。

2. 路由器的配置方法

路由器提供多种配置方式，如图 6-5 所示，用户可以根据所连接的网络选用适当的配置方式。

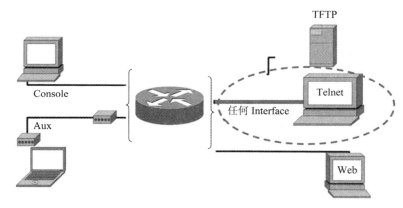

图 6-5　路由器配置方式示意图

(1) 通过 Console 口连接配置。

要进行 Console 口连接配置时，需要将路由器正面的 Console 口通过配置线连接到 PC 的串口 COM 口上，打开"超级终端"程序，创建新的连接并对 COM 口作相应配置，配置参数与交换机的相同，这里不再赘述。值得注意的是，路由器的初始配置必须使用 Console 口连接配置。

(2) 通过 Telnet 连接配置。

在使用 Telnet 远程访问时，首先需要通过串口配置完成 IP 地址、子网掩码等参数。为了防止非法用户使用 Telnet 访问路由器，还需在路由器上设置 Telnet 访问所需的用户名和密码，只有输入正确的用户名和密码才能成功登录到路由器。

除了 Telnet 访问外，还有 AUX 连接配置、FTP/TFTP 连接配置和 WEB 连接配置等方式。由于这些方式不常用，这里不再详细介绍。

3. 路由器的命令模式

路由器可使用命令行模式进行配置和维护，根据功能和权限将命令划分到不同的模式下，一条命令只能在特定的模式下执行。路由器的主要命令模式如表 6-1 所示。

退出各种命令模式的方法如下：

(1) 在特权模式下，使用 "disable" 命令返回用户模式。

（2）在用户模式和特权模式下，使用"exit"命令退出路由器；在其他命令模式下，使用"exit"命令返回上一级模式。

（3）在用户和特权模式以外的其他命令模式下，使用"end"命令或按"Ctrl＋z"键返回到特权模式。

表 6-1　路由器的主要命令模式

模　式	提示符	进入命令	功　能
用户模式	Router>	登录系统后直接进入	查看简单信息
特权模式	Router #	Router>enable	配置系统参数
全局配置模式	Router (config)#	Router#configure terminal	配置全局业务参数
接口配置模式	Router(config-if)# #	Router(config)#interface \<type number>	配置接口参数
子接口配置模式	Router(config-subif)#	Router(config)#interface \<type number. Subif-um >	配置子接口参数
线路配置模式	Router(config-line)	Router(config)#line \<console|vty|aux> \<number>	配置线路密码等参数
路由配置模式	Router (config-router)#	Router(config)#router \<bgp | eigrp | ospf | rip>	配置相应的路由协议参数

4. 路由器的命令行特点

（1）在线帮助。

在任意命令模式下，只需在系统提示符后面输入一个问号 (?)，即可显示该命令模式下可用的命令列表。通过使用在线帮助功能，还可以得到任何命令的关键字和参数列表。举例如下：

```
Router>?
Exec commands:
    <1-99>     Session number to resume
    connect    Open a terminal connection
    disable    Turn off privileged commands
    disconnect Disconnect an existing network connection
    enable     Turn on privileged commands
    exit       Exit from the EXEC
    logout     Exit from the EXEC
    ping       Send echo messages
    resume     Resume an active network connection
    show       Show running system information
    ssh        Open a secure shell client connection
    telnet     Open a telnet connection
```

| terminal | Set terminal line parameters |
| traceroute | Trace route to destination |

(2) 命令缩写。

路由器允许将命令和关键字缩写为能够唯一标识该命令或关键字的字符或字符串。例如，可以把"show"命令缩写为"sh"或"sho"。

5. 路由器的常用命令

(1) 显示命令。路由器的显示命令可在特权模式下 (Router#) 使用，常用的显示命令如表 6-2 所示。

表 6-2　常用的显示命令

命　　令	功　　能
show version	查看版本及引导信息
show running-config	查看运行配置
show startup-config	查看开机设置
show interfaces	显示端口信息
show ip router	显示路由信息
show access-lists	显示访问列表的信息

(2) 网络管理命令。常用的网络管理命令如表 6-3 所示。

表 6-3　常用的网络管理命令

命　　令	功　　能
Router#telnet<hostname | IP address>	登录远程机
Router#ping <hostname | IP address>	网络连通测试
Router#traceroute<hostname | IP address>	路由跟踪

(3) 基本配置命令。路由器有一些常用的基本配置命令，使用频率非常高，如表 6-4 所示。

表 6-4　常用基本配置命令

命　　令	功　　能
Router(config)#hostname <hostname>	为路由器命名
Router(config-line)#password < password >	设置线路密码
Router(config)#ip route …	启用静态路由
Router(config)#router …	启用动态路由
Router(config-router)#network …	动态路由网络公布
Router(config-if)#ip address < address ><subnet mask>	配置接口 IP 地址
Router(config-if)#no shutdown	激活端口
Router#write	保存当前配置
Router#reload	重启路由器

学习任务 6.2　不同 VLAN 间的通信

在同一 VLAN 内的通信可以通过二层交换机实现，而不同 VLAN 之间的通信通常有三种实现方式：多臂路由、单臂路由以及三层交换机的路由。

6.2.1　多臂路由

1. 多臂路由概念

根据传统的网络建设原则，每个需要进行互通的 VLAN 应单独建立一个物理连接至路由器，每个 VLAN 都要独占一个交换机端口和一个路由器端口。在这样的配置下，路由器上的路由接口与物理接口是一一对应的，在进行 VLAN 间路由时，路由器需将报文从一个路由接口转发至另一个路由接口，即从一个物理接口转发至其他物理接口，这就是多臂路由，如图 6-6 所示。

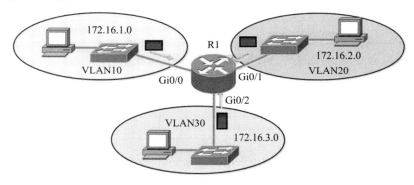

图 6-6　多臂路由

通过这种方式，增加 VLAN 在交换机上实现起来就很容易，但在路由器上需要为新 VLAN 增加新的物理接口，所以这种方式的最大缺点是不具备良好的可扩展性。其优点在于，路由器上可使用普通的以太网口进行 VLAN 间路由，而且路由器配置简单，只需配置一个接口 IP。

2. 多臂路由的配置实例

下面将对图 6-6 中，路由器 R1 的配置进行介绍。

(1) 将路由器命名为 "R1"。命令如下：

Router>enable

Router #configure terminal

Router(config)#hostname R1

(2) 给路由器接口 Gi0/0 分配 IP 地址并激活。命令如下：

R1(config)#interface gigabitEthernet 0/0

R1(config-if)#ip address 172.16.1.254 255.255.255.0

R1(config-if)#no shutdown

R1(config-if)#exit

(3) 给路由器接口 Gi0/1 分配 IP 地址并激活。命令如下：

R1(config)#interface gigabitEthernet 0/1

R1(config-if)#ip address 172.16.2.254 255.255.255.0

R1(config-if)#no shutdown

R1(config-if)#exit

(4) 给路由器接口 Gi0/2 分配 IP 地址并激活。命令如下：

R1(config)#interface gigabitEthernet 0/2

R1(config-if)#ip address 172.16.3.254 255.255.255.0

R1(config-if)#no shutdown

R1(config-if)#exit

在配置各个 VLAN 的主机 IP 时，需要注意将路由器接口的 IP 地址设置为该 VLAN 成员主机的网关地址。

6.2.2　单臂路由

1. 单臂路由概念

如果路由器的以太网接口支持 802.1Q 封装，则可以只用一条物理连接实现多个不同的 VLAN 之间的通信，这种方式称为单臂路由，如图 6-7 所示。

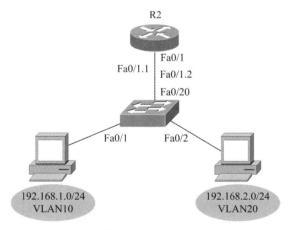

图 6-7　单臂路由

单臂路由技术允许多个 VLAN 的业务流量共享同一物理连接，如图 6-7 中交换机 Fa0/20 与路由器 Fa0/1 之间的物理链路。通过这条单臂路由的物理连接传递带有标记的帧来区分各个 VLAN 的流量。在路由器上支持 802.1Q 封装的以太网接口，可设置成多个子接口，通过将路由器的以太网子接口设置封装类型为 dot1Q，并指定此子接口与哪个 VLAN 关联，来确定该子接口处于哪个 VLAN 的广播域中，然后将子接口的 IP 地址设置为该 VLAN 成员的网关地址。在这样的配置下，路由器上的路由接口与物理接口是多对一的对应关系，路由器在进行 VLAN 间路由时，把报文从一个路由子接口转发到另一个路由子接口，虽然从物理接口上看是从一个物理接口转发回同一个物理接口，但 VLAN 标记在转发后被替换为目标网络的标记，需要把交换机上连接到路由器的端口设置为 Trunk 端口。

2. 单臂路由的配置实例

下面将对图 6-7 中，路由器 R2 的配置进行介绍。

(1) 将路由器命名为"R2"。命令如下：

```
Router>enable
Router #configure terminal
Router(config)#hostname R2
```

(2) 将路由器接口 Fa0/1 激活。命令如下：

```
R2(config)#interface fastEthernet 0/1
R2(config-if)#no shutdown
R2(config-if)#exit
```

(3) 将路由器子接口 Fa0/1.1 与 VLAN10 关联、分配 IP 地址并激活。命令如下：

```
R2(config)#interface fastEthernet 0/1.1
R2(config-subif)#encapsulation dot1Q 10
R2(config-subif)#ip address 192.168.1.254 255.255.255.0
R2(config-subif)#no shutdown
R2(config-subif)#exit
```

(4) 将路由器子接口 Fa0/1.2 与 VLAN20 关联、分配 IP 地址并激活。命令如下：

```
R2(config)#interface fastEthernet0/1.2
R2(config-subif)#encapsulation dot1Q 20
R2(config-subif)#ip address 192.168.2.254 255.255.255.0
R2(config-subif)#no shutdown
```

在各 VLAN 主机 IP 配置时，要注意将路由器子接口的 IP 地址设置为该 VLAN 成员主机的网关地址。

一般情况下，VLAN 间路由的流量通常无法达到链路的线速度，通过使用 VLAN Trunk 的配置，可以提高链路的带宽利用率节省端口资源并简化管理。例如，当网络需要增加一个 VLAN 的时候，只需维护设备的配置，无须对网络布线进行修改。

使用 VLAN Trunk 后，用传统的路由器在 VLAN 间路由的性能上仍存在一些不足。由于路由器使用通用的 CPU，转发完全依靠软件进行，同时支持各种通信接口，给软件带来较大负担。软件需要处理报文接收、校验、路由查找、选项处理、报文分片等工作，导致性能无法达到较高水平，要实现高转发率就会带来高昂的成本。因此，三层交换机应运而生，利用三层交换技术来进一步改善这个性能。

6.2.3　三层交换机的路由

1. 三层交换机的路由功能

三层交换机的产生为网络带来了巨大的经济效益。三层交换机使用硬件技术，巧妙地将二层交换机和路由器的功能集成到一个盒子里。三层交换机上所有可见的物理接口都是具有二层功能的端口 (Port)，而三层接口 (Interface) 则可通过配置创建。

创建的三层接口是基于 VLAN 的，是一个逻辑接口，使该 VLAN 中的所有成员可以直接访问，其 IP 地址被配置为该 VLAN 中其他所有主机的默认网关地址。对于三层交换机而言，在本交换机上基于 VLAN 创建的这些三层接口被视为直连路由，从而提高了网络的集成度并增强了转发性能。

三层交换机将第二层交换机和第三层路由器两者的优势有机而智能化地结合成一个灵活的解决方案，可在各个层次提供线速性能。这种集成化的结构还引入了策略管理属性，不仅使第二层与第三层相互关联，而且还提供了流量优先化处理、安全访问机制以及其他多种功能。

在三层交换机内，分别设置了交换机模块和路由器模块。与传统的路由器相比，可以实现高速路由。并且，路由与交换模块是汇聚链接的，由于是内部连接，可以确保相当大的带宽。

2. 三层交换机的路由配置

(1) 不同 VLAN 间的连接。

把二层交换机的各个 VLAN 的以太网接口直接连接到三层交换机的以太网接口进行物理连接，如图 6-8 所示。

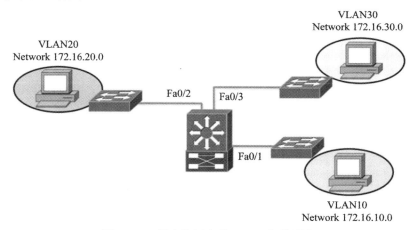

图 6-8　三层交换机实现 VLAN 间的通信

(2) 不同 VLAN 间的通信实例。

利用三层交换机实现各 VLAN 之间的通信，以图 6-8 为例，在三层交换机上做的主要配置如下：

① 创建 VLAN10，配置 IP 并激活，命令如下：

```
Switch#configure terminal
Switch(config)#vlan 10
Switch(config-vlan)#exit
Switch(config)#interface vlan 10
Switch(config-if)#ip address172.16.10.254 255.255.255.0
```

```
Switch(config-if)#no shutdown
Switch(config-if)#exit
Switch(config)#
```

② 创建 VLAN20，配置 IP 并激活，命令如下：

```
Switch(config)#vlan 20
Switch(config-vlan)#exit
Switch(config)#interface vlan 20
Switch(config-if)#ip address172.16.20.254 255.255.255.0
Switch(config-if)#no shutdown
Switch(config-if)#exit
Switch(config)#
```

③ 创建 VLAN30，配置 IP 并激活，命令如下：

```
Switch(config)#vlan 30
Switch(config-vlan)#exit
Switch(config)#interface vlan 30
Switch(config-if)#ip address172.16.30.254 255.255.255.0
Switch(config-if)#no shutdown
Switch(config-if)#exit
Switch(config)#
```

在各 VLAN 主机的 IP 配置时，要注意将三层交换机的接口 IP 地址设置为该 VLAN 成员主机的网关地址。

④ 进入三层交换机的 Fa0/1-3 接口，封装 dot1Q，设置 Trunk 口，透传 VLAN10、VLAN20 和 VLAN30，命令如下：

```
Switch(config)#int range fastEthernet 0/1-3
Switch(config-if-range)#switchport trunk encapsulation dot1q
Switch(config-if-range)#switchport mode trunk
Switch(config-if-range)#switchport trunk allowed vlan 10,vlan 20,vlan 30
Switch(config-if-range)#exit
Switch(config)#
```

⑤ 启用三层交换机的路由功能，命令如下：

```
Switch(config)#
Switch(config)#ip routing
```

实战任务 6.3　利用路由器构建互联互通的企业局域网

在实战任务 5.6 中，只有公司财务处的计算机之间能够通信，但也无法访问服务器，公司人力资源部、市场部、技术部也无法访问服务器。我们采用 VLAN 技术隔离只是为了优化网络，最终目标确保整个网络能够畅通无阻，在这样的背景下，公司购买了一台路由器（或三层交换机），由网络技术人员重新进行网络升级和改造。

6.3.1　实施条件

根据项目背景，网络技术人员设计的网络改进拓扑结构如图 6-9 所示，即在实战任务 5.6 的基础上，把服务器连接到公司路由器的 Gi0/0 接口上，并把 SW1 的 Gi1/1 口与路由器的 Gi0/1 口连接，把 SW2 的 Gi1/2 口与路由器的 Gi0/2 口连接。

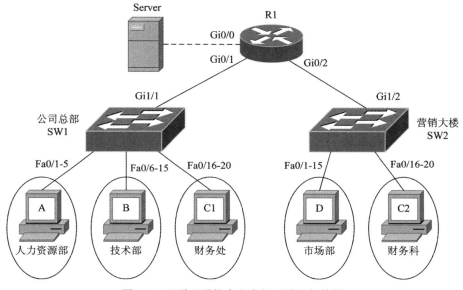

图 6-9　互联互通的企业内部局域网拓扑图

根据实验室的实际情况，本项目可使用实体设备或 Packet Tracer 模拟器完成。

在本项目中，选择使用 Packet Tracer 模拟器完成。

6.3.2　数据规划

规划设计各计算机的 IP 地址、子网掩码、默认网关及所属 VLAN，如表 6-5 所示。

表 6-5　IP 地址及 VLAN 规划表

部门	VLAN	VLAN 名称	计算机	连接设备 / 端口	IP 地址	子网掩码	默认网关
人力资源部	10	RLZYB	PC1-1	SW1/Fa0/1	192.168.10.1		192.168.10.254
技术部	20	JSB	PC1-6	SW1/Fa0/6	192.168.20.6		192.168.20.254
财务处	30	CWC	PC1-18	SW1/Fa0/18	192.168.30.18	255.255.255.0	192.168.30.254
市场部	40	SCB	PC2-1	SW2/Fa0/1	192.168.40.1		192.168.40.254
财务科	50	CWC	PC2-16	SW2/Fa0/16	192.168.50.1		192.168.50.254
服务器	/		Server	Server-PT	R1/Gi0/0	192.168.2.1	192.168.2.254

6.3.3　实施步骤

1. 网络拓扑连接

打开 Packet Tracer 模拟器，在模拟器中选择路由器 2911 进行网络连接，连接示意图如图 6-10 所示。

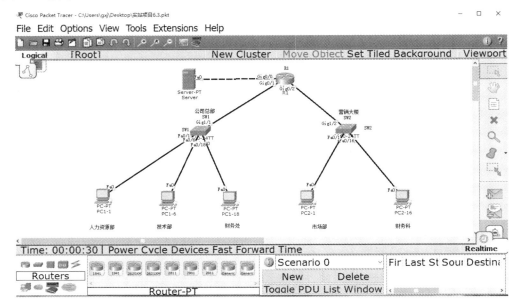

图 6-10　互联互通的企业内部局域网连接示意图

路由器与二层交换机、服务器之间的物理链路规划如表 6-6 所示。

表 6-6　路由器与二层交换机、服务器之间的链路规划表

设备名称	设备型号	本端接口名称	对端接口名称
SW1	2960	Gi1/1	Gi0/1
SW2	2960	Gi1/2	Gi0/2
R1	2911	Gi0/1	F0

2. 项目实施主要过程

在前几个项目的基础上，本项目的实施过程将不再详细解释。

(1) 配置交换机 SW1。

交换机 SW1 的 VLAN 配置参照项目 4 与路由器相连的交换机 SW1 的物理接口 Gi1/1 的配置如表 6-7 所示。

表 6-7　交换机 SW1 接口 Gi1/1 的配置

```
SW1(config)#interface gigabitEthernet 1/1
SW1(config-if)#switchport mode trunk
SW1(config-if)#switchport trunk allowed vlan 2,10,20,30,40,50
SW1(config-if)#end
```

(2) 配置交换机 SW2。

交换机 SW2 的 VLAN 配置参照项目 4 与路由器相连的交换机 SW2 的物理接口 Gi1/2 的配置如表 6-8 所示。

表 6-8　交换机 SW2 接口 Gi1/2 的配置

```
SW2(config)#interface gigabitEthernet 1/2
SW2(config-if)#switchport mode trunk
SW2(config-if)#switchport trunk allowed vlan 2,10,20,30,40,50
SW2(config-if)#end
```

然后进行路由器 R1 的配置。

(3) 将路由器命名为"R1"。命令如下：

```
Router>enable
Router #configure terminal
Router(config)#hostname R1
```

(4) 路由器接口 Gi0/1 的配置。

① 将路由器接口 Gi0/1 激活，命令如下：

```
R1(config)#interface gigabitEthernet 0/1
R1(config-if)#no shutdown
R1(config-if)#exit
```

② 将路由器子接口 Gi0/1.1 与 VLAN10 关联、分配 IP 地址并激活，命令如下：

```
R1(config)#interface gigabitEthernet 0/1.1
R1(config-subif)#encapsulation dot1Q 10
R1(config-subif)#ip address 192.168.10.254 255.255.255.0
R1(config-subif)#no shutdown
R1(config-subif)#exit
```

③ 将路由器子接口 Gi0/1.2 与 VLAN20 关联、分配 IP 地址并激活，命令如下：

```
R1(config)#interface ghgabitEthnet 0/1.2
R1(config-subif)#encapsulation dot1Q 20
R1(config-subif)#ip address 192.168.20.254 255.255.255.0
R1(config-subif)#no shutdown
```

④ 将路由器子接口 Gi0/1.3 与 VLAN30 关联、分配 IP 地址并激活，命令如下：

```
R1(config)#interface gigabitEthnet 0/1.3
R1(config-subif)#encapsulation dot1Q 30
R1(config-subif)#ip address 192.168.30.254 255.255.255.0
R1(config-subif)#no shutdown
```

(5) 路由器接口 Gi0/2 的配置。

① 将路由器接口 Gi0/2 激活，命令如下：

```
R1(config)#interface gigabitEthernet 0/2
R1(config-if)#no shutdown
```

R1(config-if)#exit

② 将路由器子接口 Gi0/2.3 与 VLAN50 关联、分配 IP 地址并激活，命令如下：

R1(config)#interface gigabitEthernet 0/2.3

R1(config-subif)#encapsulation dot1Q 50

R1(config-subif)#ip address 192.168.50.254 255.255.255.0

R1(config-subif)#no shutdown

R1(config-subif)#exit

③ 将路由器子接口 Gi0/2.4 与 VLAN40 关联、分配 IP 地址并激活，命令如下：

R1(config)#interface gigabitEthnet 0/2.4

R1(config-subif)#encapsulation dot1Q 40

R1(config-subif)#ip address 192.168.40.254 255.255.255.0

R1(config-subif)#no shutdown

(6) 路由器接口 Gi0/0 配置 IP 地址并激活。命令如下：

R1(config)#interface gigabitEthernet 0/0

R1(config-if)#ip address 192.168.2.254 255.255.255.0

R1(config-if)#no shutdown

(7) 查看交换机 SW1 和 SW2 的运行配置，前文中已介绍不再赘述。

(8) 对计算机和服务器按照表 6-5 进行 IP 配置。

6.3.4　项目测试

(1) 测试各计算机之间的通信，前文已详细介绍，不再赘述。

(2) 测试公司各部门计算机与服务器之间的通信。

在财务处的计算机 PC2-16 上测试与服务器的通信状况，如图 6-11 所示，通信正常。

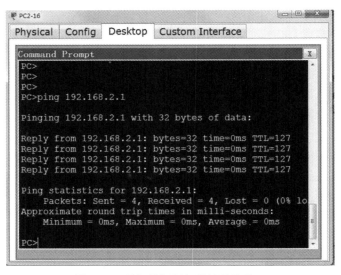

图 6-11　财务科与服务器的通信状况

在技术部的计算机 PC-6 上测试与服务器的通信状况，如图 6-12 所示，通信正常。

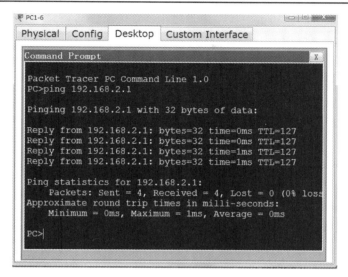

图 6-12　技术部与服务器的通信状况

其他计算机之间的测试结果均通信正常。

■ 思政小课堂

企业局域网是一种用于企业内部通信和数据传输的网络系统。随着技术的不断进步，企业局域网的功能和性能不断提高，为企业的日常运营和管理提供便利。工匠精神代表着一种不断追求卓越、精益求精、注重细节、持续改进的工作态度。我们要秉承这种精神，在企业局域网建设过程中不断优化和改进。

首先要提高网络质量和稳定性。通过追求卓越和精益求精的工作态度，可以显著提高企业局域网的质量和稳定性。这包括选择高质量的硬件设备、合理规划网络架构、优化网络性能等方面。

其次要注重细节和安全性。在企业局域网的安全性方面尤为重要，通过深入分析网络设备和通信协议，可以发现潜在的安全隐患并采取相应的防护措施，确保企业数据的安全。

最后要持续创新和优化。工匠精神鼓励持续创新和优化，在企业局域网的发展中同样适用。随着技术不断进步和企业需求的变化，企业局域网需要持续进行创新和优化，以适应新的挑战和机遇。

项 目 习 题

一、选择题

1. 下列属于路由器端口的是 (　　)。

A. 打印机端口　　　　　　　　　　B. 控制系统端口

C. 以太网接口　　　　　　　　　　D. 广域网接口

2. 下面正确地描述了路由器功能的是 (　　)。

A. 路由器维护路由表并确保其他路由器知道网络中发生的变化

B. 路由器使用路由表来确定将分组转发到哪里

C. 路由器所有以太网接口处于同一广播域中

D. 路由器导致冲突域更大

3. 在路由器中，以太网接口必须配置 IP 地址的是 (　　)。

A. 使用 shutdown 命令来关闭接口

B. 进入接口配置模式

C. 某局域网通过网线连接到路由器以太网接口访问其他网络

D. 配置 IP 地址和子网掩码

4. 对于路由器而言，使用下面命令可以显示其运行配置的是 (　　)。

A. show interface serial 0/0　　　　　B. show interface fa0/1

C. show controllers serial 0/0　　　　D. show running

E. show ip interfaces

5. 三层交换机在转发数据包时，可以根据数据包的 (　　) 进行路由选择和转发。

A. 源 IP 地址　　　　　　　　　　B. 目的 IP 地址

C. 源 MAC 地址　　　　　　　　　D. 目的 MAC 地址

6. 在进行网络规划时，选择使用三层交换机而不选择路由器，下面说法中不正确的是 (　　)。

A. 在一定条件下，三层交换机的技术性能远远高于路由器

B. 三层交换机可以实现路由器的所有功能

C. 三层交换机比路由器组网更灵活

D. 三层交换机的以太网口的数目比路由器多很多

7. 三层交换机中的三层表示的含义不正确的是 (　　)。

A. 是指网络结构层次的第三层

B. 是指 OSI 模型的网络层

C. 是指交换机具备 IP 路由、转发的功能

D. 和路由器的功能类似

8. 实施单臂路由时，VLAN 间建立通信，此路由器必须具有的要素是 (　　)。

A. 多个交换机接口连接到一个路由器接口

B. 路由器物理接口上配置的本地 VLAN IP 地址

C. 在接口模式下配置所有中继接口

D. 路由器必须支持子接口的划分

9. 下面命令中可以将三层交换机端口配置为第三层模式的是 (　　)。

A. no switchport

B. switchport

C. ip adress 192.16810.1 255.255.255.0

D. no ip address

二、简答题

1. 网络管理员可以使用哪些命令来确定交换机和路由器之间的链路通信是否正常？

2. 在四个 VLAN 间实现"单臂路由"，路由器需要划分几个子接口？

3. 某企业有三个主要部门，分别为技术部、市场部和销售部，它们分处不同的楼层。

为了安全和便于管理，对三个部门的主机进行了 VLAN 的划分，使各部门主机分处于不同的 VLAN。现由于业务需求，需要三个部门之间的主机能够相互访问。为了满足这一需求，三个部门的交换机通过一台三层交换机进行了连接，如图 6-13 所示。

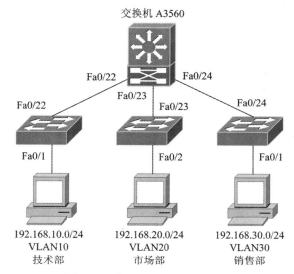

图 6-13　简答题 3 的网络拓扑图

(1) 在三层交换机上 SWI 配置，需要创建几个 VLAN？

(2) 三层交换机与二层交换机相连接的三个端口要做什么配置？

(3) 各部门 PC 机的网关应如何配置？

项目 7　部署和实施 DHCP 服务

思政目标

激发民族自豪感，树立科技报国的爱国情怀。

思维导图

本项目思维导图如图 7-0 所示。

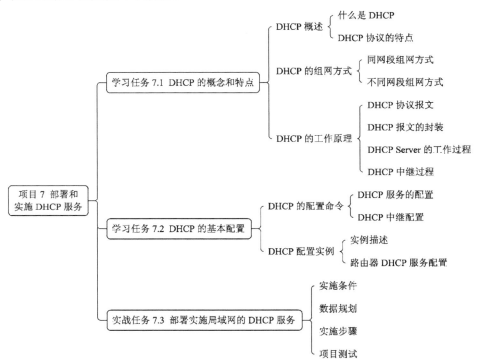

图 7-0　项目 7 思维导图

学习目标

◎了解 VLAN 间通信原理。
◎掌握路由器的工作原理。

◎学会路由器的基本配置。

◎掌握三层交换机的基本配置。

◎学会 VLAN 间的三种通信方法。

学习任务 7.1　了解 DHCP 的概念和特点

7.1.1　DHCP 概述

在常见的小型网络中 (如家庭网络和学生宿舍网络)，网络管理员通常采用手动分配 IP 地址的方法。然而，在大型网络中，若有超过 100 台的客户机，手动分配 IP 地址的方法就显得不够有效。因此，我们需要引入一种高效的 IP 地址分配方法，而 DHCP 则为我们解决了这一难题。

1. 什么是 DHCP

动态主机分配协议 (DYNAMIC HOST CONFIGURATION PROTOCOL，DHCP) 是一种用于动态分配 IP 地址的协议，基于 UDP 协议之上 DHCP 能够让网络上的主机从一个 DHCP 服务器上获取一个可供其正常通信使用的 IP 地址及相关的配置信息。

2. DHCP 协议的特点

DHCP 协议的主要特点包括：

(1) 整个 IP 地址分配过程自动实现。在客户端上，仅需勾选 DHCP 选项，无须进行任何 IP 环境设定，如图 7-1 所示。

(2) 所有 IP 地址参数 (IP 地址、子网掩码、缺省网关、DNS) 都由 DHCP 服务器统一管理。

(3) 基于客户端 / 服务器 (C/S) 模式。

(4) DHCP 采用 UDP 作为传输协议，主机通过 67 号端口向 DHCP 服务器发送消息，服务器则通过 68 号端口返回消息给主机。

(5) DHCP 协议的安全性较差，服务器容易受到攻击。

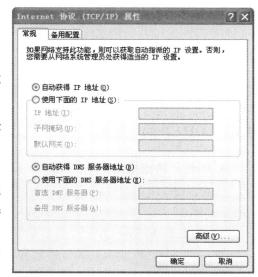

图 7-1　自动获取 IP 地址

7.1.2　DHCP 的组网方式

DHCP 的组网方式分为同网段组网和不同网段组网两种，下面对这两种方式进行介绍。

1. 同网段组网方式

当 DHCP 服务器和客户机位于同一子网时，DHCP 协议采用客户端 / 服务器体系结构，客户端通过发送广播方式来寻找 DHCP 服务器，即向地址 255.255.255.255 发送特定的广播信息。服务器接收到请求后进行响应, 如图 7-2 所示。

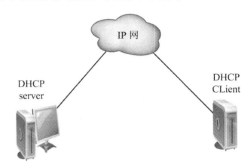

图 7-2   同网段的组网方式

2. 不同网段组网方式

当 DHCP 服务器和客户机位于不同子网时, 如图 7-3 所示, 充当客户主机默认网关的路由器必须将广播包发送到 DHCP 服务器所在的子网, 这一功能称为 DHCP 中继 (DHCP RELAY)。标准的 DHCP 中继的功能相对简单, 其主要功能是重新封装和续传 DHCP 报文。

图 7-3   不同网段的组网方式

7.1.3   DHCP 的工作原理

1. DHCP 协议报文

DHCP 协议采用客户端/服务器方式进行交互, 其报文格式共有 8 种, 通过报文中 "DHCP message type" 字段的值确定, 后面括号中的值即为相应类型的值, 具体含义如下:

(1) DHCP_Discover 报文: 客户端开始 DHCP 过程的第一个报文。

(2) DHCP_Offer 报文: 服务器对 DHCP_Discover 报文的响应。

(3) DHCP_Request 报文: 客户端开始 DHCP 过程中, 对服务器的 DHCP_Offer 报文的回应, 或者是客户端续延 IP 地址租期时发出的报文。

(4) DHCP_Decline 报文: 当客户端发现服务器分配给自己的 IP 地址无法使用时 (如 IP 地址冲突), 将发出此报文, 通知服务器禁止使用该 IP 地址。

(5) DHCP_Ack 报文: 服务器对客户端的 DHCP_Request 报文的确认响应报文, 客户端收到此报文后, 方可获得真正的 IP 地址和相关配置信息。

(6) DHCP_Nack 报文: 服务器对客户端的 DHCP_Request 报文的拒绝响应报文, 客户端收到此报文后, 一般会重新启动新的 DHCP 过程。

(7) DHCP_Release 报文：客户端主动释放服务器分配给自己的 IP 地址的报文，当服务器收到此报文后，可将该 IP 地址回收以供其他客户端使用。

(8) DHCP_Inform 报文：客户端在已获取 IP 地址的情况下向 DHCP 服务器发送此报文以获取其他一些网络配置信息，如 DNS 等。这种报文的应用非常少见。

2. DHCP 报文的封装

由于 DHCP 协议是初始化协议，简单地说，就是让终端获取 IP 地址的协议。既然终端连 IP 地址都没有，怎么能够发出 IP 报文？服务器如何封装回送给客户端的报文？为了解决这些问题，DHCP 报文的封装采取了以下措施：

(1) 首先，在链路层的封装必须是广播形式，即让在同一物理子网中的所有主机都能接收到该报文。在以太网中，目的 MAC 地址应为全 1。

(2) 由于终端没有 IP 地址，IP 报头中的源 IP 规定填为 0.0.0.0。

(3) 当终端发出 DHCP 请求报文，由于它并不知道 DHCP 服务器的 IP 地址，因此 IP 报头中的目的 IP 应填写为子网广播 IP 地址 255.255.255.255，以保证 DHCP 服务器不会丢弃该报文。

(4) 上述措施保证了 DHCP 服务器能够收到终端的请求报文，但仅凭链路层和 IP 层信息，DHCP 服务器无法区分出 DHCP 报文，因此终端发出的 DHCP 请求报文的 UDP 层中，源端口为 68，目的端口为 67。即 DHCP 服务器通过知名端口号 67 来判断一个报文是否为 DHCP 报文。

(5) DHCP 服务器发给终端的响应报文将会根据 DHCP 报文中的内容确定是以广播还是单播形式发送，通常情况下是以广播形式发送。在广播封装时，链路层的封装必须是广播形式，在以太网中，目的 MAC 地址应为全 1，IP 头中的目的 IP 应为广播 IP 地址 255.255.255.255。在单播封装时，链路层的封装是单播形式，在以太网中，目的 MAC 地址应为终端的网卡 MAC 地址。IP 头中的目的 IP 应填写为有限的子网广播 IP 地址 255.255.255.255，或者是即将分配给用户的 IP 地址 (前提是终端能够接收这样的 IP 报文)。无论哪种封装方式，UDP 层的配置是相同的，源端口为 67，目的端口为 68。终端通过知名端口号 68 来判断一个接收到的报文是否为 DHCP 服务器的响应报文。

3. DHCP Sever 的工作过程

DHCP 服务器的工作过程主要包括以下四个阶段：

(1) 发现阶段。

如图 7-4 所示，DHCP 客户端通过广播方式 (因为 DHCP 服务器的 IP 地址对于客户端

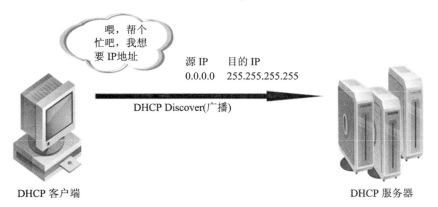

图 7-4　DHCP 客户机寻找 DHCP 服务器

来说是未知的) 发送 DHCPDISCOVER 发现信息来寻找 DHCP 服务器，即向地址 255.255. 255.255 发送特定的广播信息。网络上每一台安装了 TCP/IP 协议的网络主机都会接收到这种广播信息，但只有 DHCP 服务器才会做出响应。

(2) 提供阶段。

如图 7-5 所示，在网络中接收到 DHCPDISCOVER 发现信息的 DHCP 服务器都会做出响应，它从未出租的 IP 地址中选择一个分配给 DHCP 客户端，并向 DHCP 客户端发送一个包含已分配 IP 地址和其他设置的 DHCPOFFER 提供信息。

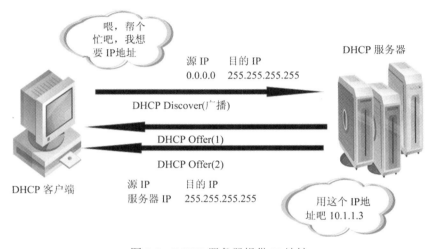

图 7-5　DHCP 服务器提供 IP 地址

(3) 选择阶段。

如果有多台 DHCP 服务器向 DHCP 客户端发送 DHCPOFFER 提供信息，则 DHCP 客户端只接受第一个收到的 DHCPOFFER 提供信息。随后，它会以广播方式回复一个 DHCP REQUEST 请求信息，该信息中包含向它所选定的 DHCP 服务器请求 IP 地址的内容，如图 7-6 所示。之所以要以广播方式回答，是为了通知所有的 DHCP 服务器，客户端将选择某台 DHCP 服务器所提供的 IP 地址。

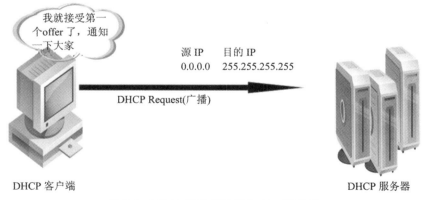

图 7-6　DHCP 客户机选择 DHCP 服务器

(4) 确认阶段。

如图 7-7 所示，当 DHCP 服务器收到 DHCP 客户端回复的 DHCP REQUEST 请求信息后，即向 DHCP 客户端发送一个包含它所提供的 IP 地址和其他设置的 DHCP ACK 确认信息，告诉 DHCP 客户端可以使用它所提供的 IP 地址。随后，DHCP 客户端便将其 TCP/IP 协议与网卡绑定。另外，除了 DHCP 客户机选中的服务器外，其他的 DHCP 服务器将收回之前提供的 IP 地址。

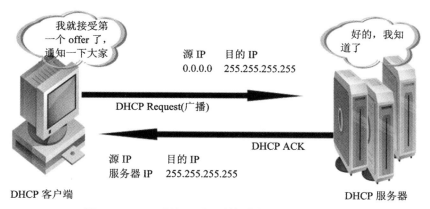

图 7-7　DHCP 服务器确认所提供的 IP 地址的阶段

　　这四个阶段共同完成了 DHCP 服务器为 DHCP 客户端自动分配 IP 地址和网络配置信息的过程。在这个过程中，DHCP 客户端和服务器之间的通信是基于 UDP 协议，客户端使用端口 68，而服务器使用端口 67。

　　在 DHCP 客户端每次重新登录网络时，无须再发送 DHCPDISCOVER 发现信息，而是直接发送包含上一次所分配的 IP 地址的 DHCP REQUEST 请求信息。当 DHCP 服务器接收到这一信息后，它会尝试让 DHCP 客户端继续使用原来的 IP 地址，并回复一个 DHCP ACK 确认信息。如果此 IP 地址已无法再分配给原来的 DHCP 客户端使用 (比如此 IP 地址已分配给其他 DHCP 客户端使用)，则 DHCP 服务器会向 DHCP 客户端回复一个 DHCP NACK 否认信息。当原 DHCP 客户端收到此 DHCP NACK 否认信息后，它就必须重新发送 DHCPDISCOVER 发现信息来请求新的 IP 地址。

　　DHCP 服务器向 DHCP 客户端出租的 IP 地址一般都有一个租借期限，期满后 DHCP 服务器便会收回出租的 IP 地址。若 DHCP 客户端希望延长其 IP 租约，则需要更新其 IP 租约。在 DHCP 客户端启动时和 IP 租约期限过半时，DHCP 客户端会自动向 DHCP 服务器发送更新其 IP 租约的信息，如图 7-8 所示。

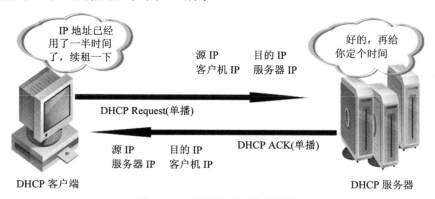

图 7-8　IP 租约过半时续约过程

如果成功收到 DHCP 服务器的 DHCP ACK 报文，则租期相应向前延长；若失败和没有收到 DHCP ACK 报文，则客户端继续使用该 IP 地址。当租期过去 87.5% 时，DHCP 客户端会再次向 DHCP 服务器发送广播的 DHCP_REQUEST 报文以更新其 IP 租约的信息，如图 7-9 所示。

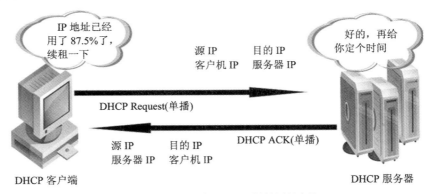

图 7-9　IP 租约过 87.5% 时的续约过程

4. DHCP 中继过程

由于 DHCP 报文都采用广播方式，无法穿越多个子网。要实现 DHCP 报文穿越多个子网时，需要存在 DHCP 中继设备，DHCP 中继过程如图 7-10 所示。DHCP 中继设备可以是路由器或主机等具备 DHCP 中继功能的设备。在这些设备中，所有传输至 UDP 目的端口号为 67 的局部传递的 UDP 信息，都将被认为是需要经过特殊处理。所以，DHCP 中继设备需要监听 UDP 目的端口号为 67 的所有报文。

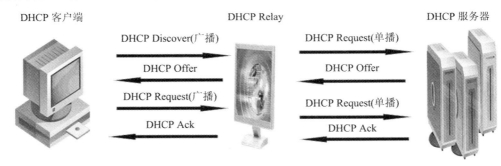

图 7-10　DHCP 中继过程

当 DHCP 中继收到目的端口号为 67 的报文时，它必须检查"中继代理 IP 地址"字段的数值。若该字段的值为 0，中继将接收到的请求报文的端口 IP 地址填入该字段。若该端口存在多个 IP 地址，中继将从中挑选一个并持续用它传播全部的 DHCP 报文。若该字段的值非 0，则不得修改该值，也不能被填充为广播地址。在字段值为 0 和非 0 的情况下，报文都将被单播到新的目的地（或 DHCP 服务器），可根据需求配置此目的地，以实现 DHCP 报文穿越多个子网的目的。

当 DHCP 中继确定接收到的是 DHCP 服务器的响应报文时，它应当同时检查"中继代理 IP 地址"字段、"客户机硬件地址"字段等内容，这些字段提供了足够的信息给 DHCP 中继，以便将响应报文传送至客户机。

DHCP Server 收到 DHCP 请求报文后，首先会查看"giaddr"字段是否为 0。若不为 0，则就会根据此 IP 地址所在网段，从相应地址池中为客户端分配 IP 地址；若为 0，则 DHCP Server 认为客户端与自己在同一子网中，将根据自己的 IP 地址所在网段，从相应地址池中为客户端分配 IP 地址。

学习任务 7.2　掌握 DHCP 的基本配置

7.2.1　DHCP 的配置命令

1. DHCP 服务的配置

DHCP 服务的配置命令主要包括如下内容。

(1) 启动 DHCP Server 服务。命令如下：

```
dhcp(config)#service dhcp
```

(2) 配置 dhcp 服务的名称。命令如下：

```
Router(config)#ip dhcp pool pool-name
```

(3) 配置 dhcp 服务要分配的网段。命令如下：

```
dhcp(dhcp-config)#network ip-address wildmask
```

(4) 配置默认网关。命令如下：

```
Router(dhcp-config)#default-router gateway
```

(5) 配置 dns 服务器。命令如下：

```
Router(config)#dns-server dns-address
```

(6) 配置 dhcp 不分配的地址。命令如下：

```
Router(config)#ip dhcp excluded-address Low IP address High IP address
```

2. DHCP 中继配置

DHCP 中继的配置命令主要包括如下内容。

(1) 在连接客户机子网的接口上配置外部 DHCP 服务器的 IP 地址。命令如下：

```
Router(config-if)#ip helper-address <ip-address>
```

(2) 启用内置的 DHCP 中继进程。命令如下：

```
Router(config)#ip dhcp relay enable
```

7.2.2　DHCP 配置实例

1. 实例描述

　　某单位使用 Cisco 路由器作为 DHCP Server，在整个网络中有两个 VLAN。假设每个 VLAN 都采用 24 位网络地址，其中 VLAN1 的 IP 网络地址为 192.168.1.0/24，VLAN2 的 IP 网络地址为 192.168.2.0/24，要求在路由器上实现 DHCP Server 功能，以实现各 VLAN 中的主机自动获得 IP 地址。同时要求排除 VLAN2 中的 192.168.2.1 和 192.168.2.20 这些地址不参与地址分配。

2. 路由器 DHCP 服务配置

在图 7-11 中，路由器 Router 和交换机 Switch 的配置中，两台交换机可采用默认配置。路由器的接口 IP 地址配置可参考项目 6 的内容。

路由器上 DHCP 服务的配置内容如下：

(1) VLAN1 的 DHCP 配置。

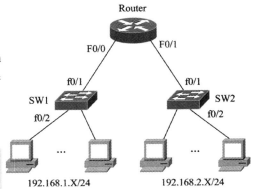

图 7-11　DHCP Server 应用网络拓扑图

```
Router(config)#ip dhcp server enable
// 全局模式下启动 DHCP 服务器功能
（思科模拟器上可省略此步骤）
Router(config)#ip dhcp pool pool1
// 全局模式下配置 IP 地址池 pool1
Router(dhcp-config)#network 192.168.1.0 255.255.255.0
// 配置服务器要分配的网段 192.168.1.0/24
Router(dhcp-config)#default-router192.168.1.254
// 配置用户 192.168.1.0 用户网关
Router(dhcp-config)#dns-server8.8.8.8
// 配置用户 192.168.1.0 用户 DNS 为 8.8.8.8
```

(2) VLAN2 的 DHCP 配置。

```
Router(config)#ip dhcp pool pool2
// 全局模式下配置 IP 地址池 pool2
Router(dhcp-config)#network192.168.2.0 255.255.255.0
// 配置服务器要分配的网段 192.168.2.0/24
Router(dhcp-config)#default-router192.168.2.254
// 配置用户 192.168.2.0 用户网关
Router(dhcp-config)#dns-server8.8.8.8
// 配置用户 192.168.2.0 用户 DNS 为 8.8.8.8
Router(config)#ip dhcp excluded-address192.168.2.1  192.168.2.20
// 配置不参与分配的 IP 地址
```

(3) 结果验证。

显示 DHCP 客户机地址分配信息，如表 7-1 所示。

表 7-1　显示 DHCP 客户机地址分配信息

Router#show ip dhcp binding			
IP address	Client-ID/ Hardware address	Lease expiration	Type
192.168.1.1	0001.43B1.615D	--	Automatic
192.168.1.2	00D0.BA56.8AEB	--	Automatic
192.168.2.1	0050.0F1A.17A0	--	Automatic
192.168.2.2	00D0.FFAD.653D	--	Automatic

实战任务 7.3　部署实施局域网的 DHCP 服务

7.3.1　实施条件

DHCP 可以使网络上的主机从一个 DHCP 服务器上获得一个可以让其正常通信的 IP 地址和相关的配置信息。整个 IP 分配过程自动实现，所有的 IP 地址参数 (IP 地址、子网掩码、默认网关、DNS) 都由 DHCP 服务器统一管理。

某企业采用 Cisco 2811 作为 DHCP Server，它连接到内网的 fastethernet0/0 端口，IP 地址为 172.16.1.1，用于为内网用户自动分配 IP 地址。二层交换机采用 Cisco 2950，在其中聚合了单位所有上网用户。网络拓扑如图 7-12 所示。本项目可在 Packet Tracer 或实验室的实体设备中完成。

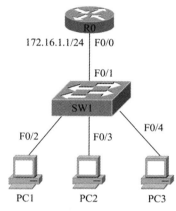

图 7-12　DHCP 物理连接示意图

7.3.2　数据规划

完成路由器的接口、接口 IP 地址规划。

PC 机地址采用自动获取方式，具体分配如表 7-2 所示。

表 7-2　IP 地址及端口规划表

序号	本端设备：接口	本端 IP 地址	对端设备：接口	对端 IP 地址
1	R0:F0/0	172.16.1.1/24	SW1:F0/1	—
2	SW1:F0/1	—	R0:F0/0	172.16.1.1/24
2	SW1:F0/2	—	PC1	—
3	SW1:F0/3	—	PC2	—
4	SW1:F0/4	—	PC3	—

7.3.3　实施步骤

1. 物理连接

(1) 路由器 R0 使用的以太网 Fa 0/0 口与交换机 S0 的以太网 Fa0/1 口互联。

(2) 交换机 SW1 使用以太网 Fa0/2 口与 PC1 互联，使用以太网 Fa0/3 口与 PC2 互联，使用以太网 Fa0/4 口与 PC3 互联。

在 Packet Tracer 中按项目要求构建网络拓扑，如图 7-13 所示。

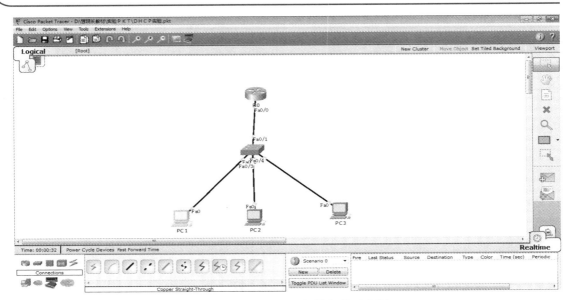

图 7-13   DHCP server 网络拓扑示意图

2. 路由器基本配置

R0、SW1 基本配置、IP 接口地址配置等在此不再赘述。

3. 路由器 R0 上配置 DHCPServer

在路由器 R0 上配置 DHCP Serve 如下所示。

R0#configure terminal	// 进入全局配置模式
R0(config)#ip dhcp server enable	// 开启 DHCP 服务（在模拟器上操作省略此步骤）
R0(config)#ip dhcp pool pool1	// 定义 DHCP 地址池
R0(dhcp-config)#network 172.16.1.0 255.255.255.0	// 用 network 命令来定义网络地址的范围
R0(dhcp-config)#default-router 172.16.1.1	// 定义要分配的网关地址
R0(dhcp-config)#dns-server 8.8.8.8	// 定义要分配的 DNS 地址
R0#exit	
R0(config)#ip dhcp excluded-address 172.16.1.1 172.16.1.5	// 该范围内的 IP 地址不能分配给客户端

4. 验证测试

在图 7-13 实例中，验证 DHCP 客户端地址分配信息如表 7-3 所示。

R0#show ip dhcp binding // 查看 DHCP 客户机地址分配情况

表 7-3   DHCP 客户机地址分配信息表

R0#show ip dhcp binding			
IP address	Client-ID/ Hardware address	Lease expiration	Type
172.16.1.7	0060.2FD7.3738	--	Automatic
172.16.1.6	0001.C9BD.D664	--	Automatic
172.16.1.8	000B.BE22.0C70	--	Automatic

5. 保存路由器的状态配置文件

略。

7.3.4　项目测试

(1) 设置 PC1、PC2、PC3 的 IP 地址为 DHCP 获取地址方式，如图 7-14 所示。

(2) 地址获取成功验证。测试 PC1 地址获取状态，如图 7-15 所示。

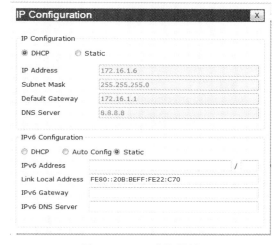

图 7-14　配置 DHCP 地址获取方式　　　　　　图 7-15　PC1 获取地址

由图 7-15 可知，由于 172.16.1.1 到 172.16.1.5 不参与地址分配，所以 PC 机的 IP 地址由 172.16.1.6 开始分配。

■ 思政小课堂

虽然 DHCP 服务可以简化网络配置管理、增强网络安全性、提供更高的灵活性，但一旦网络启用了 DHCP 服务，并非所有问题迎刃而解。一般企事业单位的网络需要不定期迭代更新。

工匠精神提倡专注和创新的工作态度。我们需要不断地研究和理解客户的 DHCP 服务，发现其潜在的创新点。如优化分配算法、提升响应速度等。同时，还要及时关注企业客户对 DHCP 服务的需求变化和技术趋势，为企业客户提供更优质的网络服务。

项 目 习 题

一、选择题

1. DHCP 的全称是 (　　)。

A. Dynamic Host Configuration Protocol

B. Dynamic Hardware Configuration Protocol

C. Dynamic Home Configuration Protocol

D. Dynamic Help Configuration Protocol

2. DHCP 协议工作在 (   )。

A. 物理层 　　　　　　　　　　　 B. 数据链路层

C. 网络层 　　　　　　　　　　　 D. 传输层

3. 在 DHCP 协议中，用于请求 IP 地址租约的是 (   )。

A. DHCP Discover 　　　　　　　 B. DHCP Offer

C. DHCP Request 　　　　　　　 D. DHCP Decline

4. DHCP 服务器分配 IP 地址的方式有 (   )。

A. 1 种 　　　　　　　　　　　 B. 2 种

C. 3 种 　　　　　　　　　　　 D. 4 种

5. 以下命令可以用来在 Cisco 设备上配置 DHCP 服务器的是 (   )。

A. ip dhcp pool 　　　　　　　　 B. dhcp server

C. configure dhcp server 　　　　 D. set dhcp

6. 在 DHCP 租约期满后，客户端如果想要继续使用当前的 IP 地址，需要执行的步骤是 (   )。

A. 续约 　　　　　　　　　　　 B. 重新发现

C. 重启 　　　　　　　　　　　 D. 重新配置

7. DHCP 中的"租约"是指 (   )。

A. 客户机从服务器获取的数据量

B. 客户机与服务器之间的连接速度

C. 客户机使用 IP 地址的时间限制

D. 客户机在网络中的位置

8. 当 DHCP 客户机接收到多个 DHCP Offer 消息时，它会选择 (   )。

A. 第一个接收到的 DHCP Offer

B. 最后一个接收到的 DHCP Offer

C. 提供最长租约期的 DHCP Offer

D. 提供最短租约期的 DHCP Offer

9. 以下配置中不是 DHCP 配置的一部分的是 (   )。

A. 子网掩码 　　　　　　　　　 B. 默认网关

C. DNS 服务器 　　　　　　　　 D. 路由协议选择

10. 当 DHCP 服务器停止工作或无法联系时，DHCP 客户端获取 IP 地址的方式是 (   )。

A. 使用之前分配的 IP 地址 　　　 B. 从静态配置中获取 IP 地址

C. 无法获取 IP 地址 　　　　　　 D. 从其他 DHCP 服务器获取 IP 地址

二、简答题

1. DHCP 的作用是什么？

2. DHCP 的协议报文有哪几种？

3. DHCP Server 的工作过程主要有哪几个阶段？

项目 8 部署和实施企业网与 Internet 互联

思政目标

弘扬工匠精神，培养学生的团队合作意识。

思维导图

本项目思维导图如图 8-0 所示。

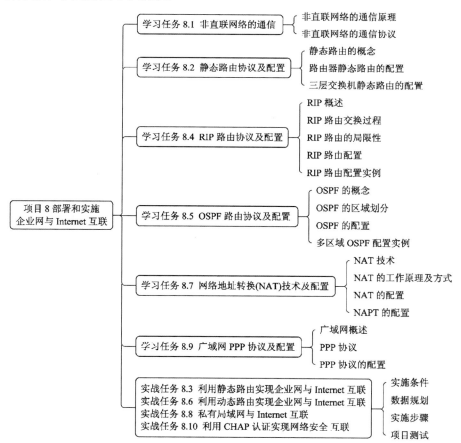

图 8-0 项目 8 思维导图

学习目标

◎了解非直联网络的通信原理。

◎学会路由器、三层交换机静态路由的配置。

◎学会 RIP 的配置与维护。

◎学会 OSPF 路由协议及配置。

◎掌握 NAT 的概念及特点。

◎学会 NAT、NAPT 的配置。

◎掌握广域网的相关技术。

◎学会 PPP 协议配置。

学习任务 8.1   非直联网络的通信

8.1.1   非直联网络的通信原理

通过前面的学习，我们知道路由器可以实现几个不同网络之间的互相通信。对于直联网络而言，路由表的建立比较简单，但是对于非直联网络（如项目 6 中的图 6-2），它们之间如何通过路由器实现相互通信呢？路由器除了能够实现不同网络互联，还具备路由选择和包过滤的功能。所以，对于非直联的网络，路由器会为经过自己的每个数据包寻找一条最佳传输路径，并将该数据包有效地传送到目的网络。通过选择通畅快捷的路径，可以显著提高通信速度，减轻网络系统通信负担，节约网络系统资源，提高网络系统畅通率。

由此可见，选择最佳路径的策略，即路由算法或路由协议是路由器的关键所在。为了完成这项工作，在路由器中存储着各种传输路径的相关数据——路由表 (Routing Table)，供路由选择时参考。通常情况下，路由器会根据接收到的 IP 数据包的目的网段地址查找路由表，以决定转发路径。路由表包含子网的标志信息、网络中路由器的个数以及将 IP 数据包转发至下一个相邻设备的地址等内容，以供路由器查询使用。

路由表的建立可以通过系统管理员固定设置（静态路由表）。也可以根据网络系统的运行情况而自动调整（动态路由表）。动态路由表依靠路由选择协议提供的功能，自动学习和记忆网络运行情况，并在需要时自动计算数据传输的最佳路径。因此，路由器的另一个主要作用就是实现非直联网络之间的通信。

8.1.2   非直联网络的通信协议

一台路由器上可以同时运行多个路由协议，不同的路由协议都有自己的标准来衡量路由的好坏（有的采用跳数、有的采用带宽、有的采用延时，一般在路由数据中使用度量值 Metric 来量化)，并且每个路由协议都将自己认为是最佳的路由送到路由表中。因此，对于同一目的地址，可能存在多条分别由不同路由选择协议学习来的路由信息。虽然每个路由选择协议都有自己的度量值，但是不同协议之间的度量值含义不同，且没有可比性。路由器需要从多个路由协议学习的信息中选择一条最佳路径，并将其作为转发路径添加到路由表中。因此，需要一种方法来实现这个目的。通过这种方法的判断，我们能够判断出最优的路由并用于转发数据包。在实际应用中，我们使用路由优先级来解决这一问题。

表 8-1 中列出了各种路由选择协议和其默认优先级。

表 8-1   路由选择协议和其默认优先级

路由选择协议	优先级
直联路由	0
静态路由	1
外部 BGP(EBGP) 协议	20
OSPF 协议	110
RIPv1，v2 协议	120
内部 BGP(IBGP) 协议	200
Special(内部处理使用)	255

每个路由协议都可以配置一个优先级参数。路由器根据这个路由优先级来选择不同路由协议。不同的路由协议拥有不同的路由优先级，数值小的优先级高。当存在多条路由到达同一个目的地址时，根据优先级的大小选择优先级最小的路由作为最佳路径，并将该路由信息添入路由表中。

下面重点介绍静态路由和动态路由协议 RIP 和 OSPF。

学习任务 8.2   静态路由协议及配置

8.2.1   静态路由的概念

静态路由是指由网络管理员手动配置的路由信息。它没有额外开销，配置简单，需人工维护，适用于简单拓扑结构的网络。静态路由除了具有简单、高效和可靠的特点外，它的另一个优点是网络安全、保密性高。

8.2.2   路由器静态路由的配置

1. 静态路由的配置命令

静态路由的配置命令如下：

router(config)#ip route [网络编号] [子网掩码] [转发路由器的接口 IP 地址 / 本地接口]

如图 8-1 所示，对于图中的路由器 A 来说，其目的网络是 172.16.1.0，转发路由器则是路由器 B，对应接口的 IP 地址是 172.16.2.1，所以配置命令如下：

A(config)#ip route 172.16.1.0 255.255.255.0 172.16.2.1

或 A(config)#ip route 172.16.1.0 255.255.255.0 serial 0

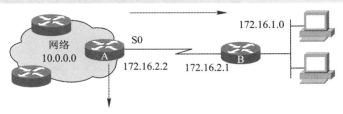

图 8-1　静态路由的配置命令示意图

2. 静态路由的配置案例

如图 8-2 所示，给路由器命名，为路由器接口分配 IP 地址并激活可参照项目 6，这里不再赘述。

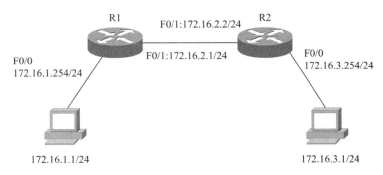

图 8-2　静态路由的配置案例

R1 的静态路由配置命令如下：

R1(config)#ip route 172.16.3.0 255.255.255.0 172.16.2.2

R2 的静态路由配置命令如下：

R2(config)#ip route 172.16.1.0 255.255.255.0 172.16.2.1

注意：在配置静态路由时，网络中的所有路由器分别都要进行相应配置。

8.2.3　三层交换机静态路由的配置

除了路由器外，具有路由功能的设备还包括三层交换机。三层交换机本身可根据 MAC 地址表转发数据帧，并具有根据路由表转发数据包的功能。三层交换机和路由器在路由时的主要区别在于：一是三层交换机的转发性能远大于路由器；二是三层交换机各端口连接相同类型的网络，而路由器则可以连接不同类型的网络。

三层交换机的路由功能有以下两种实现方法：

(1) 通过给 VLAN 对应的交换机虚拟端口 (SVI) 配置 IP 地址，使该端口具有路由功能，如图 8-3 所示。三层交换机的配置命令如下：

```
Switch(config)#vlan 80
Switch(config)#int  f0/24
Switch(config-if)#switchport  access  vlan 80
Switch(config)# interface vlan 80
Switch(config-if)#ip address  192.168.12.1 255.255.255.0
Switch(config-if)#no shutdown
Switch(config)#ip routing
Switch(config)#ip route 192.168.13.0 255.255.255.0 192.168.12.2
```

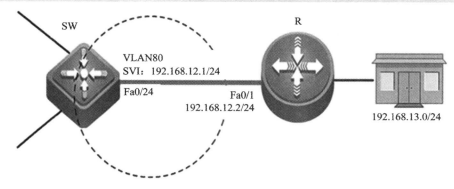

图 8-3　三层交换机 SVI 静态路由的配置示意图

(2) 通过开启三层交换机物理端口的路由功能，即将默认二层端口切换为三层端口，然后在该端口上配置 IP 地址，以图 8-3 为例。三层交换机的配置命令如下：

```
Switch(config)#interface fastethernet 0/24
Switch(config-if)#no switchport
Switch(config-if)#ip address 192.168.12.1 255.255.255.0
Switch(config-if)#no shutdown
Switch(config-if)#exit
Switch(config)#ip routing
Switch(config)#ip route 192.168.13.0 255.255.255.0 192.168.12.2
```

实战任务 8.3　利用静态路由实现企业网与 Internet 互联

某企业目前拥有两个分公司，一个位于北京，另一个位于广州。这两个分公司各有一个局域网，并通过一台路由器接入互联网。目前，需要在路由器上配置静态路由来实现两个公司网络的互联。

8.3.1 实施条件

根据项目背景，网络技术人员设计了非直联企业局域网互联的拓扑结构图，如图 8-4 所示。基于图 8-2，在两个分公司的路由器中间增加了一台路由器 R3 来模拟互联网中的路由器。

根据实验室的实际情况，该项目可使用实体设备或 Packet Tracer 模拟器完成，本项目实际使用 Packet Tracer 模拟器完成。

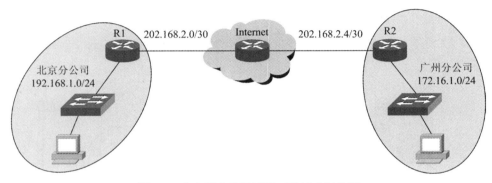

图 8-4　非直联企业局域网互联示意拓扑图

8.3.2 数据规划

路由器各接口、IP 地址和子网掩码如表 8-2 所示。

表 8-2　IP 地址规划表

设备	接　口	IP 地址	子网掩码
R1	Gi0/0(连接北京分公司交换机)	192.168.1.254	255.255.255.0
R1	Gi0/1(连接路由器 R3)	202.168.2.1	255.255.255.252
R3	Gi0/1(连接路由器 R1)	202.168.2.2	255.255.255.252
R3	Gi0/2(连接路由器 R2)	202.168.2.5	255.255.255.252
R2	Gi0/0(连接广州分公司交换机)	172.16.1.254	255.255.255.0
R2	Gi0/2(连接路由器 R3)	202.168.2.6	255.255.255.252

8.3.3 实施步骤

1. 网络物理连接

打开 Packet Tracer 模拟器，按照图 8-4，路由器选择 2911 和交换机 2960，再按照表 8-2 进行网络连接，如图 8-5 所示。

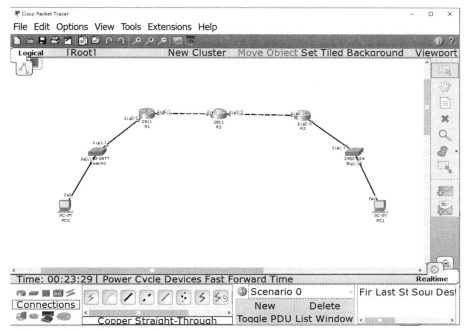

图 8-5　互联互通的企业内部局域网连接示图

注意：在路由器未配置前，网络无法通信，故图中路由器相关线路中的接口显示为红点。

2. 项目配置主要步骤

本项目交换机无须配置，在前几个项目的基础上，本项目的配置命令将不再进行详细解释。

(1) 配置路由器 R1。命令如下：

```
R1(config)#interface gigabitEthernet 0/0
R1(config-if)#ip address 192.168.1.254 255.255.255.0
R1(config-if)#no shutdown
R1(config)#interface gigabitEthernet 0/1
R1(config-if)#ip address 202.168.2.1 255.255.255.252
R1(config-if)#no shutdown
R1(config)#ip route 202.168.2.4 255.255.255.252 202.168.2.2
R1(config)#ip route 172.16.1.0 255.255.255.0 202.168.2.2
R1(config)#ip dhcp pool beijin
R1(dhcp-config)#network 192.168.1.0 255.255.255.0
R1(dhcp-config)#default-router 192.168.1.254
R1(dhcp-config)#dns-server 8.8.8.8
```

(2) 配置路由器 R3。命令如下：

```
R3(config)#interface gigabitEthernet 0/1
R3(config-if)#ip address 202.168.2.2 255.255.255.252
R3(config-if)#no shutdown
```

R3(config)#interface gigabitEthernet 0/2

R3(config-if)#ip address 202.168.2.5 255.255.255.252

R3(config-if)#no shutdown

R3(config)#ip route 192.168.1.0 255.255.255.0 202.168.2.1

R3(config)#ip route 172.16.1.0 255.255.255.0 202.168.2.6

(3) 配置路由器 R2。命令如下：

R2(config)#interface gigabitEthernet 0/2

R2(config-if)#ip address 202.168.2.6 255.255.255.252

R2(config-if)#no shutdown

R2(config)#interface gigabitEthernet 0/0

R2(config-if)#ip address 172.16.1.254 255.255.255.0

R2(config-if)#no shutdown

R2(config)#ip route 202.168.2.0 255.255.255.252 202.168.2.5

R2(config)#ip route 192.168.1.0 255.255.255.0 202.168.2.5

R2(config)#ip dhcp pool guangzhou

R2(dhcp-config)#network 192.168.1.0 255.255.255.0

R2(dhcp-config)#default-router 192.168.1.254

R2(dhcp-config)#dns-server 8.8.8.8

(4) 查看路由器的静态路由配置。在路由器 R1 上查看路由器的配置，命令如下：

R1#show ip route

查看结果如图 8-6 所示，图中方框中所示为相应的静态路由运行信息。

```
R1#show ip route
Codes: L - local, C - connected, S - static, R - RIP, M - mobile, B - BGP
       D - EIGRP, EX - EIGRP external, O - OSPF, IA - OSPF inter area
       N1 - OSPF NSSA external type 1, N2 - OSPF NSSA external type 2
       E1 - OSPF external type 1, E2 - OSPF external type 2, E - EGP
       i - IS-IS, L1 - IS-IS level-1, L2 - IS-IS level-2, ia - IS-IS inter area
       * - candidate default, U - per-user static route, o - ODR
       P - periodic downloaded static route

Gateway of last resort is not set

      172.16.0.0/24 is subnetted, 1 subnets
S        172.16.1.0/24 [1/0] via 202.168.2.2
      192.168.1.0/24 is variably subnetted, 2 subnets, 2 masks
C        192.168.1.0/24 is directly connected, GigabitEthernet0/0
L        192.168.1.254/32 is directly connected, GigabitEthernet0/0
      202.168.2.0/24 is variably subnetted, 3 subnets, 2 masks
C        202.168.2.0/30 is directly connected, GigabitEthernet0/1
L        202.168.2.1/32 is directly connected, GigabitEthernet0/1
S        202.168.2.4/30 [1/0] via 202.168.2.2
```

图 8-6　查看路由器 R1 的路由配置运行状况

路由器 R2 和 R3 可自行查看，不再赘述。

(5) 对计算机进行动态 IP 获取。

略。

8.3.4　项目测试

测试两个分公司之间的通信，结果如图 8-7 所示，说明通信正常。

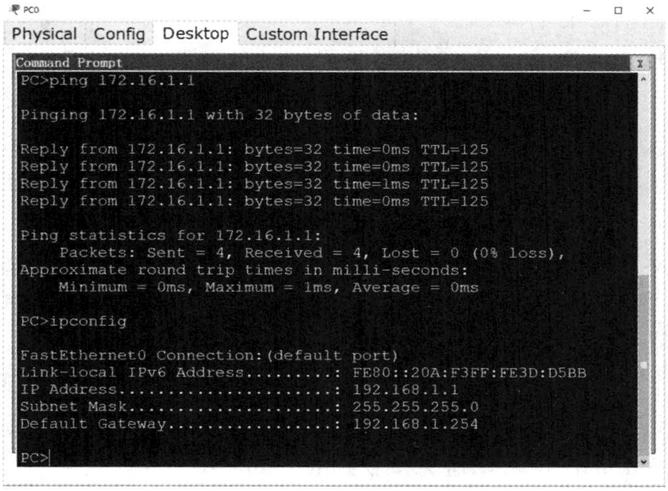

图 8-7　分公司之间的通信状况

学习任务 8.4　RIP 路由协议及配置

动态路由是指通过在路由器之间运行某种动态路由协议，实现路由器之间互相学习路由表的过程。动态路由具有开销大，配置复杂，无需人工维护的特点，适合拓扑结构复杂的网络。

8.4.1　RIP 概述

RIP 是路由信息协议 (Routing Information Protocol) 的简称，它是第一个实现动态选路的路由协议。该协议基于距离 - 矢量 (Distance-Vector，D-V) 算法实现，默认管理距离为120。RIP 使用 UDP 协议来交换路由信息，默认端口号为520。

运行 RIP 的路由器每隔一定时间间隔 (默认为 30 s) 会发送一次路由信息的更新报文，这些报文反映了该路由器所有的路由信息，这一过程称为路由信息通告。如果一个路由器在一段时间内 (默认为 180 s) 未能从另一个路由器收到更新信息，则会将该路由器提供的路由标记为不可用路由。如果在接下来的一段时间内 (默认为 240 s) 仍然未能收到更新信息，路由器将会从路由表中彻底清除该路由。

RIP 在选路时以跳数 (Hop Count) 作为唯一度量值 (Metric)，而不考虑带宽、时延或其他可变因素。在 RIP 中，路由器到直接连通网络的跳数为 0，到通过一个路由器可达的网络的跳数为 1，以此类推。RIP 习惯性地选择跳数最小的路径作为优选路径，有时这可能会导致所选路径不是最佳路径。为了限制收敛时间，RIP 的度量值最大为 15，跳数大于或等于 16 的路由将被认为不可达。

为了提高性能，防止产生路由环路，RIP 支持水平分割、毒性逆转以及触发更新等机制。

(1) 水平分割 (Split Horizon)：是指避免将路由信息发送回源端口，这里的源端口是指路由器学到这条路由信息的端口。

(2) 毒性逆转 (Poison Reverse)：可以看作是水平分割的一个变体，它不会像水平分割那样过滤掉自身发出的路由更新，而是当路由器通过同一个接口接收到之前由自身接口发出的路由信息时，将那条路由标识为不可达，通常是通过将跳数增加到"无限大"来实现的。

(3) 触发更新：当路由器检测到链路有问题时，会立即对这些路由进行问题更新，并迅速传递路由故障，加速收敛，减小环路产生的可能性。

RIP 有两个版本：RIPv1 和 RIPv2。RIPv1 不支持变长子网掩码 (VLSM)，而 RIPv2 支持变长子网掩码，并且还支持明文认证和 MD5 密文认证。RIPv1 由 RFC1058 定义，RIPv2 由 RFC1723 定义。

RIPv1 使用广播方式发送报文，而 RIPv2 有两种传送方式：广播方式和组播方式，默认采用组播方式发送报文，其中 RIPv2 的组播地址为 224.0.0.9。组播发送报文的好处在于同一网络中未运行 RIP 的网段可以避免接收到 RIP 的广播报文，还可以使运行 RIPv1 的网段避免错误地接收和处理 RIPv2 中带有子网掩码的路由信息。

RIP 协议是最早使用的内部网关协议 (Interior Gateway Protocol，IGP) 之一，旨在为同种技术的中小型网络服务，适用于大多数的校园网和变化不大的区域性网络。对于更复杂的环境，一般不使用 RIP 协议。

8.4.2　RIP 路由交换过程

RIP 路由交换过程的特点如下：

(1) RIP 启动时的初始路由表仅包含本路由器的直连接口路由。

(2) RIP 协议启动后向各接口发送 Request 报文。

(3) 当邻居路由器从某接口收到 Request 报文后，将会生成包含其路由表的 Response 报文，并发送到该接口对应的网络。

(4) 在接收到邻居路由器的 Response 报文后，路由器将形成自己的路由表，将收到的路由 metric 值加 1，同时下一跳设置为邻居路由器地址。

(5) 路由器定时 (默认为 30 s) 使用 Response 报文发送自身的路由表信息。

(6) 当收到邻居路由器发送的 Response 报文时，RIP 协议会计算报文中路由的度量值，比较其与本地路由表中对应路由项度量值的差异，从而更新自身的路由表。

(7) 若收到路由的 metric 值为 16，或路由超时未更新 (默认为 180 s)，则将该路由的 metric 值设置为 16，表示该路由已失效。

(8) 继续向周围发送通知邻居路由器该路由失效的信息。

(9) 超过 240 s 后，将删除这个路由。

RIP 路由表的更新遵循以下 4 条原则：

(1) 对于本路由表中已有的路由项，当发送报文的网关相同时，不论度量值增大还是减小，都会更新该路由项 (若度量值相同，则只重置老化定时器)。

(2) 对于本路由表中已有的路由项，当发送报文的网关不同时，仅在度量值减小时，才会更新该路由项。

(3) 对于本路由表中不存在的路由项，只有当度量值小于 16 时，才会在路由表中增加该路由项。

(4) 路由表中的每个路由项都有一个对应的老化定时器，当路由项在 180 s 内未更新时，表示定时器超时，该路由项的度量值标记为不可达。

8.4.3　RIP 路由的局限性

RIP 协议在使用时，具有一定的局限性，主要表现在以下几个方面。

1. 路由环路下收敛速度慢

(1) 计数到无穷：metric 值达到 16 时，表示路由不可达，等到收敛速度变慢。

(2) 水平分割：禁止路由从接收到路由信息的接口再次发送该路由信息。

2. 组网规模小

(1) 最大 metric 值为 16，不适用于大型网络。

(2) 在更新路由表时，需要发送整个路由表。当路由表较大时，传输和处理的成本将增加。

8.4.4　RIP 路由配置

1. 配置思路

RIP 是一种相对简单的动态路由协议，配置时需要确认以下几方面。

(1) 确认需要运行 RIP 协议的组网规模，建议总数不要超过 16 台。

(2) 确认 RIP 协议使用的版本号，建议选择使用 V2。

(3) 确认路由器上需要运行 RIP 的接口以及需要引入的外部路由信息。

(4) 注意是否有协议验证部分的配置，确保对接双方的验证字符串一致。

2. 配置命令

RIP 的配置命令分为基本配置和扩展配置。

1) 基本配置

(1) 启动 RIP 路由选择进程。命令如下：

```
router(config)#router rip
```

(2) 设置 RIP 进程活动的网络范围。命令如下：

```
router(config-router)#network 每一条直连地址
```

2) 扩展配置

(1) 指定 RIP 邻居。命令如下：

```
router(config-router)#neighbor 与邻居的直连地址
```

(2) 指定 RIP 版本。命令如下：

```
router(config-router)#version 2
```

(3) 关闭路由汇总功能。命令如下：

```
router(config-router)#no auto-summary
```

(4) 打开水平分割机制。命令如下：

```
router(config-if)#ip split-horizon
```

8.4.5 RIP 路由配置实例

1. 网络拓扑

在图 8-8 中，有 3 台路由器，所有的路由器都运行 RIP 协议，需要实现 3 台路由器互通。

2. 配置步骤

(1) R1 的配置。命令如下：

```
R1(config)# router rip
R1(config-router-rip)#network 192.168.0.0
R1(config-router-rip)#network 192.168.1.0
```

(2) R2 的配置。命令如下：

```
R2(config)# router rip
R2(config-router-rip)#network 192.168.1.0
R2(config-router-rip)#network 192.168.2.0
```

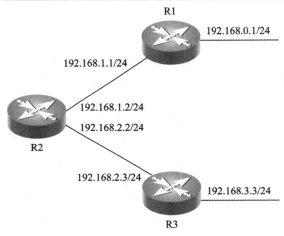

图 8-8　RIP 基本配置实例

(3) R3 的配置。命令如下：

```
R3(config)# router rip
R3(config-router-rip)#network 192.168.2.0
R3(config-router-rip)#network 192.168.3.0
```

配置完成后，R1、R2 和 R3 可以互通。

3. RIP 维护与诊断

RIP 维护与诊断，命令如下：

```
R1#show ip rip database
```

如果已经启动 RIP 协议，则显示信息如下：

```
R1#show ip rip database
192.168.0.0/24        auto-summary
192.168.0.0/24        directly connected, FastEthernet0/1
```

```
192.168.1.0/24        auto-summary
192.168.1.0/24        directly connected, FastEthernet0/0
192.168.2.0/24        auto-summary
192.168.2.0/24
    [1] via 192.168.1.2, 00:00:23, FastEthernet0/0
192.168.3.0/24        auto-summary
192.168.3.0/24
    [2] via 192.168.1.2, 00:00:23, FastEthernet0/0
```

学习任务 8.5　OSPF 路由协议及配置

8.5.1　OSPF 的概念

1. OSPF 的特点

开放最短路由优先协议 (Open Shortest Path First，OSPF) 是由 IETF 组织开发的一个基于链路状态的自治系统内部动态路由协议 (IGP)，用于在单一自治系统 (Autonomous System，AS) 内进行决策路由。在 IP 网络中，OSPF 通过收集和传递自治系统的链路状态来动态地发现和传播路由。为了弥补距离矢量协议的局限性和缺点，从而发展出链路状态协议，OSPF 链路状态协议具有以下特点：

(1) OSPF 支持各种规模的网络，最多可支持几百台路由器。

(2) 采用最短路径树算法计算路由，故从算法本身保证了不会生成自环路由。

(3) 当网络的拓扑结构发生变化时，OSPF 立即发送更新报文，使这一变化在自治系统中同步，从而实现快速收敛。

(4) 基于带宽来选择路径，支持多条等值路由到同一目的地址。

(5) 由于 OSPF 在描述路由时携带网段的掩码信息，所以 OSPF 协议不受自然掩码的限制，为 VLSM 和 CIDR 提供了很好的支持。

(6) 支持区域的划分。

(7) OSPF 使用 4 类不同类型的路由，按优先顺序分别是区域内路由、区域间路由、第一类外部路由 (计算到 ASBR 的花费和到外部路由的花费) 和第二类外部路由 (不计算到 ASBR 的花费)。

(8) 支持基于接口的报文验证，以保证路由计算的安全性。

(9) 在支持组播发送能力的链路层上，OSPF 以组播地址发送协议报文，既达到了广播的作用，又最大程度地减少了对其他网络设备的干扰。

2. OSPF 支持的网络类型

OSPF 支持的网络类型包括以下几种。

(1) Point-to-point。当链路层协议是 PPP 或 LAPB 时，默认网络类型为点到点网络。无须选择 DR 和 BDR，仅在两个路由器的接口要形成邻接关系时使用。

(2) Broadcast。当链路层协议是 Ethernet、FDDI、Token Ring 时，默认网络类型为广播网络，以组播的方式发送协议报文。

(3) NBMA。当链路层协议是帧中继、ATM、HDLC 或 X.25 时，默认网络类型为 NBMA。需手动指定邻居。

(4) Point-to-MultiPoint(PTMP)。没有一种链路层协议会被默认地识别为是 Point-to-MultiPoint 类型。点到多点类型必须是由其他网络类型强制进行更改，常见的做法是将非全连通的 NBMA 网络改为点到多点的网络。多播 hello 包可自动发现邻居，无须手动指定邻居。

OSPF 支持的网络类型 NBMA 与 PTMP 之间的区别如下：

(1) 在 OSPF 协议中，NBMA 指的是全连通、非广播、多点可达的网络；而点到多点的网络并不需要一定是全连通的。

(2) NBMA 是一种默认的网络类型而点到多点不是默认的网络类型，需要通过其他网络类型强制更改。

(3) NBMA 使用单播方式发送协议报文，需要手动配置邻居；点到多点是可选的，既可以用单播发送报文，又可以用多播发送报文。

(4) 在 NBMA 上，需要选择 DR 与 BDR，而在 PTMP 网络中没有 DR 和 BDR。另外，在广播网络中也需要选择 DR 和 BDR。

3. OSPF 术语

1) Router ID

Router ID 采用 32 位无符号整数，形式如 X.X.X.X，唯一标识一台 OSPF 设备。

Router ID 一般需要手动配置，通常将其配置为该路由器的某个接口的 IP 地址。在没有手动配置 Router ID 的情况下，一些厂家的路由器支持自动从当前所有接口的 IP 地址中选举一个 IP 地址作为 Router ID。OSPF 协议用 IP 报文直接封装协议报文，协议号是 89。

2) 指定路由器 (DR)

在广播和 NBMA 类型的网络上，OSPF 协议指定一台路由器 DR(Designated Router) 来负责传递信息。所有的路由器都只将路由信息发送给 DR，再由 DR 将路由信息发送给本网段内的其他路由器。两台不是 DR 的路由器 (DROther) 之间不再建立邻接关系，也不再交换任何路由信息。哪台路由器会成为本网段内的 DR 并不是人为指定的，而是由本网段中所有的路由器共同选举出来的。DR 的选举过程如下：

(1) 登记选民：指本网段内的运行 OSPF 的路由器。

(2) 登记候选人：指本网段内的 Priority 值大于 0 的 OSPF 路由器；Priority 是接口上的参数，可配置，默认值是 1。

(3) 竞选演说：指一部分 Priority 值大于 0 的 OSPF 路由器自己是 DR。

(4) 投票：在所有自称是 DR 的路由器中选举 Priority 值最大的当选，若两台路由器的 Priority 值相等，则选 Router ID 最大的当选。投票过程通过 Hello 报文进行，每台路由器将自己选出的 DR 写入 Hello 中，发送给网段上的每台路由器。

在指定路由器 DR 的产生过程中，稳定性是至关重要的，由于网段中的每台路由器仅与 DR 建立邻接关系。如果 DR 频繁更迭，则每次都需重新建立本网段内所有路由器与新 DR 的邻接关系，这样会导致大量的 OSPF 协议报文在短时间内传输，从而降低网络的可用带宽。因此，协议规定应尽量地减少 DR 的变更。具体处理方法是，每一台新加入的路由器并不急于参加选举，而是先查看本网段是否已有 DR。如果目前网段中已经存在 DR，即使本路由器的 Priority 高于现有 DR，也不会自称为 DR，而是承认现有的 DR。

3) 备份指定路由器 (BDR)

如果 DR 由于某种故障而失效，必须重新选举 DR 并与之同步。这一过程可能较为耗时，在这段时间内，路由计算是错误的。为了能够缩短这个过程，OSPF 提出了备用指定路由器 (Backup Designated Router，BDR) 的概念。BDR 实际上是 DR 的备份，在选举 DR 的同时也选举出 BDR，BDR 和本网段内的所有路由器建立邻接关系并交换路由信息。当 DR 失效后，BDR 会立即成为 DR，无须重新选举，因邻接关系事先已建立，所以这个过程非常迅速。当然，这时还需要重新选举出一个新的 BDR，虽然需要较长的时间，但并不影响路由计算。

在广播网和 NBMA 网中必须选举一个 DR 和 BDR 来代表这个网络，以减少 OSPF 在局域网上的流量。

4) 邻居表

邻居表 (Neighbor Database) 中包括所有已建立联系的邻居路由器。

5) 链接状态表 (拓扑表)

链接状态表 (Link State Database) 中包含了网络中所有路由器的链接状态，反映了整个网络的拓扑结构。同一区域内的所有路由器的链接状态表都是相同的。

6) 路由表

RIP 协议的路由表 (Routing Table) 是在链接状态表的基础上，利用 SPF 算法计算而来的。

4. OSPF 报文类型

OSPF 网络中传递链路状态信息，完成数据库的同步，主要是通过 OSPF 的报文来完成的。OSPF 的报文共有以下 5 种类型：

(1) Hello 报文 (Hello Packet)：最常用的一种报文，周期性地发送给本路由器的邻居。其内容包括定时器的数值、DR、BDR 以及自己已知的邻居。其中 Hello/dead intervals、Area-ID、Authentication password、Stub area flag 必须保持一致，相邻路由器才能建立邻居关系。

(2) DBD 报文 (Database Description Packet)：描述了自身的 LSDB，包括 LSDB 中每一条 LSA 的摘要 (摘要是指 LSA 的 HEAD，可唯一标识一条 LSA)。根据 HEAD，对端路由器可以判断是否已存在该 LSA。DBD 用于数据库同步。

(3) LSR 报文 (Link State Request Packet)：用于向对方请求自己所需的 LSA，内容主要包括所请求的 LSA 的摘要。

(4) LSU 报文 (Link State Update Packet)：用于向对端路由器发送所需要的 LSA，内容包括多条 LSA(全部内容) 的集合。

(5) LSAck 报文 (Link State Acknowledgment Packet)：用于确认接收到的 DBD 和 LSU

报文，内容是需要确认的 LSA 的 HEAD(一个报文可对多个 LSA 进行确认)。

5. OSPF 邻居状态机

OSPF 在数据库同步过程中，设备会在以下状态之间转换，共有 8 种状态，转换关系如图 8-9 所示。

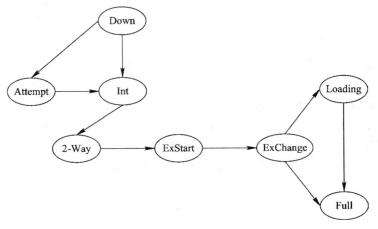

图 8-9   邻居状态机转换图

(1) Down：邻居状态机的初始状态，指在过去的 Dead-Interval 时间内未收到对方的 Hello 报文。

(2) Attempt：仅适用于 NBMA 类型的接口，处于此状态时，定期向手动配置的邻居发送 Hello 报文。

(3) Init：本状态表示已收到邻居的 Hello 报文，但是该报文中列出的邻居中未包含本路由器的 Router ID(对方未收到我发的 Hello 报文)。

(4) 2-Way：本状态表示双方互相收到对端发送的 Hello 报文，建立了邻居关系。在广播和 NBMA 类型的网络中，两个接口状态为 DROther 的路由器会停留在此状态。其他情况下，状态机将继续转入更高级状态。

(5) ExStart：在此状态下，路由器和其邻居之间通过互相交换 DBD 报文 (该报文并不包含实际的内容，只包含一些标志位) 来确定发送时的主/从关系。建立主/从关系的主要目的是保证在后续的 DBD 报文交换中能够有序地发送。

(6) Exchange：路由器将本地的 LSDB 用 DBD 报文来描述，并发给邻居。

(7) Loading：路由器发送 LSR 报文并向邻居请求对方的 DBD 报文。

(8) Full：在此状态下，邻居路由器的 LSDB 中包含了本路由器所需的所有的 LSA，即本路由器和邻居建立了邻接 (adjacency) 状态。

注意：稳定的状态为 Down、2-way、Full，其他状态则是在转换过程中瞬间 (一般不会超过几分钟) 存在的状态。

6. OSPF 路由计算

通过以上介绍可知，OSPF 数据库的同步过程伴随着 OSPF 邻居状态的转换。数据库同步完成后，接下来进行路由的计算，如图 8-10 所示。

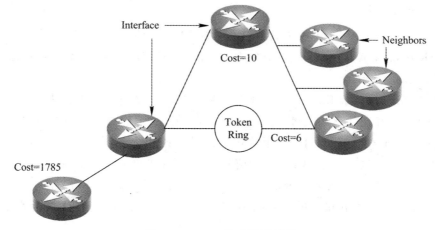

图 8-10　OSPF 路由计算过程

通过 OSPF 协议进行路由计算的过程如下：

(1) 网络由 6 台路由器组成，Cost 表示从一台路由器到另一台路由器所需的花费。简单起见，假定两台路由器相互之间发送报文所需的花费相同。

(2) 每台路由器根据自身周围的网络拓扑结构生成一条 LSA(链路状态广播)，然后通过相互之间发送协议报文将该条 LSA 发送给网络中所有其他路由器。这样，每台路由器都收到了其他路由器的 LSA，所有 LSA 放在一起称作 LSDB(链路状态数据库)。显然，6 台路由器的 LSDB 都是相同的。

(3) 由于一条 LSA 描述了一台路由器周围的网络拓扑结构，因此 LSDB 则是对整个网络拓扑结构的描述。路由器可以轻松将 LSDB 转换为一张带权的有向图，这张图便是对整个网络拓扑结构的真实反映。显然，6 台路由器得到的是一张完全相同的图。

(4) 每台路由器在图中以自身为根节点，使用 SPF 算法计算出一棵最短路径树，由这棵树得到了到网络中各个节点的路由表。显然，6 台路由器各自得到的路由表是不同的。因此，每台路由器都计算出了到其他路由器的路由。

综上所述，OSPF 协议计算路由主要有以下 3 个步骤：

第一步：描述本路由器周围的网络拓扑结构，并生成 LSA。

第二步：将自身生成的 LSA 在自治系统中传播，并同时收集所有其他路由器生成的 LSA。

第三步：根据收集的所有的 LSA 计算路由。

8.5.2　OSPF 的区域划分

随着网络规模的扩大，网络中的路由器数量不断增加。当一个巨型网络中的路由器都运行 OSPF 路由协议时，就会面临一些问题，如庞大的 LSDB 会占用大量的存储空间，增加 SPF 计算的复杂度，LSDB 同步时间长，以及降低网络的带宽利用率等。

解决上述问题的关键主要有两点：一是减少 LSA 的数量，二是屏蔽网络变化波及的范围。OSPF 协议通过将自治系统划分成不同的区域 (Area) 来解决上述问题。

1. 路由器的位置区域

进行区域划分后，路由器根据其在自治系统中的不同位置分为以下 4 种类型：

(1) IAR(Internal Area Router)：区域内路由器，是指该路由器的所有接口都属于同一个 OSPF 区域。

(2) ABR(Area Border Router)：区域边界路由器，该路由器同时属于两个以上的区域（其中必须包括一个骨干区域，即区域 0）。不同区域之间通过 ABR 来传递路由信息。

(3) BBR(BackBone Router)：骨干路由器，是指该路由器属于骨干区域（即 0 区域）。由此可知，所有的 ABR 都是 BBR，而所有的骨干区域内部的 IAR 也属于 BBR。

(4) ASBR(AS Boundary Router)：自治系统边界路由器，是指该路由器引入了其他路由协议（也包括静态路由和接口的直接路由）发现的路由。ASBR 可位于自治系统中的任意位置。

2. 区域类型

将自治系统进行区域划分以后，区域的特性决定着它可以接收的路由信息类型。区域类型如下：

(1) 标准区域：默认区域，接收链路状态更新、路由汇总和外部路由信息。

(2) 骨干区域（转发区域）：区域号总是“0”，是连接所有其他区域的中心点，其他区域都连接到这个区域以交换路由信息，OSPF 骨干区域拥有所有标准区域的特性。

(3) 末节区域：这个区域不接受任何自治系统外部路由的信息，如非 OSPF 网络的信息。如果路由器需要连接 AS 外的网络，应用默认的 0.0.0.0 路由。末节区域不能包含 ASBR。

(4) 完全末节区域：这个区域不接受任何 AS 外部的路由，也不接收 AS 内部其他区域的汇总信息。如果路由器需要发送数据到外部网络或其他区域，则使用默认的路由发送数据包。完全末节区域不能包含 ASBR。

(5) 非完全末节区域 (NSSA)：NSSA 是对 OSPF RFC 的补充，NSSA 具有末节区域和完全末节区域同样的优势，但在 NSSA 中允许存在 ASBR，这点与末节区域不同。

注意：OSPF 的区域号在配置中是一个关键参数。在实际的网络部署中，通常将区域号分配为 0～255 的数值。骨干区域的区域号通常被分配为 0。除了骨干区域之外，还可以创建其他类型的区域，如边界区域 (Border Area) 和非主干区域 (Non-Backbone Area)，它们的区域号可以在 1～255 之间选择。

3. LSA 的类型

OSPF 是基于链路状态算法的路由协议，所有对路由信息的描述都封装在 LSA 中发送出去。LSA 根据不同的用途分为不同的种类，目前使用最多的是以下 6 种 LSA：

(1) Router LSA(Type 1)：最基本的 LSA 类型，所有运行 OSPF 的路由器都会生成这种 LSA。类型 1 主要描述本路由器运行 OSPF 的接口的连接状况、花费等信息。对于 ABR，它会为每个区域生成一条 Router LSA。该 LSA 传递的范围是它所属的整个区域。

(2) Network LSA(Type 2)：由 DR 生成。在 DROther 和 BDR 的 Router LSA 中只描述到

DR 的连接，而 DR 则通过 Network LSA 来描述本网段中所有已经同其建立了邻接关系的路由器 (分别列出它们 Router ID)。该 LSA 传递的范围是它所属的整个区域。

(3) Network Summary LSA(Type 3)：由 ABR 生成。当 ABR 完成它所属一个区域内的路由计算后，会查询路由表，将本区域内的每条 OSPF 路由封装成 Network Summary LSA 并发送到区域外。LSA 中描述了某条路由的目的地址、掩码、花费等信息。该 LSA 传递的范围是 ABR 中除了该 LSA 生成区域之外的其他区域。

(4) ASBR Summary LSA(Type 4)：同样是由 ABR 生成，内容主要是描述到达本区域内部的 ASBR 的路由，其描述的目的地址是 ASBR，是主机路由，因此掩码为 0.0.0.0。该 LSA 传递的范围与 Type3 的 LSA 相同。

(5) AS External LSA(Type 5)：由 ASBR 生成，类型 5 主要描述了到达自治系统外部路由的信息，LSA 中包含某条路由的目的地址、掩码、花费值等信息。这种类型的 LSA 是唯一一种与区域无关的 LSA 类型，其传递的范围是整个自治系统 (STUB 区域除外)。

(6) AS External LSA(Type 7)：类型 7 的 LSA 被应用在 NSSA 中。

4. 区域间路由计算

OSPF 将自治系统划分为不同的区域后，路由计算方法也发生了很多变化，具体内容如下：

(1) 只有同一个区域内的路由器之间会保持 LSDB 的同步，网络拓扑结构的变化首先在区域内更新。

(2) 区域之间的路由计算是通过 ABR 来完成的。ABR 首先完成一个区域内的路由计算，然后查询路由表，为每一条 OSPF 路由生成一条 Type 3 类型的 LSA，内容主要包括该条路由的目的地址、掩码、花费等信息。然后将这些 LSA 发送到另一个区域中。

(3) 在另一个区域中的路由器根据每一条 Type 3 的 LSA 生成一条路由，由于这些路由信息都是由 ABR 发布的，所以这些路由的下一跳都指向该 ABR。

5. 虚连接

由于网络的拓扑结构复杂，有时无法满足每个区域必须与骨干区域直接相连的要求，如图 8-11 所示；也有可能是骨干区域自身就不能满足物理上直联，如图 8-12 所示。

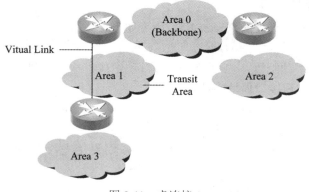

图 8-11　虚连接 1

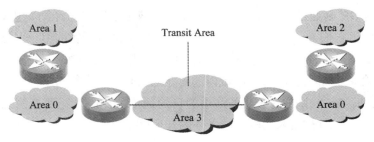

图 8-12　虚连接 2

为解决此问题，OSPF 提出了虚连接的概念。虚连接是指在两台 ABR 之间，穿过一个非骨干区域即转换区域 (Transit Area) 建立的一条逻辑上的连接通道。可以理解为两台 ABR 之间存在一个点对点的连接。"逻辑通道"是指两台 ABR 之间多台运行 OSPF 的路由器只是起到一个转发报文的作用 (由于协议报文的目的地址不是这些路由器，所以这些报文对于他们是透明的，只是当作普通的 IP 报文来转发)，两台 ABR 之间直接传递路由信息。这里的路由信息是指由 ABR 生成的 Type 3 的 LSA，区域内的路由器同步方式不会因此发生改变。

如果自治系统被划分成一个以上的区域，则必须有一个区域是骨干区域，并且保证其他区域与骨干区域直接相连或逻辑上相连，且骨干区域自身也必须是连通的。

8.5.3　OSPF 的配置

1. OSPF 的配置思路

OSPF 的基本配置过程如下：

(1) 设置路由器的 ID 号。

(2) 启动 OSPF。

(3) 宣告相应的网段。

上述过程是配置 OSPF 最基本的 3 个步骤。其中，启动 OSPF 和宣告相应网段是必需的两个步骤，而 Router ID 的设置则不是必须完成的，可以由系统自动配置，但最好是手动配置。然后，可对接口属性进行设置，如果网络规模较大，需划分区域。最后，进行其他设置，如路由聚合、重分布、过滤、认证等。

2. OSPF 基础配置命令

(1) 指定一个 OSPF 进程的 Router ID。命令如下：

```
router(config-router)#router-id <ip-addr>
```

Router ID 可以手动配置，也可以由设备自动生成，一般选择 Loopback 地址，若没配置 Loopback，则从物理接口地址中选择一个。

(2) 启动 OSPF 路由选择进程。命令如下：

```
router(config)#router ospf<process-id>
```

如果已启动 OSPF 协议，且 OSPF 协议有效，则直接进入 OSPF 协议配置模式。全局的 OSPF 及各个 VRF 下的 OSPF 使用不同的进程号。

(3) 定义 OSPF 协议运行的接口以及对这些接口定义区域 ID。命令如下：

router(config-router)#network <ip-address><wildcard-mask> area <area-id>

定义 OSPF 协议运行的接口以及对这些接口定义区域 ID，如果该区域不存在则自动创建。

3. 基本接口属性配置

(1) 指定接口发送 Hello 报文的时间间隔。命令如下：

router(config-if)#ip ospf hello-interval<seconds>

指定接口发送 Hello 报文的时间间隔，范围为 1～65 535。

(2) 指定接口上邻居的死亡时间。命令如下：

router(config-if)#ip ospf dead-interval <seconds>

指定接口上邻居的死亡时间，范围为 1～65 535，默认为 40 s。

(3) 配置接口开销。命令如下：

router(config-if)#ip ospf cost <cost>

配置接口开销，范围为 1～65 535，默认为 1。

(4) 配置接口优先级。命令如下：

router(config-if)#ip ospf priority <priority>

配置接口优先级，范围为 0～255，默认为 1。

4. 区域配置

(1) 定义一个区域为末节区域或完全末节区域。命令如下：

router(config-router)#area<area-id> stub [no-summary] [default-cost <cost>]

其中：no-summary 为关键字，表示禁止 ABR 将汇总路由信息发送到该 stub 区域；default-cost <cost> 表示向该 stub 区域通告的默认路由的费用，范围为 0～65 535。

(2) 定义一个区域为非完全末节区域。命令如下：

router(config-route)#area <area-id>nssa<no-summary>

其中 no-summary：不向该 NSSA 区域发送汇总链路状态通告。

(3) 配置区域内的汇总地址范围。命令如下：

router(config)#area area-id range <ip-address><net-mask>

(4) 定义 OSPF 虚拟链路。命令如下：

routerA(config)#area area-id virtual-link B 地址

routerB(config)#area area-id virtual-link A 地址

OSPF 网络中的所有区域必须直接连接到骨干区域，如果某个区域无法直接与骨干区域相连，可以通过虚链路的方式来使得一个远程区域通过其他区域连接到骨干区域上。虚链路跨越的区域必须具有完整的路由选择信息，因此，这个区域不能是一个末节区域。

5. OSPF 重分布

(1) 重分发静态路由。命令如下：

router(config-router)#redistribute static subnets

(2) 重分发直连路由。命令如下：

router(config-router)#redistribute connected subnets

(3) 将 rip 重发布。命令如下：

router(config-router)#redistribute rip metric 200 subnets

不同的动态路由协议可以通过路由重分布来实现路由信息的共享。在 OSPF 中，来自其他路由协议的路由信息属于自治系统外部路由信息。自治系统外部路由信息只有被重分布到 OSPF 协议中后，才能通过 OSPF 的 LSA 扩散到整个 OSPF 网络中。执行该命令后，路由器将成为一个 ASBR。

6. OSPF 的认证

为增强网络路由进程的安全性，可以在路由器上配置 OSPF 认证。给接口设置密码，网络邻居必须在该网络上使用相同的密码。

(1) 在 OSPF 区域上使用认证的配置命令。命令如下：

router(config-if)#area <area-id> authentication [message-digest]

其中 message-digest 表示在该区域使用类型 2 认证，即报文摘要认证。如果不带参数，则为类型 1 认证，即简单口令认证；如果带参数，则为类型 2 认证，即报文摘要认证。

(2) 简单口令认证类型的接口配置命令。命令如下：

router(config-if)#ip ospf message-digest-key <password>

8.5.4 多区域 OSPF 配置实例

1. 实例背景

某高校有东 (East)、西 (West) 两个校区，分别建立了两个校区的校园网子网。两个校区的校园网边界路由器分别为 R2 和 R3，它们将两个校区的校园网子网连接起来，形成一个完整的互联互通的校园网。网络分区包括一个主干区域 Area 0、两个标准区域 Area 1 和 Area 2，如图 8-13 所示。

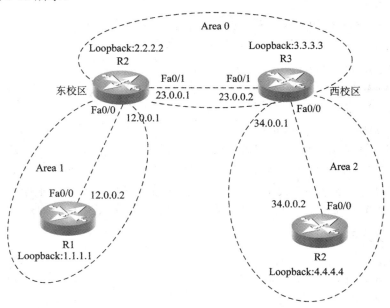

图 8-13   多区域 OSPF 配置组网

2. 配置步骤

(1) R1 的配置。命令如下：

```
R1(config)#interface fastEthernet 0/0
R1(config-if)#ip address 12.0.0.1 255.255.255.0
R1(config-if)#no shutdown
R1(config-if)#ex
R1(config)#interface Loopback0
R1(config-if)#ip address 1.1.1.1 255.255.255.255
R1(config-if)#no shutdown
R1(config-if)#ex
R1(config)#router ospf 10
R1(config-router)#router-id 1.1.1.1
R1(config-router)#network 12.0.0.0 0.0.0.255 area 1
R1(config-router)#network 1.1.1.1 0.0.0.0 area 1
```

(2) R2 的配置。命令如下：

```
R2(config)#interface fastEthernet 0/0
R2(config-if)#ip address 12.0.0.2 255.255.255.0
R2(config-if)#no shutdown
R2(config-if)#ex
R2(config)#interface fastEthernet 0/1
R2(config-if)#ip address 23.0.0.1 255.255.255.0
R2(config-if)#no shutdown
R2(config-if)#ex
R2(config)#interface Loopback0
R2(config-if)#ip address 2.2.2.2 255.255.255.255
R2(config-if)#no shutdown
R2(config-if)#ex
R2(config)#router ospf 10
R2(config-router)#router-id 2.2.2.2
R2(config-router)#network 12.0.0.0 0.0.0.255 area 1
R2(config-router)#network 23.0.0.0 0.0.0.255 area 0
R2(config-router)#network 2.2.2.2 0.0.0.0 area 0
```

(3) R3 的配置。命令如下：

```
R3(config)#interface fastEthernet 0/0
R3(config-if)#ip address 34.0.0.1 255.255.255.0
R3(config-if)#no shutdown
R3(config-if)#ex
R3(config)#interface fastEthernet 0/1
R3(config-if)#ip address 23.0.0.2 255.255.255.0
```

```
R3(config-if)#no shutdown
R3(config-if)#ex
R3(config)#interface Loopback 0
R3(config-if)#ip  address 3.3.3.3 255.255.255.255
R3(config-if)#no shutdown
R3(config-if)#ex
R3(config)#router ospf 10
R3(config-router)#router-id 3.3.3.3
R3(config-router)#network 34.0.0.0 0.0.0.255 area 2
R3(config-router)#network 23.0.0.0 0.0.0.255 area 0
R3(config-router)#network 3.3.3.3 0.0.0.0 area 0
```

(4) R4 的配置。命令如下：

```
R4(config)#interface fastEthernet 0/0
R4(config-if)#ip address 34.0.0.2 255.255.255.0
R4(config-if)#no shutdown
R4(config-if)#ex
R4(config)#interface Loopback0
R4(config-if)#ip  address 4.4.4.4 255.255.255.255
R4(config-if)#no shutdown
R4(config-if)#ex
R4(config)#router ospf 10
R4(config-router)#router-id 4.4.4.4
R4(config-router)#network 34.0.0.0 0.0.0.255 area 2
R4(config-router)#network 4.4.4.4 0.0.0.0 area 2
```

实战任务 8.6　利用动态路由实现企业网与 Internet 互联

当企业内部规模较大时，可使用动态路由来保证企业网络工作的正常运行。现在，某企业有 4 台路由器分别运行了不同的路由协议，其中 R1 运行 RIP 路由协议，R2、R3 和 R4 运行 OSPF 协议。R2、R3 属于骨干区域，R3、R4 属于区域 1，可通过配置 RIP 与 OSPF 路由重分发，实现在不同路由协议之间的通信。

8.6.1　实施条件

根据实验室的实际情况，项目可使用实体设备或 Packet Tracer 模拟器完成。

本项目使用 Packet Tracer 模拟器完成。设计的网络拓扑结构如图 8-14 所示：

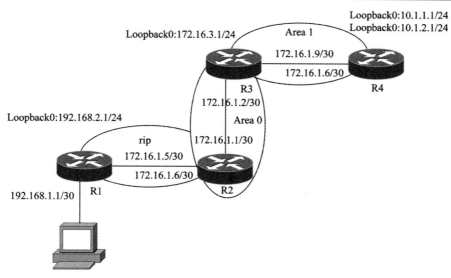

图 8-14 RIP 与 OSPF 路由重分发网络拓扑结构

8.6.2 数据规划

规划设计各路由器的名称、IP 地址，如表 8-3 所示。

表 8-3 IP 规划表

设备	接口	IP 地址
R1	F0/1	192.168.1.1/30
R1	F0/0	172.16.1.5/30
R1	Loopback0	192.168.2.1/24
R2	F0/1	172.16.1.1/30
R2	F0/0	172.16.1.6/30
R3	F0/1	172.16.1.9/30
R3	F0/0	172.16.1.2/30
R3	Loopback0	172.16.3.1/24
R4	F0/0	172.16.1.10/30
R4	Loopback0	10.1.1.1/24
R4	Loopback0	10.1.2.1/24

8.6.3 实施步骤

1. 连接网络拓扑

打开 Packet Tracer 模拟器，按照图 8-14 选择路由器 (本例中选择 2811) 进行网络连接，如图 8-15 所示。

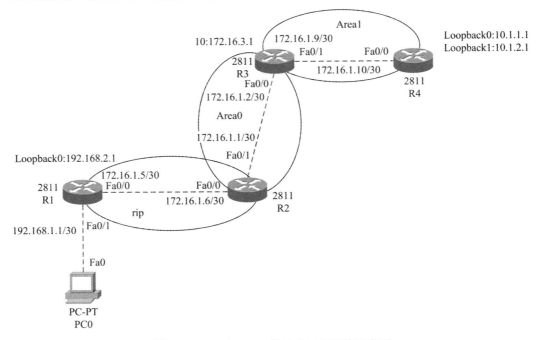

图 8-15　RIP 与 OSPF 路由重分发连接示意图

2. 路由器配置

(1) R1 配置，代码如下：

```
R1(config)#interface fastethernet 0/0
R1(config-if)#ip address 172.16.1.5 255.255.255.252
R1(config-if)#no shutdown
R1(config-if)#exit
R1(config)#interface loopback 0
R1(config-if)#ip address 192.168.2.1 255.255.255.0
R1(config-if)#no shutdown
R1(config-if)#exit
R1(config)#interface fastethernet 0/1
R1(config-if)#ip address 192.168.1.1 255.255.255.252
R1(config-if)#no shutdown
R1(config-if)#exit
R1(config)#router rip
R1(config-router)#version 2
R1(config-router)#network 172.16.1.4
R1(config-router)#network 192.168.1.0
R1(config-router)#network 192.168.2.0
R1(config-router)#no auto-summary
R1(config-router)#default-information originate
```

(2) R2 配置，代码如下：

```
R2(config)#interface fastethernet 0/0
R2(config-if)#ip address 172.16.1.6 255.255.255.252
R2(config-if)#no shutdown
R2(config-if)#exit
R2(config)#interface fastethernet 0/1
R2(config-if)#ip address 172.16.1.1 255.255.255.252
R2(config-if)#no shutdown
R2(config-if)#exit
R2(config)#router rip
R2(config-router)#version 2
R2(config-router)#network 172.16.1.4
R2(config-router)#exit
R2(config)#router ospf 10
R2(config-router)#network 172.16.1.0 0.0.0.3 area0
R2(config-router)#redistribute rip metric 50 subnets
R2(config-router)#default-information originate
R2(config-router)#exit
R2(config)#router rip
R2(config-router)#redistribute ospf 10 metric1
```

(3) R3 配置，代码如下：

```
R3(config)#interface fastethernet 0/0
R3(config-if)#ip address 172.16.1.2 255.255.255.252
R3(config-if)#no shutdown
R3(config-if)#exit
R3(config)#interface loopback 0
R3(config-if)#ip address 172.16.3.1 255.255.255.0
R3(config-if)#no shutdown
R3(config-if)#exit
R3(config)#interface fastethernet 0/1
R3(config-if)#ip address 172.16.1.9 255.255.255.252
R3(config-if)#no shutdown
R3(config-if)#exit
R3(config)#router ospf 10
R3(config-router)#network 172.16.1.0 0.0.0.3 area 0
R3(config-router)#network 172.16.3.0 0.0.0.255 area 0
R3(config-router)#network 172.16.1.8 0.0.0.3 area 1
```

(4) R4 配置，代码如下：

```
R4(config)#interface fastethernet 0/0
```

R4(config-if)#ip address 172.16.1.10 255.255.255.252

R4(config-if)#no shutdown

R4(config-if)#exit

R4(config)#interface loopback 0

R4(config-if)#ip address 10.1.1.1 255.255.255.0

R4(config-if)#no shutdown

R4(config-if)#exit

R4(config)#interface loopback 1

R4(config-if)#ip address 10.1.2.1 255.255.255.0

R4(config-if)#no shutdown

R4(config-if)#exit

R4(config)#router ospf 10

R4(config-router)#network 172.16.1.8 0.0.0.3 area 1

R4(config-router)#network 10.1.1.0 0.0.0.255 area 1

R4(config-router)#network 10.1.2.0 0.0.0.255 area 1

R4(config-router)#redistribute static subnets

8.6.4　项目测试

1. 查看 R1 的路由信息

R1 的路由信息如图 8-16 所示。

```
R1#sho ip route
Codes: C - connected, S - static, I - IGRP, R - RIP, M - mobile, B - BGP
       D - EIGRP, EX - EIGRP external, O - OSPF, IA - OSPF inter area
       N1 - OSPF NSSA external type 1, N2 - OSPF NSSA external type 2
       E1 - OSPF external type 1, E2 - OSPF external type 2, E - EGP
       i - IS-IS, L1 - IS-IS level-1, L2 - IS-IS level-2, ia - IS-IS inter area
       * - candidate default, U - per-user static route, o - ODR
       P - periodic downloaded static route

Gateway of last resort is not set

     10.0.0.0/8 is variably subnetted, 3 subnets, 2 masks
R       10.0.0.0/8 [120/1] via 172.16.1.6, 00:00:02, FastEthernet0/0
R       10.1.1.1/32 is possibly down, routing via 172.16.1.6, FastEthernet0/0
R       10.1.2.1/32 is possibly down, routing via 172.16.1.6, FastEthernet0/0
     172.16.0.0/16 is variably subnetted, 4 subnets, 2 masks
R       172.16.1.0/30 [120/1] via 172.16.1.6, 00:00:02, FastEthernet0/0
C       172.16.1.4/30 is directly connected, FastEthernet0/0
R       172.16.1.8/30 [120/1] via 172.16.1.6, 00:00:02, FastEthernet0/0
R       172.16.3.1/32 [120/1] via 172.16.1.6, 00:00:02, FastEthernet0/0
     192.168.1.0/30 is subnetted, 1 subnets
C       192.168.1.0 is directly connected, FastEthernet0/1
C    192.168.2.0/24 is directly connected, Loopback0
```

图 8-16　R1 的路由信息

2. 查看 R2 的路由信息

R2 的路由信息如图 8-17 所示。

```
R2#sho ip rou
Codes: C - connected, S - static, I - IGRP, R - RIP, M - mobile, B - BGP
       D - EIGRP, EX - EIGRP external, O - OSPF, IA - OSPF inter area
       N1 - OSPF NSSA external type 1, N2 - OSPF NSSA external type 2
       E1 - OSPF external type 1, E2 - OSPF external type 2, E - EGP
       i - IS-IS, L1 - IS-IS level-1, L2 - IS-IS level-2, ia - IS-IS inter area
       * - candidate default, U - per-user static route, o - ODR
       P - periodic downloaded static route

Gateway of last resort is 172.16.1.5 to network 0.0.0.0

     10.0.0.0/32 is subnetted, 2 subnets
O IA    10.1.1.1 [110/3] via 172.16.1.2, 00:05:01, FastEthernet0/1
O IA    10.1.2.1 [110/3] via 172.16.1.2, 00:05:01, FastEthernet0/1
     172.16.0.0/16 is variably subnetted, 4 subnets, 2 masks
C       172.16.1.0/30 is directly connected, FastEthernet0/1
C       172.16.1.4/30 is directly connected, FastEthernet0/0
O IA    172.16.1.8/30 [110/2] via 172.16.1.2, 00:05:01, FastEthernet0/1
O       172.16.3.1/32 [110/2] via 172.16.1.2, 00:05:01, FastEthernet0/1
     192.168.1.0/30 is subnetted, 1 subnets
R       192.168.1.0 [120/1] via 172.16.1.5, 00:00:21, FastEthernet0/0
R    192.168.2.0/24 [120/1] via 172.16.1.5, 00:00:21, FastEthernet0/0
R*   0.0.0.0/0 [120/1] via 172.16.1.5, 00:00:21, FastEthernet0/0
```

图 8-17 R2 的路由信息

3. 查看 R3 的路由信息

R3 的路由信息如图 8-18 所示。

```
R3#sho ip route
Codes: C - connected, S - static, I - IGRP, R - RIP, M - mobile, B - BGP
       D - EIGRP, EX - EIGRP external, O - OSPF, IA - OSPF inter area
       N1 - OSPF NSSA external type 1, N2 - OSPF NSSA external type 2
       E1 - OSPF external type 1, E2 - OSPF external type 2, E - EGP
       i - IS-IS, L1 - IS-IS level-1, L2 - IS-IS level-2, ia - IS-IS inter area
       * - candidate default, U - per-user static route, o - ODR
       P - periodic downloaded static route

Gateway of last resort is 172.16.1.1 to network 0.0.0.0

     10.0.0.0/32 is subnetted, 2 subnets
O       10.1.1.1 [110/2] via 172.16.1.10, 00:08:38, FastEthernet0/1
O       10.1.2.1 [110/2] via 172.16.1.10, 00:08:38, FastEthernet0/1
     172.16.0.0/16 is variably subnetted, 4 subnets, 2 masks
C       172.16.1.0/30 is directly connected, FastEthernet0/0
O E2    172.16.1.4/30 [110/50] via 172.16.1.1, 00:08:33, FastEthernet0/0
C       172.16.1.8/30 is directly connected, FastEthernet0/1
C       172.16.3.0/24 is directly connected, Loopback0
     192.168.1.0/30 is subnetted, 1 subnets
O E2    192.168.1.0 [110/50] via 172.16.1.1, 00:08:33, FastEthernet0/0
O E2 192.168.2.0/24 [110/50] via 172.16.1.1, 00:08:33, FastEthernet0/0
O*E2 0.0.0.0/0 [110/1] via 172.16.1.1, 00:08:33, FastEthernet0/0
```

图 8-18 R3 的路由信息

4. 查看 R4 的路由信息

R4 的路由信息如图 8-19 所示。

```
R4#sho ip route
Codes: C - connected, S - static, I - IGRP, R - RIP, M - mobile, B - BGP
       D - EIGRP, EX - EIGRP external, O - OSPF, IA - OSPF inter area
       N1 - OSPF NSSA external type 1, N2 - OSPF NSSA external type 2
       E1 - OSPF external type 1, E2 - OSPF external type 2, E - EGP
       i - IS-IS, L1 - IS-IS level-1, L2 - IS-IS level-2, ia - IS-IS inter area
       * - candidate default, U - per-user static route, o - ODR
       P - periodic downloaded static route

Gateway of last resort is 172.16.1.9 to network 0.0.0.0

     10.0.0.0/24 is subnetted, 2 subnets
C       10.1.1.0 is directly connected, Loopback0
C       10.1.2.0 is directly connected, Loopback1
     172.16.0.0/16 is variably subnetted, 4 subnets, 2 masks
O IA    172.16.1.0/30 [110/2] via 172.16.1.9, 00:10:11, FastEthernet0/0
O E2    172.16.1.4/30 [110/50] via 172.16.1.9, 00:10:11, FastEthernet0/0
C       172.16.1.8/30 is directly connected, FastEthernet0/0
O IA    172.16.3.1/32 [110/2] via 172.16.1.9, 00:10:11, FastEthernet0/0
     192.168.1.0/30 is subnetted, 1 subnets
O E2    192.168.1.0 [110/50] via 172.16.1.9, 00:10:11, FastEthernet0/0
O E2 192.168.2.0/24 [110/50] via 172.16.1.9, 00:10:11, FastEthernet0/0
O*E2 0.0.0.0/0 [110/1] via 172.16.1.9, 00:10:11, FastEthernet0/0
```

图 8-19 R4 的路由信息

5. 测试 R1 的通信状况

R1 的通信状况如图 8-20 所示。

```
R1#ping 172.16.1.6

Type escape sequence to abort.
Sending 5, 100-byte ICMP Echos to 172.16.1.6, timeout is 2 seconds:
!!!!!
Success rate is 100 percent (5/5), round-trip min/avg/max = 0/0/1 ms
R1#ping 172.16.1.9

Type escape sequence to abort.
Sending 5, 100-byte ICMP Echos to 172.16.1.9, timeout is 2 seconds:
!!!!!
Success rate is 100 percent (5/5), round-trip min/avg/max = 0/2/11 ms
R1#ping 172.16.1.2

Type escape sequence to abort.
Sending 5, 100-byte ICMP Echos to 172.16.1.2, timeout is 2 seconds:
!!!!!
Success rate is 100 percent (5/5), round-trip min/avg/max = 0/0/1 ms
R1#ping 10.1.2.1

Type escape sequence to abort.
Sending 5, 100-byte ICMP Echos to 10.1.2.1, timeout is 2 seconds:
!!!!!
Success rate is 100 percent (5/5), round-trip min/avg/max = 0/2/13 ms
```

图 8-20   R1 的通信状况

6. 测试 R4 的通信状况

R4 的通信状况如图 8-21 所示。

```
R4#ping 172.16.1.9

Type escape sequence to abort.
Sending 5, 100-byte ICMP Echos to 172.16.1.9, timeout is 2 seconds:
!!!!!
Success rate is 100 percent (5/5), round-trip min/avg/max = 0/0/0 ms
R4#ping 172.16.1.1

Type escape sequence to abort.
Sending 5, 100-byte ICMP Echos to 172.16.1.1, timeout is 2 seconds:
!!!!!
Success rate is 100 percent (5/5), round-trip min/avg/max = 0/0/0 ms
R4#ping 172.16.1.5

Type escape sequence to abort.
Sending 5, 100-byte ICMP Echos to 172.16.1.5, timeout is 2 seconds:
!!!!!
Success rate is 100 percent (5/5), round-trip min/avg/max = 0/1/3 ms
R4#ping 192.168.1.1

Type escape sequence to abort.
Sending 5, 100-byte ICMP Echos to 192.168.1.1, timeout is 2 seconds:
!!!!!
Success rate is 100 percent (5/5), round-trip min/avg/max = 0/2/10 ms
```

图 8-21   R4 的通信状况

■ 思政小课堂

随着项目复杂性的不断增加，在本项目完成过程中，有条件的情况下，也可使用实体设备进行分组教学，从以下几方面培养学生的团队合作意识。

1. 目标明确与共识

首先，团队需要确立一个清晰的目标，这是所有行动的基础。只有当每位成员清楚地知道团队的目标，并对此达成共识时，团队才能朝着共同目标努力。明确的目标有助于激发团队成员的积极性，提高整体效率。

2. 信息收集与共享

在问题解决的过程中，信息是最宝贵的资源。团队成员在完成数据规划后，要确保信息在团队内部充分共享，以确保每个小组成员都能获得所需的信息，才能保证在相应设备上进行正确配置。

3. 问题分析与定位

在项目进行过程中，一旦出现任何问题，团队需要对问题进行深入分析，以准确找出问题的根源。这要求团队成员具备批判性思维和分析能力，通过集体讨论和合作，逐步缩小问题范围，最终确定问题的核心所在。

4. 集体讨论和头脑风暴

针对问题，团队需要制订解决方案，并对每个方案进行集体讨论和头脑风暴，激发团队成员的创新思维，确保制订出最优的解决方案。

5. 任务分配与执行

问题的解决方案确定后，团队可根据成员的技能和专长进行重新分工，确保任务能够高效完成。在执行过程中，团队成员应相互支持、密切配合，共同推动任务的顺利完成。

6. 结果总结与反馈

项目完成后，团队需要对整个过程进行总结，分析项目成功或失败的原因，并提炼经验教训。同时，团队成员之间应相互反馈，肯定彼此的优点和不足，以便在未来的工作中不断改进和提升。

在团队合作中，分析问题并解决问题是一项至关重要的技能。通过明确的目标设定、信息共享、问题定位、方案制订、任务分配、过程监控、结果总结以及高效的团队协作与沟通，团队合作能力可以帮助人们更加有效地应对各种挑战。

学习任务 8.7　网络地址转换 (NAT) 技术及配置

8.7.1　NAT 技术

1. 为什么需要 NAT 技术

随着互联网技术的飞速发展，越来越多的用户加入到互联网中，任何两台主机之间的通信都需要的是全球唯一的 IP 地址。自 1995 年开始，全球的 IP 地址每年以 6000 万～8000 万甚至更快的速度被消耗，到目前为止，IPv4 所提供的近 43 亿个地址已经使用了一大半。为了解决 IP 地址即将耗尽的问题，人们采用了许多技术和手段。

主要的解决方法包括：

(1) 在企业内部网络、测试实验室或家庭进行网络编址时，可以使用私有地址，而不必为每台设备都花钱从 ISP 或注册中心获得全球唯一的地址。RFC1918 为私有、内部使用保留了 A、B、C 类地址范围各一个，在这个范围内的地址将不会在互联网主干上被路由。

A 类地址范围：0.0.0.0～10.255.255.255；

B 类地址范围：172.16.0.0～172.31.255.255；

C 类地址范围：192.168.0.0～192.168.255.255。

(2) 可变长子网掩码 (VLSM) 技术。

(3) 无类域间路由 (CIDR) 技术。

(4) 网络地址转换 (NAT) 技术。

(5) 使用 IPv6 是解决 IP 地址耗尽问题的最终解决手段。然而，由于现有网络大多数采用 IPv4，并且绝大多数设备不支持 IPv6，因此要升级设备需要大量资金，这是一个长期且浩大的工程。

上述解决办法在本书的部分项目中有所讲述，在这个任务中我们主要学习网络地址转换 (NAT) 技术。

2. 网络地址转换概述

1) 网络地址转换 NAT 的概念

网络地址转换 (Network Address Translation，NAT) 技术是一种地址映射技术，通常用于子网内配置私有 IP 地址的主机访问外部主机时，可将该主机的私有 IP 地址映射为一个外部唯一可识别的公用 IP 地址。同时，将外部主机返回给内部主机的公用 IP 地址映射回内部，标识该主机的私有 IP 地址，以确保返回的数据包能正确到达内部目的主机。因此 NAT 主要用于专用网和本地企业网中，在这些网络中，本地网络被指定为内部网，全球因特网被指定为外部网。本地网地址可以通过 NAT 映射到外部网中的一个或多个地址，且用于转换的外部网地址数目可以少于需要转换的本地网 IP 地址数目。

2) NAT 特点

(1) NAT 技术应用的优点包括：

• 节约公网地址。NAT 可以有效节约 Internet 公网地址，使所有的内部主机只需使用有限的合法地址即可连接到 Internet 网络。

• 提供安全保护。NAT 可以有效隐藏内部局域网中的主机，因此也是一种有效的网络安全保护技术。

• 对外提供服务。地址转换可以按照用户的需要，在内部局域网中提供外部 FTP、WWW、TELNET 服务。

(2) NAT 技术应用的缺点

NAT 技术应用的缺点主要有以下三方面：

• 使用 NAT 必然会增加引入额外的延迟。

• 丧失端到端的 IP 跟踪能力。

• 由于地址转换隐藏了内部主机地址，有时会使网络调试变得复杂。

8.7.2 NAT 的工作原理及方式

1. NAT 工作原理

如图 8-22 所示，网络 A 和网络 B 分别属于两个不同组织，都使用私网地址 10.0.0.0 作为它们的内部地址。每个组织都分配到一个在 Internet 注册过的唯一公网地址，用于内部专用网络与外部公用网络的通信。

在这两个网络之间发生地址转换时，一个网络作为内部网 (inside)，另一个网络作为外部网 (outside)，承担 NAT 功能的路由器被放置在内部网与外部网的交界处。

当 PC1(10.1.1.1) 要向 PC2(10.2.2.2) 发送数据时，PC1 将 PC2 所属网络的全局唯一地址 196.1.1.1 作为数据包的目的地址。当数据包到达 R1 时，R1 将源地址 10.1.1.1 转换为全局唯一地址 195.1.1.1。当数据包到达 R2 时，R2 将目的地址转换为私网 IP 地址 10.2.2.2。PC2 向 PC1 返回的数据包也作类似的转换。

这些转换不需要对内部网络的主机进行附加配置。在 PC1 看来，196.1.1.1 就是网络 B 上 PC2(10.2.2.2) 的 IP 地址。同样，对 PC2 来说，195.1.1.1 则是网络 A 上的 PC1(10.1.1.1) 的 IP 地址。

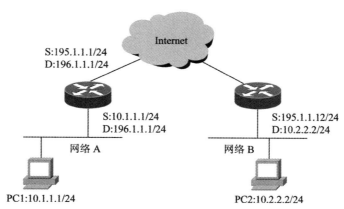

图 8-22 NAT 工作原理

通常在以下几种情况需要使用 NAT 转换：

(1) 将私有的网络接入 Internet，而又没有足够的注册 IP 地址。

(2) 两个需要互联的网络的地址空间重叠；

(3) 改变了服务提供商，需要对网络重新编址。

2. NAT 的工作方式

NAT 工作方式主要有以下几种类型。

1) 静态转换

静态转换是指将内部网络的私有 IP 地址转换为公有 IP 地址时，采用一对一的 IP 地址映射，这种映射是固定的，即某个私有 IP 地址只转换为某个公有 IP 地址。静态转换可以实现外部网络对内部网络中某些特定设备 (如服务器) 的访问。静态 NAT 的转换过程如图 8-23 所示。

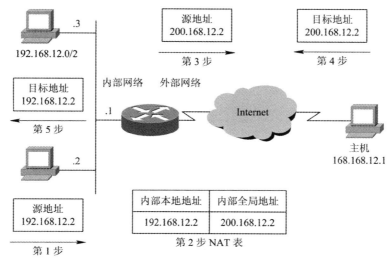

图 8-23 静态 NAT 转换过程

2) 动态转换

动态转换是指将内部网络的私有 IP 地址转换为公用 IP 地址时，IP 地址的选择是不确定且随机的。所有被授权访问 Internet 的私有 IP 地址可随机转换为任何指定的合法 IP 地址。也就是说，只要指定哪些内部地址可以进行转换，以及哪些合法地址可以作为外部地址，就可以进行动态转换。动态转换可以使用多个合法的外部地址集。当 ISP 提供的合法 IP 地址数量略少于网络内部的计算机数量时，可以采用动态转换的方式。动态 NAT 转换的访问过程如图 8-24 所示。

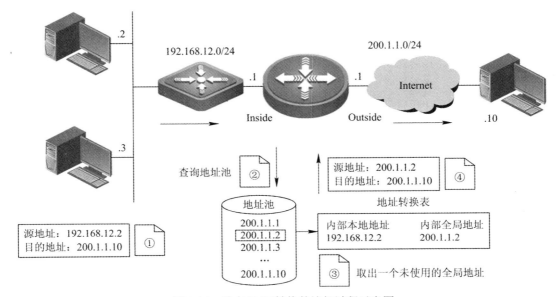

图 8-24　动态 NAT 转换的访问过程示意图

动态 NAT 转换的响应过程如图 8-25 所示。

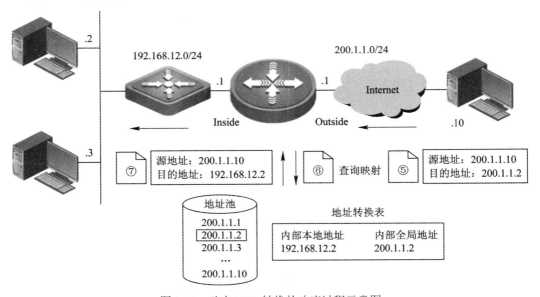

图 8-25　动态 NAT 转换的响应过程示意图

3) 网络端口地址转换

网络端口地址转换 (Network Address Port Translation，NAPT) 是指改变外出数据包的源端口并进行端口转换。内部网络的所有主机均可共享一个合法外部 IP 地址以实现对 Internet 的访问，从而可以最大限度地节约 IP 地址资源。同时，又可隐藏网络内部的所有主机，有效避免了来自 Internet 的攻击。因此，目前网络中应用最多的就是端口多路复用方式。NAPT 地址转换又分为静态 NAPT 地址转换和动态 NAPT 地址转换。

(1) 静态 NAPT 地址转换。

静态 NAPT 地址转换适用于需要向外部网络提供信息服务的主机，它建立了永久的一对一 "IP 地址 + 端口" 映射关系。当外网主机欲访问企业内部的 Web 服务器时，其转换访问过程如图 8-26 所示。

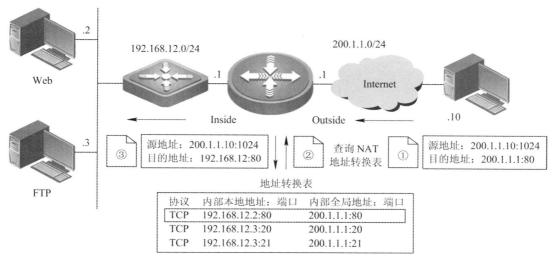

图 8-26　静态 NAPT 地址转换访问过程示意图

静态 NAPT 地址转换响应过程如图 8-27 所示。

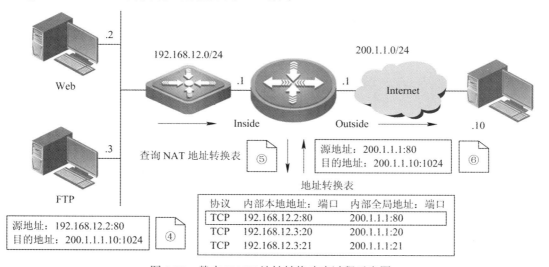

图 8-27　静态 NAPT 地址转换响应过程示意图

(2) 动态 NAPT 地址转换。

动态 NAPT 地址转换适用于仅访问外网服务而不提供信息服务的主机，它可建立临时的一对一"IP 地址 + 端口"映射关系，其转换的访问过程如图 8-28 所示。

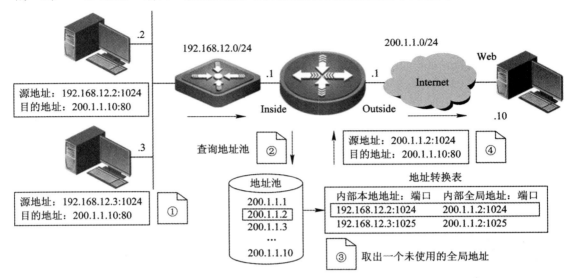

图 8-28　动态 NAPT 转换访问过程示意图

动态 NAPT 地址转换响应过程如图 8-29 所示。

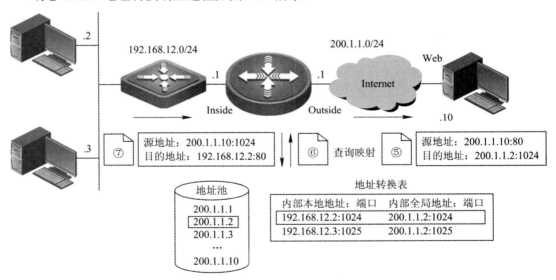

图 8-29　动态 NAPT 转换响应过程示意图

8.7.3　NAT 的配置

1. NAT 配置步骤

我们可以根据实际需求在组网中应用静态 NAT 或者动态 NAT。在动态 NAT 配置中，可以选择配置成一对一的动态 NAT，也可以配置成一个公网地址对应多个私网地址的负载 NAT 功能 (即 PAT)。

(1) 静态 NAT 配置基本步骤。

① 定义 NAT 翻译规则；

② 定义 NAT 转换的内部端口；

③ 定义 NAT 转换的外部端口。

(2) 动态 NAT 配置基本步骤。

① 定义用子 NAT 转换的私网及公网地址池；

② 定义 NAT 翻译规则；

③ 指定使用 NAT 转换的内部端口及外部端口。

2. 静态 NAT 的配置命令

静态 NAT 的配置主要包括以下内容。

(1) 配置本地内部地址与本地全局地址的转换关系。命令如下：

Router(config)#ip nat inside source static local-ip global-ip

(2) 连接内部网络的接口。命令如下：

Router(config)#interface iftype mode/port

Router(config-if)#ip nat inside

(3) 定义连接外部网络的接口。命令如下：

Router(config)#interface iftype mode/port

Router(config-if)#ip nat outside

3. 静态 NAT 的配置实例

如图 8-30 所示，私网用户使用的内部网络地址分别为 192.168.1.2/24、192.168.1.3/24、192.168.1.4/24。这 3 个用户的地址属于私有地址，只能在一个企业 (局域网) 内部使用，不能访问外网。为了使用户能够访问外网，需要通过 NAT 将这些私有地址转为公有地址。

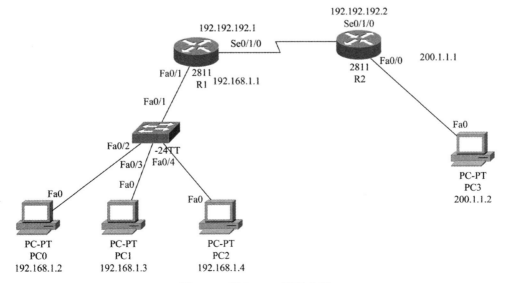

图 8-30　静态 NAT 配置实例

此例中想要指定的地址池为 192.192.192.3～192.192.192.5，公网地址数量共 3 个，私网用户数量也是 3 个，而且私网用户获取的公网地址保持不变。因此，我们需要进行静态一对一的 NAT 配置。

(1) 路由器 R1 基本配置及解释，如下所示。

Router>enable	// 进入特权模式
Router#config terminal	// 进入全局配置模式
Router(config)#hostname R1	// 命名路由器为 R1
R1(config)#interface FastEthernet 0/1	// 进入路由器 F0/1 口
R1(config-if)# ip address 192.168.1.1 255.255.255.0	// 配置 IP 地址
R1(config-if)#ip nat inside	// 连接内部网络
R1(config-if)#no shutdown	// 激活端口
R1(config-if)#exit	// 退出当前模式
R1(config)#interface Serial 0/1/0	// 进入路由器 S0/1/0 口
R1(config-if)#ip address 192.192.192.1 255.255.255.0	// 配置 IP 地址
R1(config-if)# ip nat outside	// 连接外部网络
R1(config-if)#no shutdown	// 激活端口
R1(config-if)#exit	// 退出当前模式
R1(config)#ip nat inside source static 192.168.1.2 192.192.192.3	
// 内部地址 192.168.1.2 静态转换为外网地址 192.192.192.3	
R1(config)#ip nat inside source static 192.168.1.3 192.192.192.4	
// 内部地址 192.168.1.3 静态转换为外网地址 192.192.192.4	
R1(config)#ip nat inside source static 192.168.1.4 192.192.192.5	
// 内部地址 192.168.1.4 静态转换为外网地址 192.192.192.5	
R1(config)#ip route 0.0.0.0 0.0.0.0 192.192.192.2	// 配置默认路由

(2) 路由器 R2 基本配置及解释，如下所示。

Router>enable	// 进入特权模式
Router#config terminal	// 进入全局配置模式
Router(config)#hostname R2	// 命名路由器为 R2
R2(config)#interface FastEthernet 0/1	// 进入路由器 F0/1 口
R2(config-if)# ip address 200.1.1.1 255.255.255.0	// 配置 IP 地址
R2(config-if)#no shutdown	// 激活端口
R2(config-if)#exit	// 退出当前模式
R2(config)#interface Serial 0/1/0	// 进入路由器 S0/1/0 口
R2(config-if)#ip address192.192.192.2 255.255.255.0	// 配置 IP 地址
R2(config-if)# clock rate 64000	// 配置时钟频率
R2(config-if)#no shutdown	// 激活端口
R2(config-if)#exit	// 退出当前模式

(3) 结果验证。

先用内网用户 PC0 测试与外网用户 PC3 的通信情况，如图 8-31 所示。

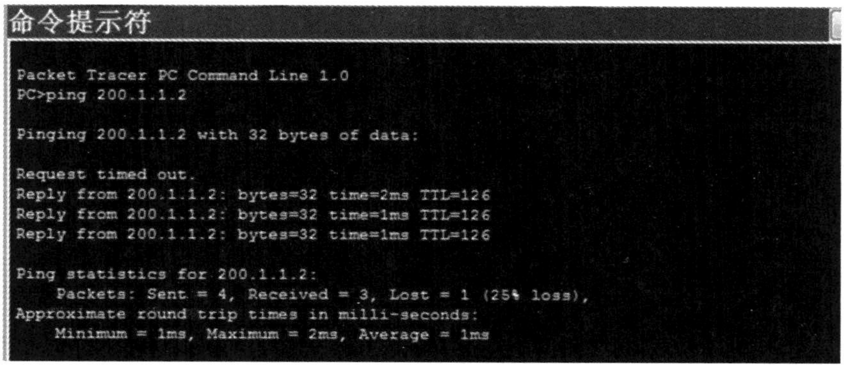

```
命令提示符

Packet Tracer PC Command Line 1.0
PC>ping 200.1.1.2

Pinging 200.1.1.2 with 32 bytes of data:

Request timed out.
Reply from 200.1.1.2: bytes=32 time=2ms TTL=126
Reply from 200.1.1.2: bytes=32 time=1ms TTL=126
Reply from 200.1.1.2: bytes=32 time=1ms TTL=126

Ping statistics for 200.1.1.2:
    Packets: Sent = 4, Received = 3, Lost = 1 (25% loss),
Approximate round trip times in milli-seconds:
    Minimum = 1ms, Maximum = 2ms, Average = 1ms
```

图 8-31　PC0ping 测 PC3 结果

然后再在路由器 R1 上查看 NAT 转换列表，结果如下所示。

```
R1#show ip nat translations
Pro  Inside global    Inside local    Outside local    Outside global
---  192.192.192.3    192.168.1.2     ---              ---
---  192.192.192.4    192.168.1.3     ---              ---
---  192.192.192.5    192.168.1.4     ---              ---
```

4. 动态 NAT 配置命令

(1) 定义一个用于动态 NAT 转换的内部全局地址池。命令如下：

```
Router(config)#ip nat pool name start-ip end-ip {netmask netmask|prefix-length prefix-length}
```

(2) 定义标准 ACL，以匹配允许动态转换的内部本地地址 (ACL 的配置详情可参照项目 9)。命令如下：

```
Router(config)#access-list access-list-number permit source[souce-wildcard]
```

(3) 配置内部本地地址和内部全局地址间的转换关系。命令如下：

```
Router(config)#ip nat inside source {list{access-list-number|name}pool name}
```

(4) 定义接口连接内部网络。命令如下：

```
Router(config)#interface iftype mode/port
Router(config-if)#ip nat inside
```

(5) 定义接口连接外部网络。命令如下：

```
Router(config)#interface iftype mode/port
Router(config-if)#ip nat outside
```

5. 动态 NAT 配置实例

仍然以图 8-30 为例，与静态 NAT 地址转换示例不同的是，当私网用户不需要获取固定的公网地址时，就可以进行动态 NAT 配置。

(1) 基本配置。路由器 R1、R2 基本配置及解释请参照静态 NAT 配置，此处不再赘述。

(2) 路由器 R1 动态 NAT 配置及解释。

```
R1(config)#access-list 1 permit 192.168.1.0 0.0.0.255
// 创建 ACL 允许 192.168.1.0 网段 NAT 转换
R1(config)#ip nat pool tom 192.192.192.3 192.192.192.5 netmask 255.255.255.0
```

// 配置名为 tom 的地址池，将合法外部地址段 192.192.192.3 至 192.192.192.5 加入地址池。

R1(config)#ip nat inside source list 1 pooltom

// 将内网的符合 ACL1 的数据包的源地址转换为地址池 tom 中的地址。

(3) 实验结果验证。

先用内网用户 PC0 测试与外网用户 PC3 的通信状况，再查看路由器 R1 的动态 NAT 转换列表内容如下所示。

```
R1#sho ip nat translations
Pro     Inside global     Inside local     Outside local     Outside global
icmp    192.192.192.3:1   192.168.1.2:1    200.1.1.2:1       200.1.1.2:1
icmp    192.192.192.3:2   192.168.1.2:2    200.1.1.2:2       200.1.1.2:2
icmp    192.192.192.3:3   192.168.1.2:3    200.1.1.2:3       200.1.1.2:3
icmp    192.192.192.3:4   192.168.1.2:4    200.1.1.2:4       200.1.1.2:4
```

8.7.4　NAPT 的配置

1. 静态 NAPT 的配置命令

(1) 定义静态转换关系。命令如下：

Router(config)#　ip nat inside source static　protocol　local-ip　　　local-port　global-ip　global- port

(2) 定义标准 ACL，以匹配允许该 ACL 转换的内部本地地址。命令如下：

Router(config)#access-list access-list-number permit source[souce-wildcard]

(3) 配置内部本地地址和内部全局地址间的转换关系。命令如下：

Router(config)#ip nat inside source {list{access-list-number|name}pool name overload}

(4) 定义接口连接内部网络。命令如下：

Router(config)#interface iftype mode/port

Router(config-if)#ip nat inside

(5) 定义接口连接外部网络。命令如下：

Router(config)#interface iftype mode/port

Router(config-if)#ip nat outside

2. NAPT 配置实例

在图 8-30 中，与动态 NAT 配置案例不同的是，如果私网用户数量远远超过公网地址数量，那么我们就需要进行 NAPT 配置，以满足所有用户访问互联网的需求。

(1) 路由器 R1 与路由器 R2 的配置参照动态 NAT 地址转换，唯一不同的是配置内部本地地址和内部全局地址间的转换关系的配置命令不同，如下所示。

R1(config)#ip nat inside source list 1 pool tom overload

// 将内网的符合 ACL 1 的数据包的源地址转换为地址池 tom 中的地址，并且为端口复用。

(2) 实验结果验证。

① 使用内网用户 PC0 拼测外网用户 PC3，以验证静态 NAT 转换结果 (请参照静态 NAT 验证方法)

② 查看路由器 R1 NAT 转换列表如下所示。

```
R1r# show nat ip translations
Pro    Inside global      Inside local     Outside local    Outside global
icmp   192.192.192.1:1    192.168.1.2:1    200.1.1.2:1      200.1.1.2:1
icmp   192.192.192.1:2    192.168.1.2:2    200.1.1.2:2      200.1.1.2:2
icmp   192.192.192.1:3    192.168.1.2:3    200.1.1.2:3      200.1.1.2:3
icmp   192.192.192.1:4    192.168.1.2:4    200.1.1.2:4      200.1.1.2:4
icmp   192.192.192.1:1024 192.168.1.3:1    200.1.1.2:1      200.1.1.2:1024
icmp   192.192.192.1:1025 192.168.1.3:2    200.1.1.2:2      200.1.1.2:1025
icmp   192.192.192.1:1026 192.168.1.3:3    200.1.1.2:3      200.1.1.2:1026
icmp   192.192.192.1:1027 192.168.1.3:4    200.1.1.2:4      200.1.1.2:1027
```

实战任务 8.8　私有局域网与 Internet 的互联

现假设某单位的两台 PC 机 (PC1 和 PC2)，不仅允许内部用户 (IP 地址为 172.16.1.0/24 网段) 访问，还允许 Internet 上的外网用户也能访问。为实现此功能，该单位向当地的 ISP 申请了一段公网的 IP 地址 210.28.1.0/24。通过静态 NAT 转换，当 Internet 上的用户访问这两台 PC 时，实际访问的是 210.28.1.10 和 210.28.1.11 这两个公网的 IP 地址，但路由器将用户的访问数据分别转换为内部网络的 172.16.1.10 和 172.16.1.11 两个私有 IP 地址。

8.8.1　实施条件

静态 NAT 使用本地地址与全局地址之间的一对一映射，这些映射保持不变。所以设计的网络拓扑结构如图 8-32 所示。

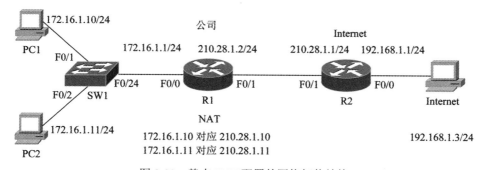

图 8-32　静态 NAT 配置的网络拓扑结构

根据实验室的实际情况，本项目可使用实体设备或 Packet Tracer 模拟器完成。本项目使用 Packet Tracer 模拟器完成。

8.8.2　数据规划

硬件设备物理链路连接规划如表 8-4 所示。

表 8-4　硬件设备物理链路连接规划表

设备名称	设备型号	本端接口名称	对端设备名称	设备型号	对端接口名称
R1	2811	Fa0/0	SW1	2960	Fa0/24
R1	2811	Fa0/1	R2	2811	Fa0/1
SW1	2960	Fa0/24	R1	2811	Fa0/0
SW1	2960	Fa0/1	PC1	PC	Fa0
SW1	2960	Fa0/2	PC2	PC	Fa0
R2	2811	Fa0/1	R1	2811	Fa0/1
R2	2811	Fa0/0	Internet	PC	Fa0

根据上表，各路由器的接口、接口 IP 规划以及 PC 的 IP 地址规划如表 8-5 所示。

表 8-5　规　划　表

序号	本端设备：接口	本端 IP 地址	对端设备：接口	对端 IP 地址
1	SW1:F0/1	—	PC1	172.16.1.10/24
2	SW1:F0/2	—	PC2	172.16.1.11/24
3	SW1:F0/24	—	R1: F0/0	172.16.1.1/24
4	R1:F0/1	210.28.1.2/24	R2:F0/1	210.28.1.1/24
2	R2:F0/0	192.168.1.1/24	Internet PC	192.168.1.1/24
3	R2:F1/0	172.16.4.2/24	PC3	172.16.4.22/24
4	R2:S1/2	172.16.3.2/24	R1:S1/2	172.16.3.1/24

8.8.3　实施步骤

1. 物理链路连接

打开 Packet Tracer 模拟器，按照表 8-4 选择交换机（本例中使用 2960）和路由器（本例中使用 2811）进行网络拓扑绘制，如图 8-33 所示。

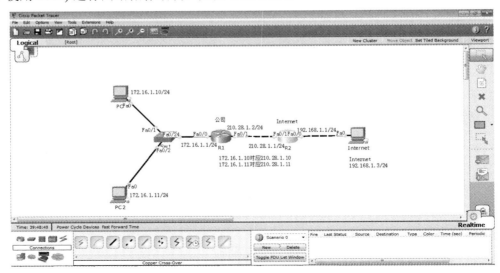

图 8-33　静态 NAT 转换配置示意图

2. 路由器基本配置（部分设备配置命令简写，基本配置部分不再解释）

(1) R1 基本配置如下所示。

```
R1#configure terminal
R1(config)#in f0/1
R1(config-if)#ip address 210.28.1.2 255.255.255.0
R1(config-if)#no shut
R1(config-if)#exit
R1(config)#in f0/0
R1(config-if)#ip address 172.16.1.1 255.255.255.0
R1(config-if)#no shut
R1(config-if)#exit
R1(config)#ip route 0.0.0.0 0.0.0.0 f0/1
```

(2) R2 基本配置如下所示。

```
R2#configure terminal
R2(config)#in f0/0
R2(config-if)#ip address 192.168.1.1 255.255.255.0
R2(config-if)#exit
R2(config)#in f0/1
R2(config-if)#ip address 210.28.1.1 255.255.255.0
R2(config-if)#no shut
R2(config-if)#exit
R2(config)#ip route 0.0.0.0 0.0.0.0 f0/1
```

3. 交换机的配置

(1) SW1 基本配置如下所示。

```
Switch>en
Switch#conf terminal
Switch(config)#in f0/24
Switch(config-if)#switchport mode trunk
Switch(config-if)#exit
```

4. 路由器 R1 的 NAT 配置

在路由器 R1 上的静态 NAT 配置如下所示。

```
R1(config)# interface fastethernet 0/0
R1(config-if)#ip nat inside
R1(config-if)#exit
R1(config)# interface fastethernet 0/1
R1(config-if)#ip nat outside
R1(config-if)#exit
R1(config)#ip nat inside source static 172.16.1.10 210.28.1.10
```

```
// 将内网的 172.16.1.10IP 地址静态映射为外网的 210.28.1.10 公有 IP 地址
R1(config)#ip nat inside source static 172.16.1.11 210.28.1.11
// 将内网的 172.16.1.11IP 地址静态映射为外网的 210.28.1.11 公有 IP 地址
R1(config)#end
```

注意：不要混淆 inside 和 outside 的用法。

8.8.4 项目测试

1. 设置 PC1、PC2、Internet PC 的 IP 地址

具体配置过程略。

2. 实验结果测试

(1) 测试 Internet 与 PC1 的网络通信状态，如图 8-34 所示。

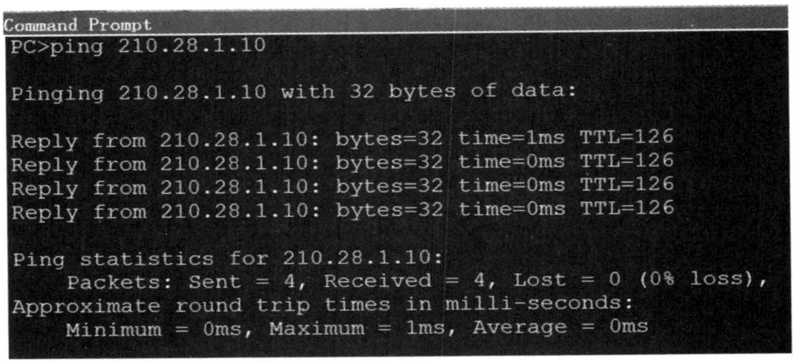

```
Command Prompt
PC>ping 210.28.1.10

Pinging 210.28.1.10 with 32 bytes of data:

Reply from 210.28.1.10: bytes=32 time=1ms TTL=126
Reply from 210.28.1.10: bytes=32 time=0ms TTL=126
Reply from 210.28.1.10: bytes=32 time=0ms TTL=126
Reply from 210.28.1.10: bytes=32 time=0ms TTL=126

Ping statistics for 210.28.1.10:
    Packets: Sent = 4, Received = 4, Lost = 0 (0% loss),
Approximate round trip times in milli-seconds:
    Minimum = 0ms, Maximum = 1ms, Average = 0ms
```

图 8-34 网络通信测试 (Internet Ping PC1)

(2) 测试 Internet 与 PC2 的网络通信状态，如图 8-35 所示。

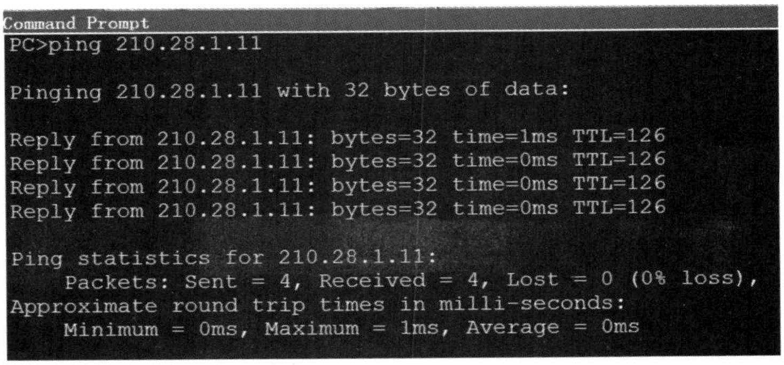

```
Command Prompt
PC>ping 210.28.1.11

Pinging 210.28.1.11 with 32 bytes of data:

Reply from 210.28.1.11: bytes=32 time=1ms TTL=126
Reply from 210.28.1.11: bytes=32 time=0ms TTL=126
Reply from 210.28.1.11: bytes=32 time=0ms TTL=126
Reply from 210.28.1.11: bytes=32 time=0ms TTL=126

Ping statistics for 210.28.1.11:
    Packets: Sent = 4, Received = 4, Lost = 0 (0% loss),
Approximate round trip times in milli-seconds:
    Minimum = 0ms, Maximum = 1ms, Average = 0ms
```

图 8-35 网络通信测试 (Internet Ping PC2)

3. 在路由器 R1 上显示 NAT 活动转换列表

代码如下：

```
R1#show ip nat translations
Pro  Inside global   Inside local    Outside local   Outside global
---  210.28.1.10     172.16.1.10     ---             ---
---  210.28.1.11     172.16.1.11     ---             ---
```

学习任务 8.9　广域网 PPP 协议及配置

8.9.1　广域网概述

1.广域网的概念

通过前面的学习，我们知道根据网络的范围大小，可以将网络分为局域网 (LAN)、城域网 (MAN) 与广域网 (WAN)。

局域网由于地理范围较小，通常比广域网 (WAN) 具有更高的传输速率。例如，目前局域网的传输速率为 100 Mb/s、1000 Mb/s，而 WAN 的传输速率在国内一般有 64 kb/s、128 kb/s、512 kb/s、1 Mb/s 或 2 Mb/s，有些集团用户才可以达到 10 Mb/s 甚至 100 Mb/s 的带宽。

城域网一般都是指一些 ISP 在特定的范围内 (如某个省、市等) 建立起来的一个网络。城域网一般根据网络分布的地域来建立 1 级、2 级、3 级节点。通常不把城域网作为衡量网络范围大小的尺度。在某种程度上，城域网可以看作是一种广域网。

超过一个局域网的范围时，网络就进入了广域网的范围内。广域网实际上将多个局域网连接起来形成更大的网络。比如说，一个学校的每一栋大楼是一个局域网，那么所有的大楼连接起来就形成了校园网，多个校园网互联形成了教育网，这个 "教育网" 可以认为是一个广域网。

那广域网和 Internet 又是怎样界定的呢？哪一个范围更大呢？当然是 Internet 范围更大。例如，一个国家可以被视为一个广域网，将多个国家级广域网连接起来，就形成了遍布全球的国际互联网。

我们可以用一个比较形象的比喻来说明三者之间的关系：如果国际互联网是宇宙，那么广域网可以比拟为银河系，你公司的网络可以算是银河中的一个太阳系，公司的网络就是太阳，而你的电脑则是围绕太阳运行的一颗行星。

2.广域网协议

广域网是一种跨地区的数据通信网络，利用电信运营商提供的设备作为信息传输平台。从 OSI 参考模型的角度来看，广域网技术主要位于底层的 3 个层次，即物理层、数据链路层和网络层。图 8-36 展示了广域网技术对应的 OSI 参考模型。

1) 物理层协议

广域网物理层协议描述了广域网连接的电气和机械的运行以及功能，还描述了数据终端设备 (DTE) 和数据通信设备 (DCE) 的接口标准。

(1) 数据终端设备 (DTE) 如计算机和路由器能够产生数据。

(2) 数据通信设备 (DCE) 能够通过网络发送和接收数据，如 Modem、数据包交换机。DCE 是服务供应商 (如通信服务商) 的交换机。

(3) DTE 产生数据，连同必要的控制字符传送给 DCE，DCE 将信号转换成适用于传输介质的信号，并将其发送到网络链路中。在信号到达另一端时，将发生相反的过程。

广域网物理层协议接口标准如 EIA-232、V.35、V.24 等。

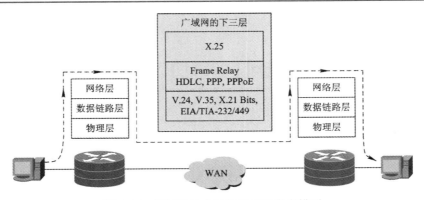

图 8-36　广域网技术对应的 OSI 参考模型

2) 数据链路层协议

广域网数据链路层协议描述了在单一数据链路中，帧是如何在系统间传输的。其中包括了点到点、点到多点以及多路访问交换等业务设计的协议。

(1) 点到点协议 (PPP)：提供主机到主机、路由器到路由器的连接（即点到点的连接）。

(2) 高级数据链路控制协议 (HDLC)：支持点到点和多点配置，实现简单，效率高，但安全性和灵活性不如 PPP。HDLC 无法提供验证机制，而验证是为了保证链路的安全。

(3) 帧中继 (Frame Relay)：一种面向连接、没有内在纠错机制的协议。其优点是高传输速度、动态、合理地分配带宽、吞吐量大、端口共享以及费用较低。缺点是无法保证传输质量，可靠性不高。

3. 广域网链路

(1) 按照传输信道的宽度，广域网可以分为宽带广域网和窄带广域网。

宽带广域网包括异步传输模式 (Asynchronous Transfer Mode，ATM) 网和同步数字系列 (Synchronous Digital Hierarchy，SDH) 网。

窄带广域网包括综合业务数字网 (Integrated Service Digital Network，ISDN)、数字数据网 (Digital Data Network，DDN)、帧中继 (Frame Relay) 网、X.25 公用分组交换网和公共交换电话网 (Public Switched Telephone Network，PSTN)。

(2) 按照广域网的接口类型划分，主要包括同步串口和异步串口。

同步串口有数据终端设备 (Data Terminal Equipment，DTE) 和数据通信设备 (Data Communication Equipment，DCE) 这两种工作方式，既可以支持多种链路层协议，也可以支持网络层的 IP 协议和 IPX 协议，同时也能支持多种类型的线缆。

异步串口分为手动设置的异步串口和专用异步串口，可以设置为专线方式和拨号方式。

4. 虚拟电路

虚拟电路是一种逻辑电路，可在两台网络设备之间实现可靠通信。虚拟电路有两种不同形式，分别是交换虚拟电路 (SVC) 和永久性虚拟电路 (PVC)。

(1) 交换虚拟电路 (SVC)。

SVC 是一种按照需求动态建立的虚拟电路，当数据传送结束时，电路将会被自动终止。SVC 上的通信过程包括三个阶段：电路创建、数据传输和电路终止。电路创建阶段主要是在通信双方设备之间建立虚拟电路；数据传输阶段通过虚拟电路在设备之间传送数据；电路终止阶段则是撤销在通信设备之间已经建立起来的虚拟电路。SVC 主要适用于非经常性的数据传送网络，因为在电路创建和终止阶段 SVC 需要占用更多的网络带宽。不过相对于永久性虚拟电路来说，SVC 的成本较低。

(2) 永久性虚拟电路 (PVC)。

PVC 是一种永久性建立的虚拟电路，只具有数据传输一种模式。PVC 可以应用于数据传送频繁的网络环境，因为 PVC 不需要为创建或终止电路而使用额外的带宽，从而提高了带宽的利用率。不过，永久性虚拟电路的成本较高。

8.9.2　PPP 协议

1. PPP 的概述

点对点协议 (Point-to-Point Protocol，PPP) 是一种用于广域网数据链路层的点对点通信协议，也称为 P2P，是在 SLIP 协议的基础上发展起来的。自 1994 年 PPP 协议诞生以来，PPP 协议本身并没有太大的改变，但由于 PPP 协议具有其他链路层协议所无法比拟的特性，使它得到了越来越广泛的应用，其扩展支持协议也层出不穷。

PPP 链路提供了一条预先建立的广域网通信路径，从客户端经过运营商网络到达远端目标网络。一条点对点链路就是一条租用的专线，可以在数据收发双方之间建立永久性的固定连接。网络运营商负责点对点链路的维护和管理。点对点链路可以提供两种数据传送方式：一种是数据报传送方式，该方式主要是将数据分割成一个个小的数据帧进行传送，其中每一个数据帧都带有自己的地址信息，并需要进行地址校验；另外一种是数据流传送方式，该方式与数据报传送方式不同，用数据流取代一个个数据帧作为数据发送单位，整个数据流具有一个地址信息，只需进行一次地址验证。

如图 8-37 所示，PPP 协议主要工作运行在串行接口和串行链路上，用于全双工同异步链路上的点到点数据传输，利用 Modem 进行拨号上网就是其典型应用。

图 8-37　跨越广域网的点对点链路

2. PPP 的特点

作为目前使用最广泛的广域网协议，PPP 具有以下特点：

(1) PPP 是面向字符的协议，在点到点串行链路上使用字符填充技术，既支持同步链路又支持异步链路。

(2) PPP 通过链路控制协议 (Link Control Protocol，LCP) 部件能够有效控制数据链路的建立。

(3) PPP 支持验证协议族中的密码验证协议 (password Authentication Protocol，PAP) 和竞争握手验证协议 (Challenge-Handshake Authentication Protocol，CHAP)，更好地保证了网

络的安全性。

(4) PPP 支持各种网络控制协议 (Network Control Protocol，NCP)，可以同时支持多种网络层协议。典型的 NCP 包括支持 IP 的网际协议控制协议 (IPCP) 和支持 IPX 的网际信息包交换控制协议 (IPXCP) 等。

(5) PPP 可以对网络层地址进行协商，支持 IP 地址的远程分配，能满足拨号线路的需求。

(6) PPP 无重传机制，网络开销小。

3. PPP 协议的组成

PPP 协议由 3 个部分组成。

(1) 一种将 IP 数据报封装到串行链路的方法。PPP 既支持异步链路 (无奇偶校验的 8 比特数据)，也支持面向比特的同步链路。

(2) 一个用来建立、配置和测试数据链路的链路控制协议 LCP。通信的双方可协商一些选项。在 [RFC 1661] 中定义了 11 种类型的 LCP 分组。

(3) 一套网络控制协议 NCP，支持不同的网络层协议，如 IP、OSI 的网络层、DECnet、AppleTalk 等。

4. PPP 帧格式

PPP 帧格式如图 8-38 所示。

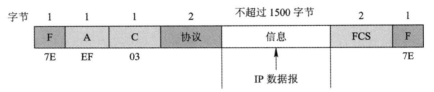

图 8-38　PPP 帧格式

PPP 帧格式有以下几个特点。

(1) PPP 帧的标志字段 F 为 0x7E(其中 0x 表示 7E)。

(2) 地址字段 A 和控制字段 C 都是固定不变的，分别为 0xFF、0x03。

(3) PPP 协议不是面向比特的，因此所有的 PPP 帧长度都是整数个字节。

(4) 不同的协议字段决定了后面信息字段类型的不同，例如：

① 0x0021——信息字段是 IP 数据报；

② 0xC021——信息字段是链路控制数据 LCP；

③ 0x8021——信息字段是网络控制数据 NCP；

④ 0xC023——信息字段是安全性认证 PAP；

⑤ 0xC025——信息字段是 LQR；

⑥ 0xC223——信息字段是安全性认证 CHAP。

(5) 当信息字段中出现和标志字段一样的比特 0x7E 时，就必须采取特定措施。

(6) PPP 协议是面向字符型的，所以它不能采用 HDLC 所使用的零比特插入法，而是使用一种特殊的字符填充。具体的做法是将信息字段中出现的每一个 0x7E 字节转变成 2 字节序列 (0x7D，0x5E)。若信息字段中出现一个 0x7D 的字节，则将其转变成 2 字节序列 (0x7D，0x5D)。若信息字段中出现 ASCII 码的控制字符，则在该字符前面要加入一个 0x7D 字节。这样做的目的是防止这些表面上的 ASCII 码控制字符被错误地解释为控制字符。

5. PPP 链路工作过程

当用户拨号接入 ISP 时，路由器的调制解调器对拨号做出应答，并建立一条物理连接。这时 PC 机向路由器发送一系列的 LCP 分组 (封装成多个 PPP 帧)。这些分组及其响应选择了将要使用的一些 PPP 参数，然后进行网络层配置。NCP 给新接入的 PC 机分配一个临时的 IP 地址，这样 PC 机就成为了 Internet 上的一个主机。

当用户通信完毕时，NCP 释放网络层连接，收回原来分配出去的 IP 地址。接着 LCP 释放数据链路层连接，最后释放的是物理层的连接。

当线路处于静止状态时，并不存在物理层的连接。当检测到调制解调器的载波信号并建立与物理层的连接后，线路就进入建立状态，这时 LCP 开始协商一些选项，协商结束后进入鉴别状态。若通信的双方鉴别身份成功，则进入网络状态。NCP 经过配置网络层，分配 IP 地址，然后进入可进行数据通信的打开状态，数据传输结束后就转到终止状态，载波停止后则回到静止状态。上述过程如图 8-39 所示。

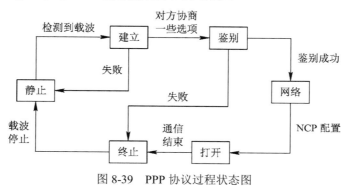

图 8-39　PPP 协议过程状态图

6. PPP 协议验证

PPP 协议验证有两种：密码验证协议 (Password Authentication Protocol，PAP) 和挑战握手验证协议 (Challenge Hand Authentication Protocol，CHAP)。

(1) PAP 验证。

PAP 验证为 2 次握手验证，验证过程仅在链路初始建立阶段进行，验证的过程如图 8-40 所示。

首先被验证方以明文发送用户名和密码到主验证方，主验证方核实用户名和密码。如果此用户合法且密码正确，则会给对端发送 ACK 消息，通告对端验证通过，允许进入下一阶段协商；如果用户名或密码不正确，则发送 NAK 消息，通告对端验证失败。

为了确认用户名和密码的正确性，主验证方要么检索本机预先配置的用户列表，要么采用类似 (远程验证拨入用户服务协议，RADIUS) 的远程验证协议向网络上的验证服务器查询用户名密码信息。

PAP 验证失败后并不会直接将链路关闭。只有当验证失败次数达到一定值时，链路才会被关闭，这样可以防止因误传、线路干扰等问题造成不必要的 LCP 重新协商过程。

PAP 验证可以在一方进行，即由一方验证另一方的身份，也可以进行双向身份验证，双向验证可以理解为两个独立的单向验证过程，即要求通信双方都要通过对方的验证程序，否则无法建立二者之间的链路。

在 PAP 验证中，用户名和密码在网络上以明文的方式传递，如果在传输过程中被监听，监听者可以获知用户名和密码，并利用其通过验证，从而可能对网络安全造成威胁。因此，PAP 适用于对网络安全要求相对较低的环境。

(2) CHAP 验证。

CHAP 验证为 3 次握手验证，验证过程如图 8-41 所示。

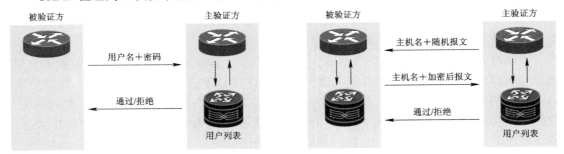

图 8-40   PAP 验证过程   图 8-41   CHAP 验证过程

首先主验证方主动发起验证请求，主验证方向被验证方发送一个随机产生的数值，并同时将本端的用户名一起发送给被验证方。

紧接着被验证方在接收到主验证方的验证请求后，检查本地密码。如果本端接口上配置了默认的 CHAP 密码，则被验证方选用此密码；如果没有配置默认的 CHAP 密码，则被验证方根据此报文中的主验证方的用户名在本端用户表中查找该用户对应的密码，并选用找到的密码。随后，被验证方利用 MD5 算法对报文 ID、密码和随机数生成一个摘要，并将此摘要和自己的用户名发回主验证方。

最后主验证方用 MD5 算法对报文 ID、本地保存的被验证方密码和原随机数生成一个摘要，并与收到的摘要值进行比较。如果相同，则向被验证方发送 Acknowledge 消息声明验证通过；如果不同，则验证不通过，向被验证方发送 Not Acknowledge。

CHAP 单向验证是指一端作为主验证方，另一端作为被验证方。双向验证是单向验证的简单叠加，即两端都是既作为主验证方又作为被验证方。在链路建立完成后任何时间都可以重复发送进行再验证。

(3) PAP 与 CHAP 对比。

PPP 支持两种验证方式 PAP 与 CHAP，它们的区别如下：

① PAP 通过 2 次握手的方式来完成验证，而 CHAP 通过 3 次握手验证远端节点。PAP 验证由被验证方首先发起验证请求，而 CHAP 验证由主验证方首先发起验证请求。

② PAP 密码以明文方式在链路上发送，并且当 PPP 链路建立后，被验证方会不停地在链路上反复发送用户名和密码，直到身份验证过程结束，所以不能防止攻击。CHAP 只在网络上传输用户名，并不传输用户密码，因此它的安全性要比 PAP 高。

③ PAP 和 CHAP 都支持双向身份验证。即参与验证的一方可以同时是验证方和被验证方。

PAP 和 CHAP 都支持双向身份验证，但由于 CHAP 的安全性优于 PAP，其应用更加广泛。

8.9.3   PPP 协议的配置

1. PPP 基本配置命令

由于 PPP 协议 PAP/CHAP 验证双方分为被验证方和主验证方，所以验证双方路由器的配置略有不同。

(1) 被验证方路由器的配置。

被验证方路由器上配置 PAP/CHAP 步骤如下。

① 封装 PPP。命令如下:

Router (config-if)# encapsulation ppp

② 设置验证类型。命令如下:

Router (config-if)#ppp authentication { pap | chap }

③ 设置用户名、口令。命令如下:

Router (config-if)#ppp pap sent-username name password 0/7 password

注意:

• 若使用 0 关键字,则密码是以明文形式出现在配置文件中。

• 若使用 7 关键字,密码以密文形式出现在配置文件中。

• 若直接输入密码,默认是明文密码。

(2) 主验证方路由器的配置。

① 封装 PPP。命令如下:

Router (config-if)# encapsulation ppp

② 设置验证类型。命令如下:

Router (config-if)#ppp authentication { pap | chap }

③ 配置用户列表。全局配置模式下将对端用户名和密码加入本地用户列表。命令如下:

Router (config)#username name password 0 password

注意:

• name 是被验证方的用户名和密码。

• password 是被验证方的用户名和密码。

(3) PPP 验证配置命令。

① 显示接口下 PPP 配置和运行状态的命令如下:

Router#show interface interface-name

② 显示 PPP 验证的本地用户的命令如下:

Router#show user

2. PAP 验证配置示例

两台路由器之间通过背靠背的方式互联,双方互联的接口为 Serial0/3/0,验证方式为 PAP 验证。PAP 验证网络拓扑如图 8-42 所示。

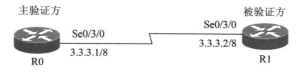

图 8-42　PAP 验证网络拓扑

(1) 被验证方 R1 的配置。

被验证方 R1 的配置及相关描述如下所示。

命令： R1 (config)#interface serial0/3/0 R1 (config-if)#ip address 3.3.3.2 255.0.0.0 R1(config-if)#encapsulation ppp R1(config-if)#ppp pap sent-username papuser password 123	描述： 进入接口 配置 ip 地址 封装 PPP 协议 配置协商的用户名和密码

(2) 主验证方 R0 的配置。

主验证方 R0 的配置及相关描述如下所示。

命令： R0#configure terminal R0(config)#interface serial0/3/0 R0(config-if)#ipaddress 3.3.3.1 255.0.0.0 R0 (config-if)#encapsulation ppp R0 (config-if)#ppp authentication pap R0 (config-if)#exit R0 (config)#user papuser password 0 123	描述： 进入全局配置模式 进入接口模式 配置 ip 地址 封装 PPP 协议 配置 pap 认证 退出接口模式 将对端用户名 papuser 和密码 123 加入本地用户列表

实战任务 8.10 利用 CHAP 认证实现网络安全互联

作为一个公司的网络管理员，公司的出口路由器与运营商的网络通过广域网连接，承载着公司所有网上业务的安全。下面需要你通过路由器用 CHAP 双向认证，保证用户名、密码在传输的过程中不被监听和网络互联。

8.10.1   实施条件

PPP 链路提供的是一条预先建立的从客户端经过运营商网络到达远端目标网络的广域网通信路径。一条点对点链路就是一条租用的专线，可以在数据收发双方之间建立起永久性的固定连接。

CHAP 认证可以实现双向认证，并能保证用户名、密码在传输过程中的安全性，所以设计的网络拓扑结构如图 8-43 所示 (为突出重点，公司内部局域网未体现)。

图 8-43   CHAP 认证网络拓扑

根据实际情况可使用实体设备或 Packet Tracer 模拟器完成。

本项目使用 Packet Tracer 模拟器完成。

8.10.2   数据规划

路由器的接口及接口 IP 规划如表 8-6 所示。

表 8-6　规　划　表

序号	本端设备:接口	本端 IP 地址	对端设备:接口	对端 IP 地址
1	R1:S0/1/0	10.10.10.1/8	R2:S0/1/0	10.10.10.1/8

8.10.3　实施步骤

1. 物理连接

路由器 R1 与 R2 使用广域口 S0/1/0 互联。

2. 在模拟器中构建网络拓扑

在 Packet Tracer 中按项目要求构建网络拓扑,并登录设备进行业务配置如图 8-44 所示。

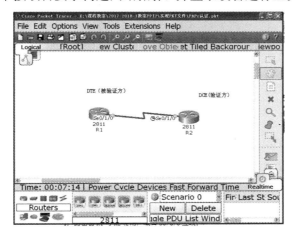

图 8-44　CHAP 配置网络拓扑图

路由器 R1、R2 基本配置、IP 接口地址配置等略。

3. PPP CHAP 基本配置

(1) 路由器 R1 的基本配置如下。

```
R1#configure terminal
R1 (config)#user 123 password 0 123
R1(config)#interface serial 0/1/0
R1(config-if)#encapsulation ppp
R1 (config-if)#ppp authentication chap
```

(2) 路由器 R2 的基本配置如下。

```
R2#configure terminal
R2 (config)#user 123 password 0 123
R2(config)#interface serial 0/1/0
R2(config-if)#encapsulation ppp
R2 (config-if)#ppp authentication chap
```

4. 保存路由器的状态配置文件

保存路由器的状态配置文件。命令如下:

R2 # write [memory]

R2# copy running-config startup-config

8.10.4　项目测试

在 R2 上 ping R1 接口地址，通信正常，如图 8-45 所示。

```
R2#ping 10.10.10.1

Type escape sequence to abort.
Sending 5, 100-byte ICMP Echos to 10.10.10.1, timeout is 2 seconds:
!!!!!
Success rate is 100 percent (5/5), round-trip min/avg/max = 1/5/8 ms
```

图 8-45　CHAP 配置网络通信测试

项 目 习 题

一、选择题

1. 下列选项中 RIP 动态路由协议说法正确的是 (　　)。

A. RIP 提供跳跃计数 (hop count) 作为尺度来衡量路由距离

B. RIP 属于 EGP

C. RIP 最多支持的跳数为 32　　　　　D. RIP 是典型的链路状态协议

2. 关于 RIP V1 和 RIP V2，下列说法正确的是 (　　)。

A. RIP V1 报文支持子网掩码　　　　　B. RIP V2 报文支持子网掩码

C. RIP V2 缺省使用路由聚合功能

D. RIP V1 只支持报文的简单口令认证，而 RIP V2 支持 MD5 认证

3. RIPV2 有两种传送路由信息的方式，其中采用组播方式时使用的组播地址为 (　　)。

A. 224.0.0.7　　　　　　　　　　　　B. 224.0.0.9

C. 224.0.0.11　　　　　　　　　　　　D. 以上皆不是

4. 路由引入 (redistribute) 可以实现的主要功能是 (　　)。

A. 将 RIP 发现的路由引入到 OSPF 中

B. 实现路由协议之间发现路由信息的共享

C. 消除路由环路　　　　　　　　　　D. 以上都不正确

5. RIP 解决路由环路的方法有 (　　)。

A. 水平分割　　　　　　　　　　　　B. 抑制时间

C. 毒性逆转　　　　　　　　　　　　D. 触发更新

6. 与 RIPv1 相比，OSPF 的优点有 (　　)。

A. 收敛快　　　　　　　　　　　　　B. 没有 16 跳限制

C. 支持 VLSM　　　　　　　　　　　D. 基于带宽来选择路径

7. 对于 RIP 协议，可以到达目标网络的跳数 (所经过路由器的个数) 最多为 (　　)。

A. 12　　　　　　　　　　　　　　　B. 15

C. 16　　　　　　　　　　　　　D. 没有限制

8. 对于 OSPF 支持的报文认证，下列描述正确的是 (　　)。

A. OSPF 支持在相邻路由器之间仅仅支持 MD5 密文验证，不支持明文验证

B. OSPF 支持在相邻路由器之间支持明文验证 (Simple) 和 MD5 密文验证

C. 默认情况下，不对报文进行验证

D. 默认情况下，对报文进行 MD5 验证

9. 以下有关 OSPF 网络中 DR 的说法正确的是 (　　)。

A. 一个 OSPF 区域 (AREA) 中必须有一个 DR

B. 某一网段中的 DR 必须是经过路由器之间按照协议规定协商产生

C. 只有网络中 priority 最小的路由器才能成为 DR

D. 只有 NBMA 或广播网络中才会选择 DR

10. 下列关于 OSPF 的描述，正确的是 (　　)。

A. OSPF 基于端口的 bandwidth 设定来计算链路的 cost 值

B. OSPF 对于跳数 (hop) 没有限制

C. OSPF 发送单播包，而不是广播包

D. OSPF 发送的是一张完整的路由表

11. 下面关于 OSPF 区域表述正确的有 (　　)。

A. 所有的 OSPF 区域必须通过域边界路由器与区域 0 相连，或采用 OSPF 虚链路

B. 所有区域间通信必须通过骨干区域 0，因此所有区域路由器必须包含到区域 0 的路由

C. 同一区域内的 ABR 之间必须要有物理连接

D. 虚链路可以穿越 stub 区域

12. 下面关于 DR 和 BDR 说法错误的是 (　　)。

A. 不设置抢占机制，即 DR 一旦选举出来，即便有更高优先级的路由器加入，也不重新选举

B. DR 失效后，立刻重新选举新的 DR

C. 网段中 DR 一定是 priority 最大的路由器

D. BDR 不一定就是 priority 第二大的路由器

13. OSPF 协议中 LSR 报文的作用是 (　　)。

A. 发现并维持邻居关系　　　　　B. 描述本地 LSDB 的情况

C. 向对端请求本端没有的 LSA　　D. 向对方更新 LSA

14. 在 OSPF 中，Hello 报文是以 (　　) 形式发送的。

A. 单播　　　　　　　　　　　　B. 组播

C. 广播　　　　　　　　　　　　D. 据配置决定

15. 下列有关 NAT 叙述错误的是 (　　)。

A. NAT 是英文"网络地址转换"的缩写

B. 址转换又称地址翻译，用来实现私有地址和公用网络地址之间的转换

C. 当内部网络的主机访问外部网络的时候，一定不需要 NAT

D. 地址转换的提出为解决 IP 地址紧张的问题提供了一个有效途径

16. (　　) 是指分配给内部网络主机的 IP 地址，该地址可能是非法的未向相关机构注

册的 IP 地址，也可能是合法的私有网络地址。

    A. 内部本地地址   B. 内部全局地址

    C. 外部本地地址   D. 外部全局地址

17. 将网络地址从一个地址空间转换到另外一个地址空间的行为。它使得一个使用私有地址的网络中的主机以合法地址出现在 Internet 上，这里的协议指的是（   ）。

    A. OSPF 协议   B. BGP 协议

    C. NAT 协议   D. RIP 协议

18. （   ）是设置起来最为简单和最容易实现的一种，内部网络中的每个主机都被永久映射成外部网络中的某个合法地址，即一对一的转换，且要指定和哪个合法地址进行。

    A. 静态 NAT   B. 动态 NAT

    C. NAPT   D. NATP

19. 以下对 PPP 协议的说法中错误的是（   ）。

    A. 具有差错控制能力   B. 仅支持 IP 协议

    C. 支持动态分配 IP 地址   D. 支持身份验证

20. 下列哪些协议不属于 PPP 协议的组成协议（   ）。

    A. HDLC   B. LCP

    C. NCP   D. IP

21. PPP 协议是广域网哪一层的协议（   ）。

    A. 物理层   B. 数据链路层

    C. 网络层   D. 高层

22. 关于 PPP 协议下列说法正确的是（   ）。

    A. PPP 协议是物理层协议

    B. PPP 协议是在 HDLC 协议的基础上发展起来的

    C. PPP 协议支持的物理层可以是同步电路或异步电路

    D. PPP 主要由两类协议组成即路控制协议族（CLCP）和网络安全方面的验证协议族（PAP 和 CHAP）

23. 如果路由器的广域网接口状态信息为"serialol/1 is up, line protocol is down"，导致这种错误的原因是（   ）。

    A. 没有设置时钟速率   B. 该接口被手工禁用

    C. 该接口没有连接电缆   D. 没有收到存活消息

    E. 封装类型不匹配

二、简答题

1. RIP 协议有几种版本？其主要区别是什么？

2. OSPF 协议报文有哪几种？

3. 我们为什么需要 NAT 技术？

4. 什么是公有 IP 地址？什么是私有 IP 地址？

5. PPP 认证有哪几种方式，区别是什么？

6. 简述配置 CHAP 认证的步骤。

利用访问控制列表(ACL)管理网络的数据流

思政目标

弘扬工匠精神，牢固树立网络安全意识，体现社会责任担当。

思维导图

本项目思维导图如图 9-0 所示。

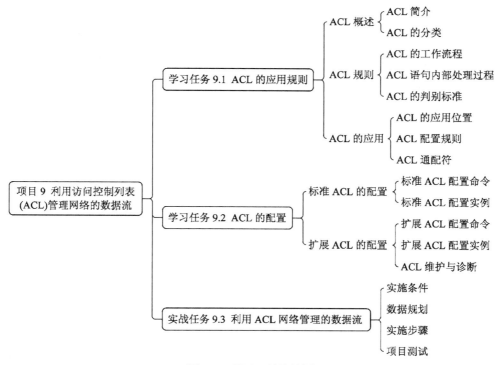

图 9-0 项目 9 思维导图

学习目标

◎掌握 ACL 概念及其作用。

◎掌握 ACL 分类、特点和应用要求。

◎学会标准 ACL 和扩展 ACL 的配置。

学习任务 9.1　ACL 的应用规则

9.1.1　ACL 概述

1. ACL 简介

1) ACL 的定义

访问控制列表 (ACCESS Control List，ACL) 就是一种对经过路由器的数据流进行判断、分类和过滤的方法。

随着网络规模和网络中流量的不断扩大，网络管理员面临一个问题：如何在保证合法访问的同时，拒绝非法访问。这就需要对路由器转发的数据包作出区分，区分哪些是合法的流量，哪些是非法的流量，通过这种区分来对数据包进行过滤并达到有效控制的目的。

这种数据包过滤技术是在路由器上实现防火墙的一种主要方式，而实现数据包过滤技术最核心内容就是使用访问控制列表。

2) ACL 的作用

常见的 ACL 应用是将 ACL 直接应用到接口上。其主要作用是根据数据包与数据段的特征来决定是否允许数据包通过路由器转发，其主要目的是对数据流量进行管理和控制。

我们还常使用 ACL 实现策略路由和特殊流量的控制。在一个 ACL 中可以包含一条或多条特定类型的 IP 数据包的规则。ACL 可以简单到只包括一条规则，也可以复杂到包括多条规则，通过多条规则来定义与规则中相匹配的数据分组。

ACL 作为一个通用的数据流量的判别标准还可以和其他技术配合，应用在不同的场合，如防火墙、QOS 与队列技术、策略路由、数据速率限制、路由策略、NAT 等。

2. ACL 的分类

1) 常用访问控制列表的几种类型

(1) 标准 ACL。

标准 ACL 只以数据包的源地址信息作为过滤的标准，而不能基于协议或应用来进行过滤。即只能根据数据包的来源进行控制，而不能基于数据包的协议类型及应用来对其进行控制。只能粗略地限制某一类协议，如 IP 协议。

(2) 扩展 ACL。

扩展 ACL 可以以数据包的源地址、目的地址、协议类型及应用类型 (端口号) 等信息作为过滤的标准。即可以根据数据包是从哪里来、到哪里去、何种协议、什么样的应用等特征来进行精确的控制。

ACL 可被应用在数据包进入路由器的接口方向，也可被应用在数据包从路由器外出的接口方向，并且一台路由器上可以设置多个 ACL。但对于一台路由器的某个特定接口的特定方向上，针对某一个协议只能同时应用一个 ACL，如 IP 协议。

(3) 二层 ACL。

二层 ACL 可以对源 MAC 地址、目的 MAC 地址、源 VLAN ID、二层以太网协议类型、802.1p 优先级值进行匹配。

(4) 混合 ACL。

混合 ACL 对源 MAC 地址、目的 MAC 地址、源 VLAN ID、源 IP 地址、目的 IP 地址、TCP 源端口号、TCP 目的端口号、UDP 源端口号、UDP 目的端口号进行匹配。

2) 标准 ACL 和扩展 ACL 的对比

标准 ACL 和扩展 ACL 各有特点和运用场景，表 9-1 很直观地体现了标准 ACL 和扩展 ACL 的特点。

表 9-1　标准 ACL 和扩展 ACL 的对比

标准 ACL	扩展 ACL
基于源地址过滤	基于源、目的地址过滤
允许/拒绝整个 TCP/IP 协议族	指定特定的 IP 协议和协议号
列表数值范围从 1 到 99	列表数值范围从 100 到 199

9.1.2　ACL 规则

1. ACL 的工作流程

以路由器为例来说明 ACL 的基本工作过程。

(1) 当 ACL 应用在出接口上时，工作流程如图 9-1 所示。

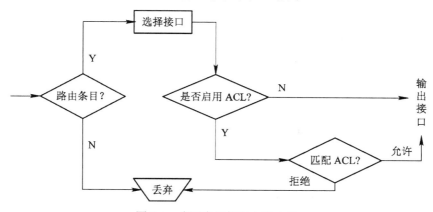

图 9-1　应用在出接口上的 ACL

首先数据包进入路由器的接口，根据目的地址查找路由表，找到转发接口 (如果路由表中没有相应的路由条目，路由器会直接丢弃此数据包，并给源主机发送目的不可达消息)。确定外出接口后需要检查是否在外出接口上配置了 ACL，如果没有配置 ACL，路由器将做与外出接口数据链路层协议相同的二层封装，并转发数据。如果在外出接口上配置了 ACL，则要根据 ACL 制定的原则对数据包进行判断，如果匹配了某一条 ACL 的判断语句并且这条语句的关键字是 PERMIT，则转发数据包；如果匹配了某一条 ACL 的判断语句并且这条语句的关键字是 DENY，则丢弃数据包。

(2) 当 ACL 应用在入接口上时，工作流程如图 9-2 所示。

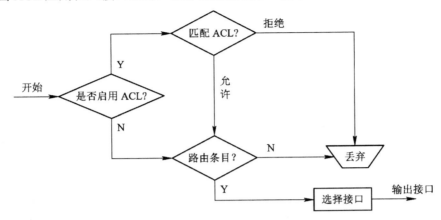

图 9-2　应用于入接口的 ACL

当路由器的接口接收到一个数据包时，首先会检查访问控制列表，如果执行控制列表中有拒绝和允许的操作，则被拒绝的数据包将会被丢弃，允许的数据包进入路由选择状态。对进入路由选择状态的数据再根据路由器的路由表执行路由选择，如果路由表中没有到达目标网络的路由，那么相应的数据包就会被丢弃；如果路由表中存在到达目标网络的路由，则数据包被送到相应的网络接口。

2. ACL 语句内部处理过程

ACL 内部匹配规则如图 9-3 所示。

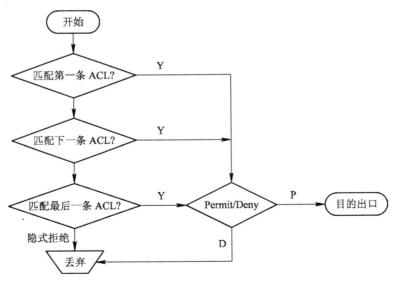

图 9-3　ACL 内部匹配规则

每个 ACL 都是多条语句（规则）集合，当一个数据包要通过 ACL 的检查时，首先检查 ACL 中的第一条语句。如果匹配其判别条件则依据这条语句所配置的关键字对数据包操作；如果关键字是 PERMIT 则转发数据包；如果关键字是 DENY 则直接丢弃此数据包。

当匹配到一条语句后，就不会再往下进行匹配了，所以语句的顺序很重要。

如果没有匹配第一条语句的判别条件则进行下一条语句的匹配，同样如果匹配其判别条件则依据这条语句所配置的关键字对数据包操作。如果关键字是 PERMIT 则转发数据包，如果关键字是 DENY 则直接丢弃此数据包。

这样的过程一直进行，一旦数据包匹配了某条语句的判别语句，则根据这条语句所配置的关键字或转发或丢弃。

如果一个数据包没有匹配上 ACL 中的任何一条语句则会被丢弃掉，因为默认情况下，每一个 ACL 在最后都有一条隐含匹配所有数据包的条目，其关键字是 DENY。

3. ACL 的判别标准

ACL 的判别标准如图 9-4 所示。

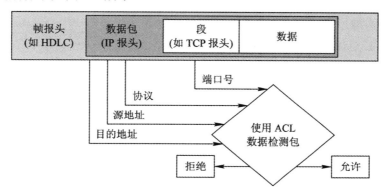

图 9-4 ACL 判别标准

ACL 可以使用的判别标准包括：源 IP、目的 IP、协议类型 (IP、UDP、TCP、ICMP)、源端口号、目的端口号。ACL 可以根据这五个要素中的一个或多个要素的组合来作为判别的标准。总之，ACL 可以根据 IP 包、TCP 或 UDP 数据段中的信息来对数据流进行判断，即根据第三层及第四层的头部信息进行判断。

9.1.3　ACL 的应用

1. ACL 的应用位置

应该在什么地方配置 ACL，如图 9-5 所示。

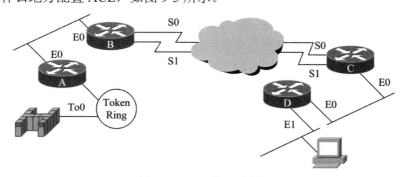

图 9-5 ACL 的配置选择

标准 ACL，只能过滤源 IP，为了不影响源主机的通信，一般我们将标准 ACL 放在离目的端比较近的地方；扩展 ACL 可以精确地定位某一类的数据流，为了不让无用的流量占据网络带宽，一般我们将扩展 ACL 放在离源端比较近的地方。

2. ACL 配置规则

ACL 的配置规则如下。

(1) ACL 语句执行顺序。

ACL 按照由上到下的顺序执行，找到第一个匹配后即执行相应的操作，然后跳出 ACL 而不会继续匹配下面的语句。所以 ACL 中语句的顺序很关键，如果顺序错误则有可能效果与预期完全相反。

配置 ACL 的时候应该遵循如下原则：

① 对于扩展 ACL，具体的判别条目应放置在前面。

② 标准 ACL 可以自动排序：主机、网段、ANY。

(2) 隐含的拒绝所有的条目。

末尾隐含为 DENY 全部，意味着 ACL 中必须有明确地允许数据包通过的语句，否则将没有数据包能够通过。

(3) ACL 可应用于 IP 接口或某种服务。

ACL 是一个通用的数据流分类与判别的工具，可以被应用到不同的场合，常见将 ACL 应用在接口上或应用到服务上。

(4) ACL 配置顺序。

在应用 ACL 之前，要首先创建好 ACL，否则可能出现错误。

(5) ACL 的应用。

对于一个协议，一个接口的一个方向上同一时间内只能设置一个 ACL，并且 ACL 配置在接口上的方向很重要，如果配置错误可能不起作用。

(6) ACL 的方向。

如果 ACL 既可以应用在路由器的入方向，也可以应用在出方向，那么优先选择入方向。这样可以减少无用的流量对设备资源的消耗。

3. ACL 通配符

路由器使用通配符与源或目标地址一起分辨匹配的地址范围，通配符告诉路由器为了判断出是否匹配，它需要检查 IP 地址中的多少位。这个地址掩码可以只使用两个 32 位的号码来确定 IP 地址的范围，如果没有掩码的话，需要对每个匹配的 IP 客户地址加入一个单独的访问列表语句。

通配符中为 "0" 的位代表，被检测的数据包中的地址位必须与前面的 IP 地址相应位一致才被认为满足了匹配条件。而通配符为 "1" 的位代表，被检测的数据包中的地址位是否与前面的 IP 地址相应位一致都认为满足了匹配条件。通配符的作用举例如图 9-6 所示。

用通配符指定特定地址范围 172.30.16.0/24 到 172.30.31.0/24，通配符应设置成 0.0.15.255，具体计算方法如图 9-7 所示。

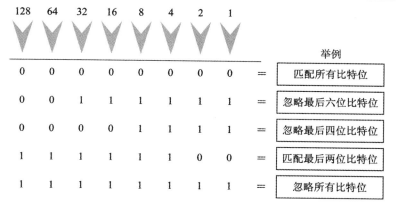

图 9-6　ACL 通配符的作用

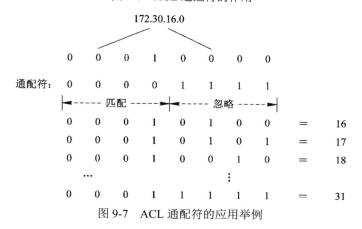

图 9-7　ACL 通配符的应用举例

学习任务 9.2　ACL 的配置

9.2.1　标准 ACL 的配置

1. 标准 ACL 配置命令

(1) 标准 ACL 配置方法。

标准访问控制列表只是根据数据包的源地址对数据包进行区分。

配置标准 ACL 的命令如下：

```
Router(config)# ip access-list standard{<access-list -number>|< name>}
Router(config-std-nacl)#{deny|permit} {source[source-wildcard] | any}
```

此命令格式表示：允许或拒绝来自指定网络的数据包，该网络由 IP 地址 (ip-address) 和反掩码 (source-wildcard) 指定。其中：

access-list-number 表示规则序号，标准访问列表的规则序号范围为 1～99。

permit 和 deny 表示如果满足条件则允许或禁止该数据包通过。

ip-address 和 source-wildcard 分别为 IP 地址和反掩码，用来指定某个网络。

(2) 反掩码。

IP 地址与反掩码都是 32 位的数。反掩码的作用与子网掩码相似。通常情况下，反掩码看起来很像一个颠倒过来的 IP 地址子网掩码，但用法上有所不同。IP 地址与反掩码的关系语法规定如下：在反掩码中相应位为 1 的地址中的位在比较中被忽略，为 0 的必须被检查。例如：192.168.1.1/25 网段

　　用子网掩码表示：192.168.1.1　255.255.255.128

　　用反掩码表示：192.168.1.1　0.0.0.127

如果想指定匹配所有地址可使用 IP 地址与反掩码为 0.0.0.0 255.255.255.255，其中 IP 地址 0.0.0.0 代表所有网络地址，而反掩码 255.255.255.255 代表不管数据包中的 IP 地址是什么都满足匹配条件。所以 0.0.0.0 255.255.255.255 意为接受所有地址并且可简写为 any。

如果想匹配某个主机 10.10.1.1，可使用的 IP 地址与反掩码为 10.10.1.1 0.0.0.0。

2. 标准 ACL 配置实例

(1) 应用到接口上的标准 ACL。

标准 ACL 配置如图 9-8 所示。

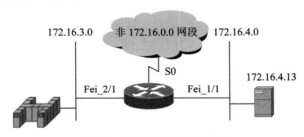

图 9-8　标准 ACL 配置实例

需求是只允许两边的网络 (172.16.3.0，172.16.4.0) 互通，配置语句如下：

```
Router(config)#ip access-list standard 1
Router(config-std-nacl)#permit 172.16.3.0 0.0.0.255
Router(config)#interface F_1/1
Router(config-if)#ip access-group1out
```

本例中 ACL1 只允许源地址为 172.16.3.0 网段的主机通过，并且 ACL1 被应用在接口 Fei_1/1 的外出方向。而处于 172.16.3.0 与处于 172.16.4.0 两个网段内的主机也不能访问非 172.16.0.0 网络的主机，原因是一般的数据通信都是双向的，回来的数据包被 ACL 拒绝导致通信不能正常进行。

(2) 应用到服务上的 ACL。

如果只允许 192.89.55.0 网段中的主机才能对路由器进行 telnet 访问，配置如下语句：

```
Router(config)#ip access-list standard 12
Router(config-std-nacl)# permit 192.89.55.0 0.0.0.255
Router(config)#line vty 0 4
Router(config-line)#access-class12 in
```

使用命令 access-class access-list-number {in|out} 来引用一个 ACL 并作用在路由器的 telnet 服务上。利用 ACL 针对地址限制进入的 vty 连接。

9.2.2　扩展 ACL 的配置

1. 扩展 ACL 配置命令

配置扩展 ACL 命令如下：

Router(config)#ip access-list extended {<access-list-number>|<name>}

其中：

access-list-number 表示规则序号，标准访问列表的规则序号范围为 100-199。

定义规则：

Router(config-ext-nacl)# {permit|deny} 协议类型 {<source><source-wildcard>|any}{<dest><dest-wildcard>|any}

其中：

{ permit | deny } 为关键字，必选项；

协议类型常用的有 icmp，ip，tcp，udp；

source source-wildcard 为源地址及源地址反掩码；

dest dest-wildcard 为目的地址及目的地址反掩码。

2. 扩展 ACL 配置实例

网络拓扑图请参照图 9-8。

需求是拒绝从子网 172.16.4.0 到子网 172.16.3.0 通过 Fei_2/1 口出去的 FTP 访问，允许其他所有流量通过路由器转发。

配置命令如下：

Router(config)#ip access-list standard101

Router(config-ext-nacl)# deny tcp172.16.4.0 0.0.0.255172.16.3.0 0.0.0.255 Eq ftp

Router(config-ext-nacl)#permit ip any any

Router(config)#interface fei_2/1

Router(config-if)#ip access-group101out

ip access-group 101 out 本例中首先配置编号为 101 的扩展 ACL，拒绝从 172.16.4.0/24 网段发出到达 172.16.3.0/24 网段的 TCP 端口号 FTP 的数据流。

3. ACL 维护与诊断

在特权模式下使用命令 show ip access-list 可显示 IP ACL 的具体内容。命令如下：

Router#show ip access-list1

实战任务 9.3　利用 ACL 管理网络的数据流

作为一个公司的网络管理员，公司的经理部、财务部和销售部分属不同的 3 个网段，3 个部门之间用路由器进行信息传递。安全起见，公司领导要求销售部不能对财务部进行访问，但经理部可以对财务部进行访问。

9.3.1 实施条件

标准 IP 访问列表可以根据数据包的源 IP 地址定义规则，进行数据包的过滤。

根据实验室的实际情况项目可使用实体设备或 Packet Tracer 模拟器完成。

本项目使用 Packet Tracer 模拟器完成。设计的网络拓扑结构如图 9-9 所示。其中 PC1 代表经理部的主机，PC2 代表销售部的主机、PC3 代表财务部的主机。

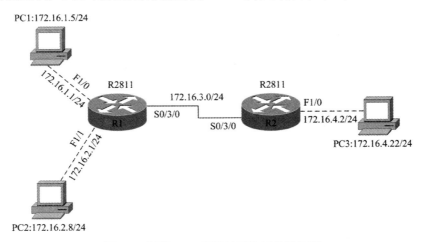

图 9-9　标准 ACL 配置的网络拓扑结构图

9.3.2 数据规划

标准 IP 访问列表可以根据数据包的源 IP 地址定义规则，对数据包进行过滤。

路由器的接口、接口 IP 规划以及 PC 的 IP 地址规划，如表 9-2 所示。

表 9-2　IP 地址规划表

序号	本端设备：接口	本端 IP 地址	对端设备：接口	对端 IP 地址
1	R1:F1/0	172.16.1.1/24	PC1	172.16.1.5/24
2	R1:F1/1	172.16.2.1/24	PC2	172.16.2.8/24
2	R1:S0/3/0	172.16.3.1/24	R2:S0/3/0	172.16.3.2/24
3	R2:F1/0	172.16.4.2/24	PC3	172.16.4.22/24
4	R2:S0/3/0	172.16.3.2/24	R1:S0/3/0	172.16.3.1/24

物理链路规划表如表 9-3 所示。

表 9-3　物理链路规划表

本端设备名称	本端设备型号	本端接口名称	对端设备名称	对端设备型号	对端接口名称
R1		S0/3/0	R2	2811	S0/3/0
R1		F1/0	PC1	PC	F0
R1	2811	F1/1	PC2	PC	F0
R2		S0/3/0	R1	2811	S0/3/0
R2		F1/0	PC3	PC	F0

9.3.3　实施步骤

1. 连接网络

打开 Packet Tracer 模拟器，按照拓扑图 9-9 选择路由器 (本例中选择 2811) 进行网络连接，连接示意图如图 9-10 所示。

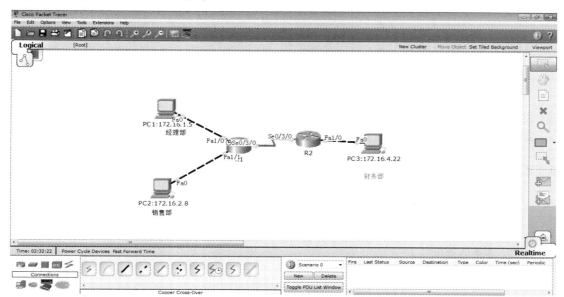

图 9-10　标准 ACL 配置的网络连接示意图

2. 主要配置步骤

(1) 路由器基本配置。

R1、R2 基本配置、IP 接口地址配置等 (略)

(2) 路由表配置

配置静态路由，命令如下：

R1(config)#ip route 172.16.4.0 255.255.255.0 serial 0/3/0

R2(config)#ip route 172.16.1.0 255.255.255.0 serial 0/3/0

R2(config)#ip route 172.16.2.0 255.255.255.0 serial 0/3/0

(3) 配置标准 IP 访问控制列表。命令如下：

R2(config)#ip access-list standard1

R2(config-std-nacl)#permit 172.16.1.0 0.0.0.255

// 允许来自 172.16.1.0 网段的流量通过

R2(config-std-nacl)#deny 172.16.2.0 0.0.0.255

// 拒绝来自 172.16.2.0 网段的流量通过

(4) 把访问控制列表在接口下应用。命令如下：

R2(config)# interface fastEthernet 1/0

R2(config-if)#ip access-group1out

// 在接口下访问控制列表出栈流量调用

(5) 查看路由器的状态信息。

① 显示路由器系统及版本信息。命令如下：

R2#show version

② 显示当前运行的配置参数。命令如下：

R2 #show running-config

③ 显示路由器路由表。命令如下：

R2 #show ip route

④ 显示访控列表具体表项。命令如下：

R2#show access-lists 1

(6) 保存路由器的状态配置文件。命令如下：

R2 # write

R2# copy running-config startup-config

9.3.4　项目测试

1. 设置 PC1、PC2、PC3 的 IP 地址

具体配置过程略。

2. 网络通信测试

(1) 显示访控列表具体表项如表 9-4 所示。

表 9-4　显示访控列表具体信息

```
R2#show ip access-lists 1
Standard IP access list 1
    permit 172.16.1.0 0.0.0.255 (10 match(es))
    deny 172.16.2.0 0.0.0.255 (22 match(es))
```

(2) 测试 PC1 与 PC3 的网络通信状态，如图 9-11 所示。

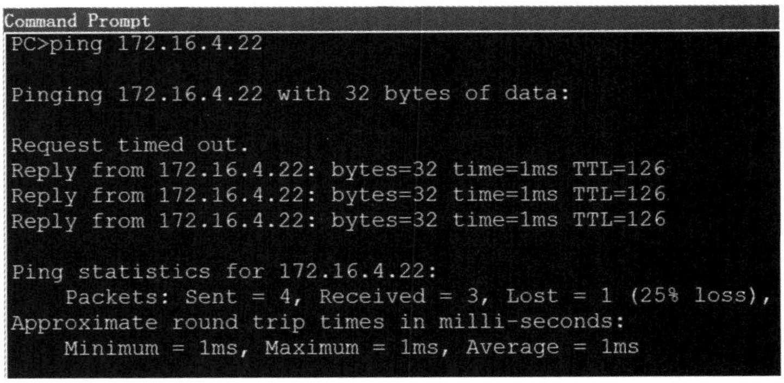

```
Command Prompt
PC>ping 172.16.4.22

Pinging 172.16.4.22 with 32 bytes of data:

Request timed out.
Reply from 172.16.4.22: bytes=32 time=1ms TTL=126
Reply from 172.16.4.22: bytes=32 time=1ms TTL=126
Reply from 172.16.4.22: bytes=32 time=1ms TTL=126

Ping statistics for 172.16.4.22:
    Packets: Sent = 4, Received = 3, Lost = 1 (25% loss),
Approximate round trip times in milli-seconds:
    Minimum = 1ms, Maximum = 1ms, Average = 1ms
```

图 9-11　网络通信测试

(3) 测试 PC2 与 PC3 的网络通信状态（略）。

■ 思政小课堂

维护国家安全是每一位公民的责任和义务，作为未来的工匠或智匠，我们更应时刻把

国家安全放在首位。

访问控制列表 (Access Control List，ACL) 是一种用于管理网络资源访问权限的技术手段，其主要目的是限制未授权的用户对网络资源的访问，从而保护网络的安全和数据的机密性。在 ACL 的配置和应用中，我们要确保网络安全工作符合法律法规和社会道德要求。

1. 信息基础设施安全

ACL 的设置可以有效地防止未经授权的用户入侵系统，从而保护国家关键信息基础设施的安全。

2. 法律意识

在配置 ACL 时，需要遵循相关的法律法规和网络安全政策，以确保网络行为符合法律要求，并增强依法办事、遵守法律规范的意识。

3. 公平正义

ACL 可以根据不同的需求进行灵活配置，实现对不同用户网络资源的个性化权限管理。我们应该在网络安全领域树立实现公平和正义的理念。

4. 社会责任

企业和个人都有责任保护网络安全，防止网络攻击和数据泄露。通过设置 ACL，可以减少网络攻击的风险，保护用户的信息安全，体现社会责任担当。

项 目 习 题

一、选择题

1. 在 Cisco 路由器上，下列类型中的访问控制列表 (ACL) 是基于源 IP 地址来过滤流量的是 (　　)。

A. 标准 ACL　　　　　　　　　　　B. 扩展 ACL

C. 基于时间的 ACL　　　　　　　　D. 基于区域的 ACL

2. 当你想要拒绝从 192.168.1.0/24 网段的所有流量，应该如何配置 ACL？(　　)

A. access-list 1 deny 192.168.1.0 0.0.0.255

B. access-list 101 deny 192.168.1.0 255.255.255.0

C. access-list 101 deny 192.168.1.0/24

D. access-list 1 deny ip 192.168.1.0/24 any

3. 在配置 ACL 时，下列命令中用于将 ACL 应用到接口上的是 (　　)。

A. ip access-group　　　　　　　　B. interface

C. access-group　　　　　　　　　D. ip access

4. ACL 中 "implicit deny" 的意思是 (　　)。

A. 默认允许所有未明确匹配的流量

B. 默认允许所有流量

C. 默认拒绝所有未明确匹配的流量

D. 默认拒绝所有流量

5. 要允许从 172.16.0.0/16 网段到公司网络的流量，同时拒绝其他所有流量，应该如何

配置 ACL？（   ）

  A. access-list 101 permit 172.16.0.0 0.0.255.255

  B. access-list 101 permit ip 172.16.0.0/16 any

  C. access-list 101 deny any any

  D. access-list 101 permit ip any 172.16.0.0/16

  6. 当配置 ACL 时，以下命令用于指定 ACL 编号的是（   ）。

  A. access-list   B. deny

  C. permit   D. ip access-group

  7. ACL 规则是按照什么顺序进行匹配的（   ）。

  A. 从上到下   B. 从下到上

  C. 随机顺序   D. 根据源 IP 地址排序

  8. 路由器上配置了一条访问列表，如 access-list 4 deny 202.38.0.0 0.0.255.255 access-list 4 permit 202.38.160.1 0.0.0.255，其含义是（   ）。

  A. 只禁止源地址为 202.38.0.0 网段的所有访问

  B. 只允许目的地址为 202.38.0.0 网段的所有访问

  C. 检查源 IP 地址，禁止 202.38.0.0 大网段的主机，但允许其中的 202.38.160.0 小网段上的主机

  D. 检查目的 IP 地址，禁止 202.38.0.0 大网段的主机，但允许其中的 202.38.160.0 小网段的主机

二、简答题

1. ACL 的作用是什么？

2. ACL 可以分为哪几种类别？它们的区别是什么？

3. 当 ACL 应用在出接口上时，简述其工作流程。

4. ACL 可以使用的判别标准包括哪些？

模块四　无线网络技术

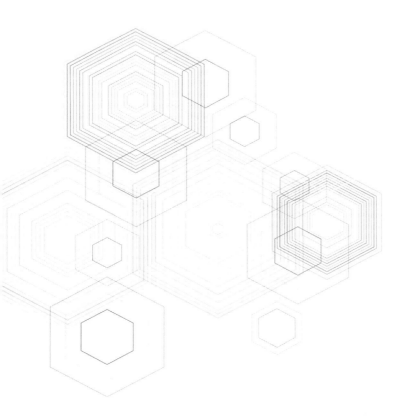

项目 10　组建小型无线网络

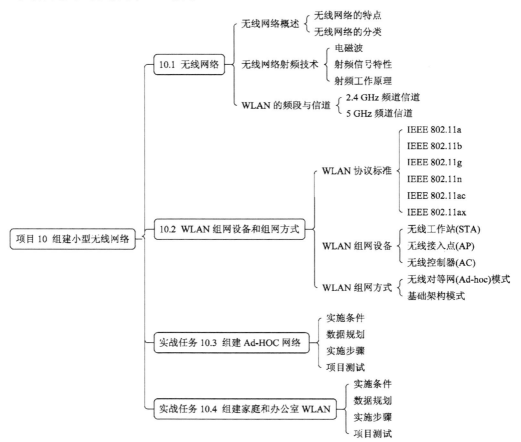

思政目标

弘扬工匠精神，注重细节之美。

思维导图

本项目思维导图如图 10-0 所示。

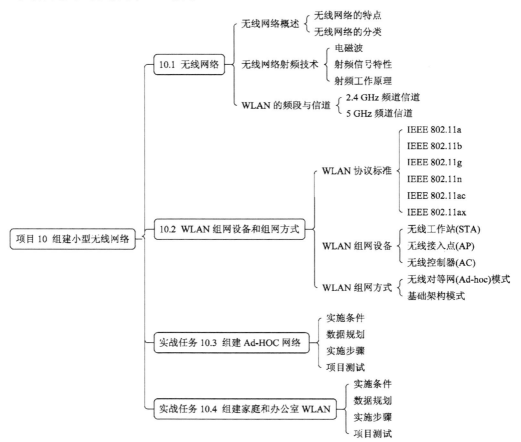

图 10-0　项目 10 思维导图

📋 **学习目标**

◎ 了解无线网络的基础知识。

◎ 熟悉无线局域网 WLAN 组网设备。

◎ 掌握无线局域网 WLAN 组网方式。

◎ 学会组建对等方式的无线局域网。

◎ 学会组建家庭和办公室无线局域网。

⬤ 学习任务 10.1 无 线 网 络

10.1.1 无线网络概述

前面的项目主要介绍了有线网络技术，有线网络使用的是有线传输介质。在此基础上，理解无线网络变得更加容易，无线网络利用无线通信技术实现计算机之间的相互连接。由于使用无线电波作为传输介质，使得无线网络技术与有线网络相比，不需要过多的物理线路连接，这一原因使得无线网络技术在当今得到了广泛、普遍的应用。

1. 无线网络的特点

通过无线网络技术，可以帮助用户实现超视距的远距离连接，并提供数据传输的通信服务，同时也能够实现处于近距离用户之间的访问。无线网络技术种类多样，可以满足用户各种业务需求。无线网络主要具有以下特点：

(1) 灵活性强。在今天普遍使用便携移动设备接入网络的背景下，由于无线网络采用无线传输介质，人们能够灵活地接入网络，实现随时随地将网络设备接入网络，无线网络技术支持多种网络拓扑结构，如星形、网状或混合结构，用户可以根据需要配置无线网络，更加灵活地满足特定需求。

(2) 可扩展性强。针对用户日益增长的网络接入需求，无线网络设备对于用户接入数量限制得较小，使用无线路由器可以轻松实现多个无线终端设备同时接入无线网络，满足多人同时通信。尤其在网络达到一定规模时，无线网络的可扩展优势更加突出。

(3) 建设成本低，方便管理。采用无线通信技术，不仅降低了网络的建设成本，也简化了维护管理。在日常生活中，许多公共环境区域已经实现了无线网络的全覆盖，随着信息网络"万物互联、天地一体"的不断实现，未来无线网络应用规模还将继续扩大。

2. 无线网络的分类

与有线网络类似，根据不同的分类方式，无线网络也可分为多种类型。根据网络覆盖范围的不同，可以把无线网络分为以下 4 种，如图 10-1 所示。

图 10-1　4 种无线网络的覆盖范围示意图

(1) 无线个人区域网。

无线个人区域网 (WPAN) 主要用于满足几米范围内的无线终端通信需求。这些无线终端功耗低、体积小、便于携带，如手机和蓝牙耳机的连接。

(2) 无线局域网。

无线局域网 (WLAN) 主要利用射频技术，将信号覆盖范围内的计算机或者移动终端连接起来。根据环境需要，用户可以在开放的室内或室外空间创建无线连接。无线局域网应用已经非常广泛，帮助很多家庭和办公环境实现了零布线的网络。但是，无线局域网技术不会取代有线局域网技术，通常两者是混合使用。

(3) 无线城域网。

无线城域网 (WMAN) 主要解决城域网的宽带接入问题，它是在无线局域网基础上构建的，覆盖范围更广的网络。当用户无法实现有线宽带接入技术时，就可以使用无线宽带接入技术来解决问题。

(4) 无线广域网。

无线广域网 (WWAN) 主要通过公共网络或专用网络建立无线网络连接。WWAN 的建设和维护需要由特定的运营商负责。例如，使用 5G 移动通信技术的宽带网络实现互联网的接入，用户可以选择电信、联通或移动等服务提供运营商来完成。

目前主要应用的无线网络有两种方式：一种是基于移动通信网络的无线网络；另一种是 (WLAN)。在该项目的课程内容中，将重点介绍 (WLAN) 技术。

10.1.2　无线网络射频技术

无线网络是利用无线传输介质来传输数据并实现通信，无线传输介质主要是利用电磁波来实现通信，无线通信技术则利用不同频率的电磁波进行数据传输。射频是一种适合远距离传输的电磁波，无线局域网 (WLAN) 即利用射频技术实现数据传输。

1. 电磁波

电磁波又称电磁辐射，是由同相振荡且相互垂直的电磁场在空间中以波的形式传播产生的，能够有效地传递能量，如图 10-2 所示。电磁波具有振幅、周期 (频率)、波长和相位等参数。

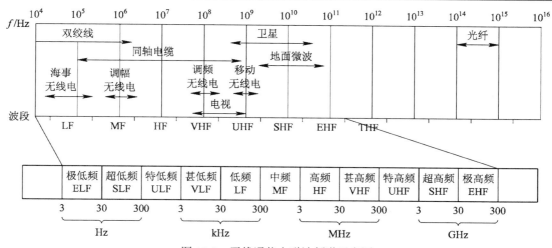

图 10-2 无线通信电磁波频谱示意图

1) 振幅

振幅是指电磁波在振荡时离开水平轴的最大位置距离，如图 10-3 所示。在测量 WLAN 信号时，振幅通常指信号的强度或功率。例如，无线设备的发射功率是 50 mW，指的就是信号的振幅。信号的振幅越大，越容易被接收设备有效接收和正确识别。

2) 周期和频率

周期 T 是指电磁波完成一次全振荡所需的时间，单位是 s，如图 10-3 所示。频率 f 是指电磁波在 1 s 内完成周期性振荡的次数，单位是 Hz。周期越长，电磁波振荡越慢，频率越低；反之，周期越短，电磁波振荡越快，频率越高。信号的频率越高，所携带的能量越大。高频率的电磁波在传输过程中能量衰减也越快，因此适合的传输距离较短。

$$T = \frac{1}{f} \tag{10-1}$$

3) 波长

波长是指两个相邻的波峰和波谷之间的距离，单位是 m，如图 10-3 所示。波长与频率成反比，与周期成正比。波长越长，频率越低；波长越短，频率越高。

$$\lambda = \frac{c}{f} \tag{10-2}$$

式中：λ——电磁波的波长 (m)。

c——光速，在真空中的值约为 3×10^8 m/s，是一个常数。

f——电磁波的频率 (Hz)。

由此可得周期和波长的关系为

$$\lambda = c \times T \tag{10-3}$$

4) 相位

相位是指在某一时刻电磁波在振荡中所处的位置，一般用角度或弧度来描述，如图 10-3 所示。研究无线信号干扰时，关注相位角尤为重要，因为相同频率的电磁波若从不同的相位角初始，对于接收会有极大的影响。

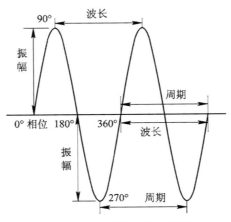

图 10-3　电磁波参数示意图

2. 射频信号特性

无线电磁波是在自由空间中传播的。同一射频信号在同一介质中能够沿直线传播，但如果传播中遇到的介质种类不同，那么就会产生不同的折射率。射频信号的频率越高，其折射率越高。另外，射频信号在不同介质中传播还会呈现不同的传播特征。

1) 吸收

吸收是指当射频信号经过一些能够吸收能量的介质时，会导致信号的衰减，如图 10-4 所示。吸收现象在大部分的介质中都会出现，但是不同介质的吸收程度不同。例如，在室内使用无线局域网，经常会遇到信号穿过墙壁、门窗或水时导致网络射频信号衰减的情况，这就是能量被介质吸收的结果。

2) 反射

反射是指当射频信号从某一角度遇到另一种不同介质表面时，改变传播方向并返回到原介质中的现象。例如，玻璃的反射作用如图 10-5 所示。在无线局域网中，需要考虑反射现象的发生，这会影响信号的接收。

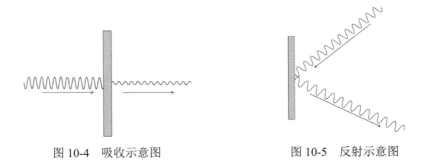

图 10-4　吸收示意图　　　　　　　　图 10-5　反射示意图

3) 散射

散射是指当射频信号遇到介质表面粗糙或介质由非常小的颗粒（如空气中烟雾、沙尘等）组成时，会偏离原来的传播方向而发生分散传播的现象，如图 10-6 所示。

4) 折射

折射是指当射频信号从一种介质射入另一种密度不同的介质时，传播方向发生改变的现象，如图 10-7 所示。无线网络的信号易受到环境影响，尤其在室外时折射现象更为显著。

图 10-6   散射示意图   图 10-7   折射示意图

5) 衍射

衍射是指射频信号在遇到障碍物时会绕过物体，并重新组合成完整的信号，但传播的方向会偏离，如图 10-8 所示。形成衍射的障碍物可能会造成无线网络覆盖的死角或射频信号过于微弱，导致信号失真。

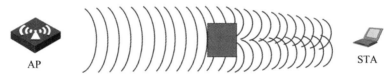

图 10-8   衍射示意图

6) 衰减和增益

衰减也叫损耗，是指射频信号在传播过程中，由于在线缆或空间中的各种因素，产生的信号其强度或振幅下降的现象。能够导致信号衰减的因素很多，如图 10-9 所示。而增益则与衰减相反，是指射频信号的振幅增加或信号增强的现象，也就是放大信号。衰减是一个普遍且不能忽视的问题，它会使信号能量变弱，从而降低网络通信的性能和可靠性。有效利用增益原理可以优化射频通信，提高通信的效率和性能。

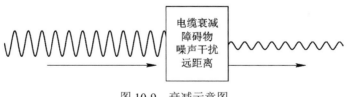

图 10-9   衰减示意图

7) 多径

多径是指多路信号经过不同的路径同时或以较短时间间隔到达接收端。射频信号经过反射、散射、折射和衍射都会产生多路信号。多路信号可能进行叠加，叠加后可能导致通信失败。

3. 射频工作原理

射频技术已广泛用于通信、医疗、工业等领域。从通信原理上看，无线通信系统和有线网络的通信系统在模型上是相同的，只是使用了无线信道传输数据，如图 10-10 所示。

图 10-10　无线通信系统模型

在系统中，信源产生的数据经过编码和调制后，由发射设备转换成射频信号发送出去，接收设备收到信号后，经过解调和解码，恢复成原始由源点产生的数据，并交给终点处理。射频信号的传输过程，容易受到干扰，可能导致接收到的数据出错。因此，必须采用相应的检错或纠错机制来防止出错。同时，还需注意网络的安全性问题。

10.1.3　WLAN 的频段与信道

WLAN 按照频谱中的划分使用特定的频率传输数据。如果未按照规定频率范围使用，将会出现严重的信号干扰问题。为避免或者减小无线设备之间的干扰，根据实际应用，以频段的方式规定应用频率的范围。应用的工作带宽不同，规定的频段也不同。在具体应用的工作环境中，除了根据通信的需求进行频段的划分，还要根据规定的频段进行更细致的规划，将频段划分成若干频率范围，每个频率范围即我们常说的信道。无线网络的数据传输是在某一信道上使用特定的工作频率范围，利用电磁波进行传输数据。无线网络的射频信号频率范围为 300 kHz～300 GHz。目前，WLAN 使用两个独立的频段即 2.4 GHz 频段和 5 GHz 频段。

1. 2.4 GHz 频段信道

无线电子波频谱是一个有限的资源，在任何国家和地区都受到严格的管控，以确保各种无线服务能够和谐共存，避免干扰。

在许多国家和地区，2.4 GHz 频段是免许可证的，这意味着不需要特殊的许可或批准就可以在这个频段内使用无线设备。人们为工业、科学和医疗 3 个领域分别设定了各自的免费开放频段，称为 ISM 频段。其中，科学频段的频率范围为 2.4～2.4835 GHz，WLAN 就工作在该频段。

在 IEEE 802.11 系列标准中，将 2.4 GHz 频段定义了 13 条信道，每条信道带宽是 22 MHz，相邻信道中心频率相隔 5 MHz，具体信道划分如图 10-11 所示。图中显示的第 14 条信道目前主要被日本使用。对于这些信道，各国家和地区使用的情况也各不相同，我国开放了第 1～第 13 号信道。

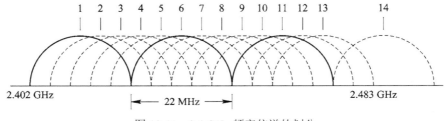

图 10-11　2.4 GHz 频率信道的划分

在传统的无线网络应用中，常选择相互不重叠的信道，如 1 号、6 号和 11 号信道。这些信道的频率互不重叠，信号不会相互干扰，网络表现更为稳定。但在当前的应用中，也可以把 1 号、5 号、9 号和 11 号信道看成非重叠信道。

2. 5 GHz 频段信道

随着技术的不断发展，WLAN、移动电话、蓝牙等无线通信设备，甚至微波炉等家用电器都开始使用 2.4 GHz 频段进行工作，频段用户越来越多，造成了相互间的信号干扰问题日益严重。在这种情形下，为了避开拥挤的 2.4 GHz 通信频段，各厂商开始应用 5 GHz 频段。

5 GHz 的频率资源非常丰富，拥有更大的带宽资源优势。在 5 GHz 频段上，频率范围为 5.150～5.850 GHz，可以提供更多的信道，也有更多的信道互不重叠，可以更好地避免信道的干扰。由于该频段干扰较少，越来越多的设备开始使用 5 GHz。目前，我国开放的常用 5.8 GHz 频段信道有 149 号、153 号、157 号、161 号、165 号 5 条非重叠信道；5.2 GHz 频段信道常用的有 36 号、40 号、44 号、48 号 4 条非重叠信道。

学习任务 10.2 WLAN 组网设备和组网方式

10.2.1 WLAN 协议标准

目前，使用最广泛的 WLAN 标准是由 IEEE 制定的 802.11 系列标准。IEEE 802 标准化委员会设立了 IEEE 802.11 工作组，负责制定 WLAN 标准，并对现有的标准不断进行完善和补充。截至目前，IEEE 802.11 标准已形成了一个系列标准。每个标准通过英文字母加以区分，如 IEEE 802.11a、IEEE 802.11n、IEEE 802.11ac 等等。

在 IEEE 发布 IEEE 802.11b 标准后，各大厂商为了更好地解决基于 IEEE 802.11b 标准网络产品兼容性和推广标准化问题，成立了"无线以太网兼容性联盟"，后来改名为"Wi-Fi联盟"。Wi-Fi 实质上是一个注册品牌名称，Wi-Fi 联盟为各厂商生产的无线网络产品提供认证，如图 10-12 所示。随着 IEEE 802.11 系列标准的不断发布推出，Wi-Fi 也不再仅代表 IEEE 802.11b 标准，而成为指代整个 IEEE 802.11 系列标准的代名词。在日常生活中，Wi-Fi 也已成为 WLAN 的代名词。实际上，Wi-Fi 技术只是 WLAN 技术的一部分。

图 10-12 Wi-Fi 联盟和 Wi-Fi 认证标志

1. IEEE 802.11a

IEEE 802.11a 标准是早期 IEEE 802.11-1997 标准的修订版。802.11a 标准工作在 5 GHz

频段，最大数据传输速率达到 54 Mb/s。尽管该标准的推出时间较晚，但由于其有效覆盖范围和信号传输能力方面的不足，它无法与后续的标准产品竞争，从而未能充分体现它的带宽和速率的优势。

2. IEEE 802.11b

IEEE 802.11b 标准同样是对 IEEE 802.11-1997 标准的修订版本，但推出时间早于 IEEE 802.11a。IEEE 802.11b 标准最大数据传输速率为 11 Mb/s，运行在 2.4 GHz 频段。在室外环境下，其覆盖范围可达 300 m。此外，IEEE 802.11b 使用免许可的 ISM 频段，因此受到多厂商的青睐，并很快得到推广。

3. IEEE 802.11g

此前的两个标准 IEEE 802.11a 和 IEEE 802.11b 互不兼容，为解决此问题，通过了 IEEE 802.11g 标准。IEEE 802.11g 标准工作于 2.4 GHz 频段，最大数据传输速率是 54 Mb/s。IEEE 802.11g 标准与 IEEE 802.11b 标准兼容的同时，其覆盖范围也大于 IEEE 802.11a 标准。

4. IEEE 802.11n

IEEE 802.11n 标准是在 IEEE 802.11a 和 IEEE 802.11g 标准的基础上修订的，最突出的就是数据传输速率的提升，理论上最大值是 600 Mb/s，与此前的标准 54 Mb/s 相比有巨大的提升。IEEE 802.11n 标准支持双频工作模式，既可以工作在 2.4 GHz 频段，又可以工作在 5 GHz 频段。IEEE 802.11n 标准使用了多项新技术，给用户带来了全新的用网体验，极大地推动了 WLAN 技术的应用发展。

5. IEEE 802.11ac

IEEE 802.11ac 标准又被称为"Wi-Fi5"，它在 IEEE 802.11n 标准基础上进行了技术革新，进一步提升了无线网络性能，提供了更高的数据传输速率、更广的网络覆盖范围和更稳定的网络设备连接能力。IEEE 802.11ac 标准工作在 5 GHz 频段，理论上的数据传输速率可达 6.9 Gb/s，使 WLAN 正式进入"千兆"时代，为依赖大流量的无线应用场景提供了无限可能。

6. IEEE 802.11ax

IEEE 802.11ax 标准是在 2019 年发布的标准，也被称为"Wi-Fi6"，是为了适用高密度无线接入和高容量无线业务推出的。IEEE 802.11ax 可以工作在 2.4 GHz 和 5 GHz 两个频段下，能够很好地向前兼容 IEEE 802.11 a/b/g/n/ac 标准，理论上的最大数据传输速率已达到 9.6 Gb/s。

802.11 系列标准的基本信息见表 10-1。

表 10-1   IEEE 802.11 系列标准的基本信息表

协　议	可兼容标准	工作频段 / GHz	传输速率 / (b/s)
IEEE 802.11a	—	2.4	11 M
IEEE 802.11b	—	5	54 M
IEEE 802.11g	IEEE 802.11b	2.4	54 M
IEEE 802.11n	IEEE 802.11a/b/g	2.4 或 5	600 M
IEEE 802.11ac	IEEE 802.11a/n	5	6.9 G
IEEE 802.11ax	IEEE 802.11a/b/g/n/ac	2.4 或 5	9.6 G

10.2.2　WLAN 组网设备

根据用户对 WLAN 的各种需求，厂商推出了多种不同的无线设备产品，以满足各种不同的应用场景。

1. 无线工作站

无线工作站 (Service Terminal Adapter，SAT) 即无线智能终端，常见的包括笔记本电脑、平板电脑、手机、无线打印机和投影仪等。这些终端设备可通过无线网卡连接到 WLAN 中。

2. 无线接入点

无线接入点 (Access Point，AP) 是组建 WLAN 的重要设备，无线工作站通过无线接入点接收和发送数据，其功能类似于以太网的交换机。无线接入点种类繁多，可满足用户不同应用场景下的需求。根据安装方式的不同分为放装型无线 AP 和墙面型无线 AP；根据组网管理功能的不同分为"胖"AP(Fat AP) 和"瘦"AP(Fit AP)；根据应用环境的不同分为室内智分 AP 和室外 AP。

我们在组建家庭和 SOHO 办公环境的 WLAN 时，经常会使用无线路由器。无线路由器是带有路由功能的 AP。无线 AP 是包括人们日常使用的无线路由器在内的 WLAN 接入设备的总称，如图 10-13 所示。

图 10-13　无线 AP 和无线路由器产品图 1

3. 无线控制器

无线控制器 (Access Controller，AC) 是在组建 WLAN 时用于集中管理和控制 AP 的无线网络设备，如图 10-14 所示。使用"瘦"AP 组网时，由于"瘦"AP 只保留了基本的接入功能，因此必须使用 AC 才能实现 IP 地址分配、安全控制接入以及其他服务管理功能。这时所有的无线网络配置均在 AC 上部署完成，并由 AC 向 AP 下发配置。

图 10-14　无线 AP 和无线路由器产品图 2

10.2.3　WLAN 组网方式

根据无线网络设备的连接布局 WLAN，在不同的应用场景下应用不同的拓扑结构，因此可以使用不同的组网方式。下面介绍 WLAN 采用的最基本的两种组网模式。

1. 无线对等网 (Ad-hoc) 模式

无线对等网模式称为 Ad-hoc 模式，如图 10-15 所示。这种模式不使用无线接入点 AP，因此没有集中控制中心，仅由无线工作站组成的组网模式。在 Ad-hoc 模式中，由一台工作站主机充当 AP，其他工作站主机与这台主机形成点对点的连接，因此这种结构能够支持的主机数量不多，只是临时为了某种特定的目的而组建的。例如，临时需要文件共享、临时的通信等服务。

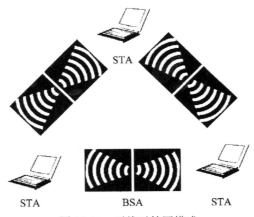

图 10-15   无线对等网模式

2. 基础架构模式

基础架构模式是最常见的一种组网模式，它需要集中控制中心，使用无线 AP 设备作为中心，无线工作站需要通过 AP 来实现通信。AP 还可以通过有线连接的方式，再连接到有线网络中，将 WLAN 接入到有线网络中。在应用中，基础架构模式分为基本服务集和扩展服务集两种方式。

(1) 基本服务集。基本服务集 (BSS) 包含一个 AP 和多个无线工作站，AP 是中心设备，如图 10-16 所示。无线 AP 覆盖的区域就是该服务集的工作区域。该组网的方式只适合小范围的 WLAN，因为单个 AP 的覆盖范围有限。无线工作站和无线 AP 通信之前，必须先获得 AP 的唯一身份标识来建立关联。AP 的身份标识就是基本服务集标识符 (BSSID)，该标识符利用 AP 的 MAC 地址来表示。为了方便记忆，可使用容易记忆的名称来标识要连接的 WLAN，即服务集标识符 (SSID)，也就是我们平时用手机搜索 WLAN 时看到的名称。

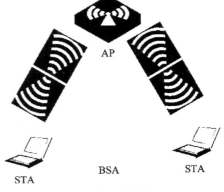

图 10-16   基本服务集 (BSS)

(2) 扩展服务集。扩展服务集 (ESS) 是由多个 BSS 扩展连接构成的，如图 10-17 所示。这些 BSS 中的无线 AP 通过骨干网络相互连接。ESS 包含多个 AP 和这些 AP 建立连接的无线工作站的集合，实现了无线网络的扩展连接，扩大了 WLAN 的覆盖范围。

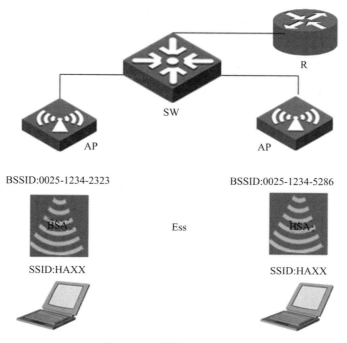

图 10-17　扩展服务集 (ESS)

实战任务 10.3　组建 Ad-hoc 网络

10.3.1　实施条件

　　Ad-hoc 网络是一种无 AP、无中心的组网模式，因此本次实战不需要无线 AP。

　　需要准备两台带有无线网卡的工作站主机（运行 Windows 操作系统），组成 Ad-hoc 拓扑，如图 10-18 所示。

图 10-18　组建 Ad-hoc 实战拓扑图

10.3.2　数据规划

　　STA 用来创建虚拟的 AP，在 STA 上设置无线网络的 SSID 名称为"ad-hoc"，无线接入的密码是"123456789"等相关参数。STB 用来连接到 STA 创建的 WLAN。具体设备的 IP 地址规划如表 10-2 所示。

表 10-2　工作站的 IP 地址参数表

无线主机	IP 地址	网络掩码	默认网关
STA	192.168.1.1	255.255.255.0	—
STB	192.168.1.2	255.255.255.0	—

10.3.3　实施步骤

本实战任务的实施步骤如下：

(1) 在 STA 上，以管理员身份进入"命令行提示符"命令行，设置 STA 的 Ad-hoc，设置 SSID 名称和密码并开启连接服务，使用命令"netsh wlan hostednetwork mode=allow ssid=ad-hoc key =123456789"配置 Ad-hoc，再使用命令"netsh wlan start hostednetwork"开启 Ad-hoc，命令运行结果如图 10-19 所示。

图 10-19　STA 组建 Ad-hoc 的操作命令

(2) 检查主机 STA 的"网络连接"，将会出现"Microsoft 托管网络虚拟适配器"的本地连接图标，如图 10-20 所示。点击进入其"属性"窗口按照要求配置地址，如图 10-21 所示。

图 10-20　网络连接中的 Ad-hoc 本地连接

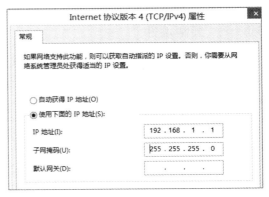

图 10-21　STA 的 IP 地址配置

10.3.4　项目测试

本项目测试过程如下：

(1) 在 STB 上打开无线网连接，找到 SSID 名称为"ad-hoc"的对等网络，如图 10-22 所示。输入密码后，连接成功，在 STB 上找到网络连接中的"WLAN 连接"，进入其属性窗口，按照地址规划参数要求完成配置，如图 10-23 所示。

图 10-22　STB 的 ad-hoc 连接

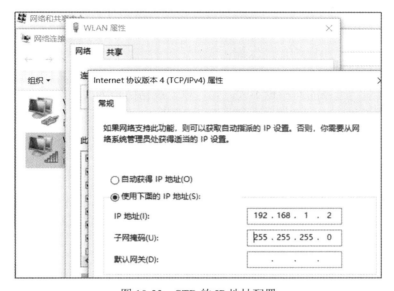

图 10-23　STB 的 IP 地址配置

(2) 通过在 STB 的命令行提示符中运行"ping"命令，与 STA 进行连通性测试。若测试可以连通，则表明实战任务成功。ping 命令结果如图 10-24 所示。

```
C:\WINDOWS\system32>ping 192.168.1.1

正在 Ping 192.168.1.1 具有 32 字节的数据:
来自 192.168.1.1 的回复: 字节=32 时间=4ms TTL=64
来自 192.168.1.1 的回复: 字节=32 时间=5ms TTL=64
来自 192.168.1.1 的回复: 字节=32 时间=15ms TTL=64
来自 192.168.1.1 的回复: 字节=32 时间=10ms TTL=64

192.168.1.1 的 Ping 统计信息:
    数据包: 已发送 = 4, 已接收 = 4, 丢失 = 0 (0% 丢失),
往返行程的估计时间(以毫秒为单位):
    最短 = 4ms, 最长 = 15ms, 平均 = 8ms

C:\WINDOWS\system32>
```

图 10-24　STB 的 ping 命令测试结果

实战任务 10.4　组建家庭和办公室 WLAN

无线路由器是专为满足家庭、办公室和小规模企业的需求而设计的，在家庭环境中的应用最为广泛。无线路由器可以理解为带路由功能的无线 AP。无线路由器除了通过无线网络接口和无线终端连接设备外，还能提供 DHCP、NAT、防火墙、VPN 等服务功能。此外，无线路由器还配备有线网络接口、广域网接口 (WAN 口) 和以太网接口 (LAN 口)。无线路由器能够通过 WAN 口连接运营商的宽带接入因特网，并通过有线介质把 LAN 口和计算机连接起来。

家庭 WLAN 主要应用于室内环境，通常以无线路由器为中心组建网络。其主要特点是用户数量少、覆盖面积有限，一般用一台无线路由器即可实现。但对于房屋面积较大、布局复杂的环境，需要注意墙壁和隔断等障碍物对射频信号的影响，要合理确定无线路由器部署的位置和数量。

SOHO 办公是指家庭办公。在组建 SOHO 办公的 WLAN 时，与组建家庭 WLAN 的特点非常相似，网络覆盖的面积也不大，也可以无线路由器为中心组建网络。但因办公需求可能涉及多种无线工作站和服务需求，因此要求 WLAN 稳定和可靠，对于网络的性能要更高一些，就要选择适配性能要求的无线路由器。

10.4.1 实施条件

需要一台无线路由器，并准备两台带有无线网卡的工作站 STA 和 STB(运行 Windows 操作系统)，组成无线 WLAN 拓扑，如图 10-25 所示。为初始化无线路由器，还需要一根双绞线。

STA   无线路由器   STB

图 10-25   组建家庭和办公室 WLAN 的实战拓扑图

10.4.2 数据规划

由于有一台无线路由器，可以利用其 DHCP 服务完成工作站 STA 和 STB 的地址自动分配。无线路由器的地址采用管理 IP 地址 (不同厂商设备会有所不同)，可通常以在设备的背面查看到。在本实战任务中，使用设备出厂的默认地址即可。具体网络设备使用的地址参数如表 10-3 所示。

表 10-3   实战需要的 IP 地址参数表

无线主机	IP 地址	网络掩码	默认网关
无线路由器	出厂默认	—	—
STA	DHCP 自动获取	—	—
STB	DHCP 自动获取	—	—

10.4.3 实施步骤

本实战任务的实施步骤如下：

(1) 通过设备手册或设备的背面，确认无线路由器的默认 SSID 名称、管理 IP 地址 (如 192.168.100.1) 和登录密码。启动路由器后，使用双绞线缆将无线路由器的 LAN 口与工作站 STA 连接起来。

(2) 无线路由器正常工作后，工作站将自动获得一个 IP 地址，因为无线路由器的 DHCP 服务已经运行。当然，也可以为 STA 的以太网接口配置静态 IP 地址 (如 192.168.100.2)，注意该地址要求与无线路由器的管理 IP 地址设定在同一网段范围内，如图 10-26 所示。

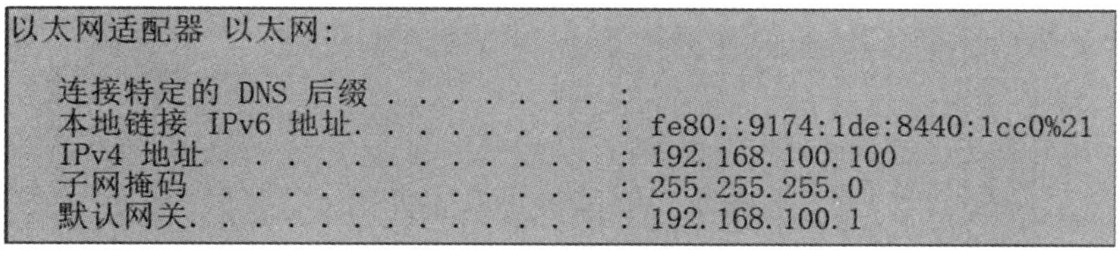

```
以太网适配器 以太网:

   连接特定的 DNS 后缀 . . . . . . . :
   本地链接 IPv6 地址. . . . . . . . : fe80::9174:1de:8440:1cc0%21
   IPv4 地址 . . . . . . . . . . . . : 192.168.100.100
   子网掩码 . . . . . . . . . . . . : 255.255.255.0
   默认网关. . . . . . . . . . . . . : 192.168.100.1
```

图 10-26　工作站 STA 通过 DHCP 服务获得地址

(3) 使用浏览器软件访问 http://192.168.100.1，输入登录验证信息后，进行无线网络的基本参数设置。将 WLAN 的 SSID 名称修改为 "wlan-office"，密码修改为 "123456789"，如图 10-27 所示。也可以设置 WLAN 的工作信道，这里使用默认的 "自动协商" 选项，如图 10-28 所示。操作完成后，保存配置，至此 WLAN 组建成功。

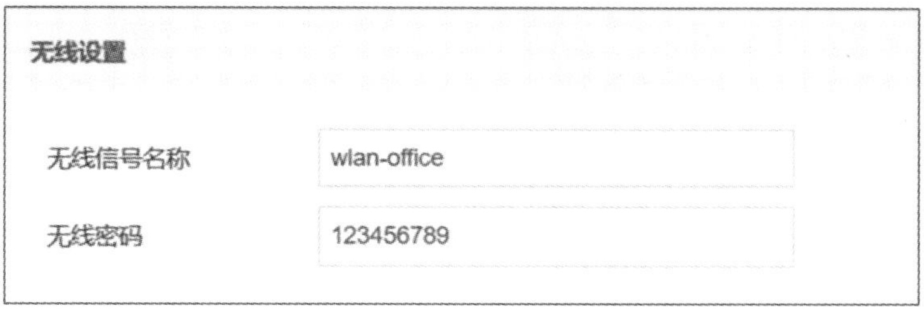

无线设置

| 无线信号名称 | wlan-office |
| 无线密码 | 123456789 |

图 10-27　设置 WLAN 名称和密码操作演示

无线参数

信道	自动协商
信道频宽	自动(150M/300M)
无线信号名称隐藏	□ 开启　启用后手机，电脑等设备将无法扫描到路由器的无线信号

图 10-28　设置信道的操作演示

10.4.4　项目测试

本项目测试过程如下：

(1) 测试工作站 STA 和 STB 是否可以实现无线接入 WLAN。以 STB 为例，操作如图 10-29 所示。搜索到 WLAN 后，输入用户名和密码进行验证登录。

图 10-29   WLAN 连接和验证成功演示

(2) 连接成功后，可以检查 STB 的地址获取情况，如果正常，网络就可正常使用，如图 10-30 所示。

```
无线局域网适配器 WLAN:

    连接特定的 DNS 后缀 . . . . . . . :
    本地链接 IPv6 地址. . . . . . . . : fe80::11b4:a25b:8eea:255d%17
    IPv4 地址 . . . . . . . . . . . . : 192.168.100.101
    子网掩码 . . . . . . . . . . . . : 255.255.255.0
    默认网关. . . . . . . . . . . . . : 192.168.100.1
```

图 10-30   STB 获得 IP 地址结果演示

■ 思政小课堂

在党的二十大报告中，工匠精神被赋予了更深层次的内涵。它不仅仅是对技艺的追求，更是对职业精神的传承和发扬。

作为走向社会的高素质技能型人才，在各课程的实战训练中，都要注重工匠精神的细节之美。也就是说，工匠从"匠苗"开始在学习工作的过程中就要对每一个细节做到尽善尽美，包括一些看似不起眼的小事。例如，在本项目的两个实战任务中，一个 IP 地址的配置错误就会影响整个网络的通信。真正的工匠们都是通过不断做好每一件小事，不断积累经验和技能，最终才能实现大的目标。

项 目 习 题

一、选择题

1. WLAN 被广泛使用的主要原因是 (   )。

A. 安全性   B. 传输速度快

C. 抗干扰能力强   D. 支持移动性

2. WLAN 的 802.11 系列标准是由 (   ) 制定的。

A. IETF   B. Wi-Fi 联盟

C. IEEE   D. ITU

3. 我们通常认为 2.4 GHz 频段的非重叠信道是 (   )。

A. 2，3，9   B. 1，5，10

C. 1，6，11   D. 2，5，14

4. IEEE 制定的标准中，支持双频段的是 (   )。

A. 802.11b   B. 802.11ac

C. 802.11g　　　　　　　　　　D. 802.11ax

5. 在通信领域中，各种无线通信技术的主要区别在于电磁波的（　　）。

A. 振幅　　　　　　　　　　　B. 波长

C. 周期　　　　　　　　　　　D. 频率

6. 在组建 Ad-hoc 网络时，必需的组件是（　　）。

A. 无线 AP　　　　　　　　　　B. 无线网卡

C. 无线路由器　　　　　　　　D. 无线 AC

7. 一个基本服务集 BSS 中可以有（　　）个 AP。

A. 0　　　　　　　　　　　　　B. 1

C. 2　　　　　　　　　　　　　D. 多

二、简答题

1. 简述射频信号有哪些传输特性（写出 4 种即可）。

2. 简述无线网络的优势和劣势。

项目 11　组建中小型无线局域网

思政目标

弘扬工匠精神，树立吃苦耐劳意识。

思维导图

本项目思维导图如图 11-0 所示

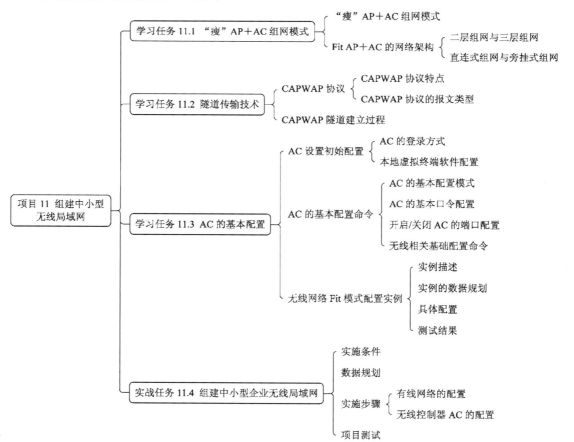

图 11-0　项目 11 思维导图 (组建中小型企业无线局域网)

学习目标

◎了解瘦 AP + AC 组网模式。

◎掌握 Fit AP + AC 的网络架构。

◎掌握 CAPWAP 协议内容。

◎了解 CAPWAP 隧道建立过程。

◎掌握 AC 设备配置方法。

◎熟悉 AC 的基本配置命令。

◎学会无线网络 Fit 模式单 SSID 配置。

◎学会无线网络 Fit 模式多 SSID 配置。

学习任务 11.1　"瘦" AP + AC 组网模式

11.1.1　"瘦" AP + AC 组网模式

在项目 10 中，我们已经了解到目前无线局域网 (WLAN) 的组网方式分为两种：一种是基于传统的独立 AP 架构，使用独立的 AP 即可组建无线网络，称为"胖" AP(Fat AP) 技术；另一种是基于 AC 的 AP 架构，由 AC 和瘦 AP 两部分组成，称为"瘦" AP(Fit AP) 技术。在家庭无线网络中，"胖" AP 技术是主流应用，但是在大中型企业的无线组网实践中，"瘦" AP(Fit AP) 更受欢迎。"瘦" AP(Fit AP) 组网模式允许网络管理员集中控制大量的 AP 设备、统一升级 AP 版本和下发网络配置，避免逐一配置和管理 AP 所带来的巨大工作量。

如图 11-1 所示，"胖" AP(Fat AP) 除了具备无线接入功能外，一般还拥有 WAN、LAN 两个端口，并支持多种安全功能，如 DHCP 服务器、DNS 和 MAC 地址克隆以及 VPN 接入、防火墙等，其功能全面但结构复杂。当部署单个或少数几个 AP 时，由于 Fat AP 具有较好的独立性，无须额外部署集中控制设备，因此网络结构比较简单，成本也较低。胖 AP 适用于覆盖面积小、用户数少的环境。但是在大中型企业中，覆盖面积大，用户数多，需要安装数量巨大的 AP 才能实现网络全覆盖。如果没有统一的集中控制设备，管理和维护这些 AP 将会非常耗时且效率低下。

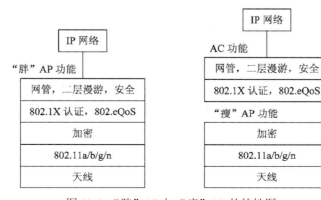

图 11-1　"胖" AP 与"瘦" AP 的特性图

Fit AP + AC 组网模式能够很好地满足简化部署和集中控制的组网需求。Fit AP 不能单独配置使用，而是作为无线接入产品的一部分，主要负责管理、安装和操作。采用集中控制性 WLAN 组网，即 Fit AP 与 AC 架构组网，从而实现 WLAN 系统设备的可运维、可管理性。由图 11-1 可以看出，无线网络的功能被划分为两部分：AC 具有网管、二层漫游、安全、802.1X 认证以及 QoS 等功能，而 Fit AP 具有加密、支持 802.11 a/b/g/n 协议标准以及天线等功能。

　　在 WLAN 组网中，如果采用 Fit AP 进行组网，那么必须配备相应的 AC，而胖 AP 组网不需要控制器但不利于管理和维护。因此，在小型的网络中，由于需要 AP 的数量较少，我们可以采用胖 AP 组网，可以节约大量的经济成本；在中大型网络中，需要 AP 的数量较多，推荐采用 Fit AP + AC 的网络架构，以便更有效地进行管理与维护。

11.1.2　Fit AP + AC 的网络架构

1. 二层组网与三层组网

　　Fit AP 与 AC 之间的网络架构可分为二层组网与三层组网两种方式。当 Fit AP 与 AC 直联或者通过二层网络互联时，称为二层组网，如图 11-2(a) 与图 11-2(b) 所示。采用二层组网方式时，Fit AP 与 AC 同属于一个二层广播域，使用二层交换技术即可实现 Fit AP 与 AC 之间的通信。这种组网方式配置和管理方便，适用于网络规模小、结构简单的小型企业组网场景，但不适用于大中型企业复杂的网络架构。

　　如图 11-2(c) 所示，当 Fit AP 与 AC 之间通过三层网络互联时，称为三层组网。采用三层组网方式时，Fit AP 与 AC 分属于不同的 IP 网段，需要使用路由器或三层交换机才能完成通信。在大型的无线网络组网环境中，一台 AC 可能连接成百上千台 AP，组网结构一般比较复杂。例如，在部署公司办公室、会议室、会客厅等需要无线网络覆盖的区域时，通常会部署 Fit AP，而 AC 部署在公司机房，与有线网络的核心设备连接。在这种网络环境中，Fit AP 和 AC 必须采用三层组网方式。

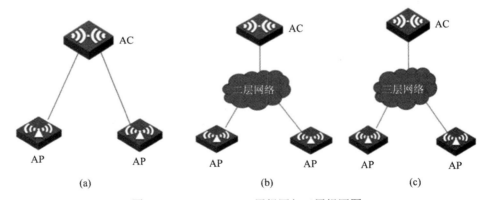

图 11-2　Fit AP + AC 二层组网与三层组网图

2. 直连式组网与旁挂式组网

　　根据 AC 在网络中位置的不同，Fit AP + AC 组网模式又可分为直连式组网和旁挂式组网。在直连式组网拓扑结构中，AC 同时承担 AP 的管理功能和汇聚交换机的数据转发功能，如图 11-3 所示。AC 与原有有线网络串联，无线网络中的所有管理报文和业务报文都要经过 AC 转发和处理。直连式组网拓扑结构相对简单，实现起来比较方便，缺点是对 AC 的吞吐量及数据处理能力要求较高，AC 容易成为整个无线网络的带宽瓶颈。

旁挂式组网是指 AC 旁挂在 AP 的上行网络上，一般是旁挂在上行网络的汇聚层交换机上，如图 11-4 所示。在实际组网中，无线网络往往是在有线网络部署完成之后组建的，这种组网方式可以减少对有线网络结构的改动。

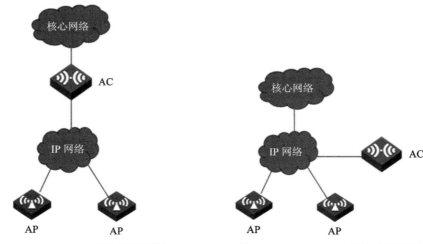

图 11-3　Fit AP＋AC 直连式组网图　　　　图 11-4　Fit AP＋AC 旁挂式组网图

学习任务 11.2　隧道传输技术

在 Fit AP＋AC 组网模式中，AC 是无线网络的核心设备，承担着用户接入认证、安全和网络管理等功能，而 AP 通过 AC 实现软件升级和网络配置。Fit AP＋AC 组网模式的关键技术是 CAPWAP 通信协议。

11.2.1　CAPWAP 协议

在 Fit AP＋AC 组网模式中，AC 集中管理全网的 AP，AC 与 AP 之间的通信协议称为 CAPWAP。CAPWAP 协议规定了 AC 如何对关联的 AP 进行管理和业务配置，以及 AC 和 AP 之间交换报文的数据格式等细节。

1. CAPWAP 协议特点

CAPWAP 协议主要用于无线接入点 (AP) 与无线网络控制器 (AC) 之间通信的交互，从而实现 AC 对其所关联的 AP 进行集群管理、控制和数据配置。

该协议的主要内容包括：

(1) AP 对 AC 的自动发现及 AP 和 AC 的状态机运行与维护。

(2) AC 对 AP 进行集中数据管理和业务配置下发。

(3) 无线终端数据封装在 CAPWAP 隧道进行转发。

CAPWAP 协议支持两种操作模式：一种是 Split MAC 模式，在此模式下，所有的二层无线数据和管理帧都被 CAPWAP 协议封装，在 AC 和 AP 之间进行交互，从无线终端收到的无线数据帧将进行直接封装，然后转发给 AC 设备以便进行后续的相关操作；另一种是 Local MAC 模式，在此模式下，允许数据帧使用 802.3 的帧形式进行隧道转发，但二层无线管理帧需要在 AP 本地处理后再转发给相应的 AC 设备。

2. CAPWAP 协议的报文类型

(1) CAPWAP 控制报文。控制报文，用于 AP 的管理，采用 UDP 端口号 5246，并且大部分数据采用 DTLS 技术进行加密，如图 11-5 所示。

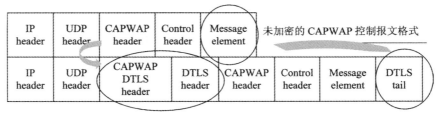

图 11-5　CAPWAP 控制报文格式

(2) CAPWAP 协议数据报文。用户数据报文，主要用于转发终端用户数据报文，采用 UDP 端口号 5247。在现有网络环境中，用户数据报文大部分采用的是明文方式传输，如图 11-6 所示。

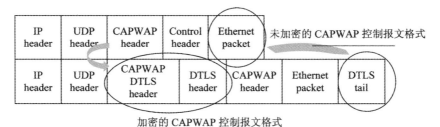

图 11-6　CAPWAP 数据报文格式

11.2.2　CAPWAP 隧道建立过程

Fit AP 需要采用 CAPWAP 隧道与 AC 控制器建立连接，从而进行集中管理与转发。首先，Fit AP 需要找到控制器 AC，这个过程就是 Fit AP 发现 AC 的过程。Fit AP 发现 AC 主要有两种方式：一种是静态发现，当 AP 上电后，发现有预配置的 ACIP 列表时，则 AP 直接启动预配置静态发现流程并与指定的 AC 连接；另外一种是动态发现，当 AP 设备上电后，发现没有预配置的 AC IP 列表时，则 AP 启动动态发现 AC 机制，执行 DHCP、DNS 广播，发现流程后与 AC 连接。

Fit AP 动态发现 AC 的过程主要包括五步：

(1) AP 启动后，会通过 DHCP 获取 IP 地址、DNS 服务器、域名等信息。

(2) AP 发送二层广播数据的发现请求报文与 AC 建立连接。

(3) AP 发送的请求报文建立连接，如若在 30 s 内没有得到 AC 的响应，则 AP 会发送三层发现机制。此时，AP 可以通过 DHCP 服务器的 option 43 获取 AC 的 IP 地址，或者通过 option 15 来获取 AC 的域名，并向该域名发送发现请求报文。

(4) AC 收到 AP 的发现请求报文后，会检查该 AP 是否有权限接入本机，如果有则发出响应报文。

(5) AC 与 AP 建立 CAPWAP 隧道。

如果网络受到一些因素的限制，例如现网 DHCP 服务器不支持 option 43，也不支持 option 15，则可以采取相应措施。

如图 11-7 所示，CAPWAP 隧道的建立过程相对比较复杂，在 AP 与 AC 通信之前，必须先建立 CAPWAP 隧道。整个过程经历 DHCP 交互、AP 发现 AC(discovery)、建立 DTLS 连接 (DTLS Connect) 等多个阶段。首先，在没有预先配置 AC IP 地址列表的情况下，启动 AP 设备时，AP 会选择动态 AC 发现机制。它会通过 DHCP 服务器获取 IP 地址，并通过 DHCP 协议中的 Option 返回 AC 地址列表。具体过程如下：

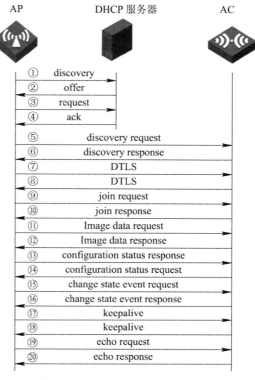

图 11-7　CAPWAP 隧道建立过程

① AP 发起 discovery 广播报文，来请求 DHCP server 响应。

② 当 DHCP 服务器收到 discovery 报文后，会从没有租约的地址范围中选择最前面的空置 IP，并包含其他 TCP/IP 设定在内，响应 AP 一个 DHCP offer 报文，该报文中会包含一个租约期限的信息。

③ 当 AP 收到 DHCP 服务器发来的 offer 报文后，将会回应一个 request 报文。

④ 当 DHCP 服务器接收到 AP 发来的 request 报文后，将会向 AP 发送一个 DHCP ack 响应报文，此报文中包含了 AP 需要的 IP 地址、租约期限、网关信息和 DNS 服务器 IP 等信息。

⑤ AP 使用 AC 发现机制来获取可用的 AC，从而决定与哪台 AC 建立 CAPWAP 连接，即向 AC 发送 discovery request 报文。

⑥ AC 收到 AP 的 discovery request 报文之后，会发送一个单播的 discovery response 报文给 AP，AP 可以通过 discovery response 中所带的 AC 优先级或者 AC 上当前 AP 的数量等信息，确定与哪个 AC 建立对话。

⑦、⑧ AP 与 AC 在选择 CAPWAP 隧道时可以选择是否采用 DTLS 加密传输 UDP 报文 (此过程是可选的)。

⑨ AP 与 AC 完成 DTLS 交互之后，AC 与 AP 开始建立控制通道。在建立控制通道的交互过程中，AP 开始发送 join request 报文。

⑩ AC 回应 join response 报文，报文中会携带用户配置的升级版本号、握手报文间隔、

超时时间和控制报文优先级等信息。AC 会检查 AP 的当前版本，如果 AP 的版本无法与 AC 要求的相匹配时，则 AP 和 AC 会进入 Image data 状态进行固件升级，以此来更新 AP 的版本，如果 AP 的版本符合要求，则进入 configuration 状态。

⑪、⑫ 如果 AP 发现自己不是最新版本，则会通过此 CAPWAP 隧道更新软件版本，即发送 Image data request 报文和接收 Image data response 报文。更新完成后，AP 设备将重启，然后重复上述过程。

⑬、⑭ AP 向 AC 发送 configuration status request 报文，该信息中包含现有 AP 的配置。当 AP 的当前配置与 AC 要求不符合时，AC 会通过 configuration status response 通知 AP。

⑮、⑯ AP 与 AC 完成 configuration 状态后，AP 会发送 change state event request 报文，其报文包含了 radio、result、code 等信息。当 AC 接收到 change state event request 报文后，开始回应 change state event response 报文，之后 AP 与 AC 完成管理隧道的建立过程，设备开始进入运行状态。

⑰、⑱ AP 首先向 AC 发送 keepalive 报文，AC 收到 keepalive 报文后表示数据隧道建立，AC 会回应 keepalive 报文，之后 AP 会进入 "normal" 状态，开始正常工作 (此过程是对于数据阶段的运行)。

⑲、⑳ 在 CAPWAP 隧道的管理与维护过程中，当 AP 进入运行状态后，会向 AC 发起 echo request 报文，宣布 CAPWAP 管理隧道已建立，并启动 echo 发送定时器和隧道检测超时定时器，以检测管理隧道可能发生的异常问题。此时 AC 收到 echo request 报文后，同样进入 run 状态，并回应 echo response 报文给 AP，同时启动隧道超时定时器。当 AP 收到 AC 发来的 echo response 报文后，会重新设置自己的检验隧道超时定时器。

学习任务 11.3 AC 的基本配置

11.3.1 AC 设备初始配置

1. AC 的登录方式

在登录 AC 时，通常需要使用 Console 线或以太网线进行登录。当用户对第一次上电的设备进行配置时，必须通过 Console 线连接到设备的 Console 口进行登录。使用 Console 口登录设备是实现其他登录方式的前提条件。例如，要使用 Telnet 登录设备所需的 IP 地址，首先需要通过 Console 口登录设备来进行提前配置。Console 口是一种串行通信端口，由设备的主控板提供。一块主控板仅能提供一个 Console 口。用户终端的串行端口可以通过 Console 线与设备 Console 口直接连接，实现对设备的本地配置。

2. 本地虚拟终端软件配置

在进行本地配置时，管理员只需使用标准的 RS-232 电缆作为 Console 线，然后将计算机的 COM 口与设备的 Console 口连接。如果计算机没有 COM 口，可以通过 USB 转 COM 接口完成连接。安装 Winows 7 或 Winows 10 等操作系统，完成终端配置后，可以通过 SecureCRT 连接软件来登录设备。

(1) 查看本机端口参数：右键单击 "此电脑"，选择 "属性"，进入设备管理器查看，确定线缆所连接终端的端口号，如图 11-8 所示。

图 11-8　查看本机端口参数

(2) 启动 SecureCRT 软件，选择"建立快速连接"按钮，如图 11-9 所示。

图 11-9　SecureCRT 软件快速连接选项

(3) 快速连接通信参数设置，如图 11-10 所示。

(4) 管理员与 AC 建立连接成功的效果，如图 11-11 所示。

图 11-10　快速连接参数设置

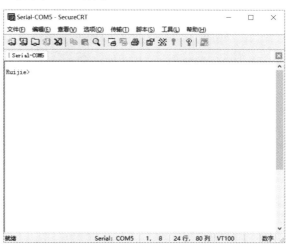

图 11-11　成功与 AC 建立连接效果

11.3.2 AC 的基本配置命令

1. AC 的基本配置模式

(1) 进入特权模式。命令如下：

ruijie>enable

ruijie#

(2) 返回用户模式。命令如下：

ruijie#disable 或 ruijie#exit

Press RETURN to get started!

ruijie>

(3) 进入全局配置模式。命令如下：

ruijie#configure terminal

ruijie(config)#exit

ruijie#

(4) 进入接口配置模式。命令如下：

ruijie(config)#interface fastEthernet 0/1

ruijie(config-if)#exit

ruijie(config)#

(5) 进入线路配置模式。命令如下：

ruijie(config)#line console 0

ruijie(config-line)#exit

ruijie (config)#

2. AC 的基本口令配置

(1) 配置 AC 的登录密码。命令如下：

ruijie(config)#enable secret level 1 0 star

其中，"0" 表示输入的是明文形式的口令。

(2) 配置 AC 的特权密码。命令如下：

ruijie(config)#enable secret level 15 0 Star

其中，"0" 表示输入的是明文形式的口令。

(3) 为 AC 分配管理 IP 地址。命令如下：

ruijie(config)#interface vlan 10

ruijie(config-if)#ip address {IP address} {IP subnetmask}

3. 开启 / 关闭 AC 的端口配置

(1) 将接口启用。命令如下：

ruijie(config-if)#no shutdown

(2) 将接口关闭。命令如下：

ruijie(config-if)#shutdown

4. 无线相关基础配置命令

(1) 在 AC 上创建无线相关配置，包括 WLAN-ID、SSID 和 ap-group。命令如下：

AC (config)# wlan-config id Wi-Fi_name

AC (config)#ap-group default

(2) 在 AC 配置 WLAN-ID 与相关 VLAN 的映射。命令如下：

AC (config-group)#interface-mapping Wlan-id Vlan-id

AC (config-group)#exit

(3) 将 AP 加入 ap-group。命令如下：

AC (config)# ap-config XXXXXXXXXXXX

（注：XXXXXXXXXXXX 为实际网络场景下使用 AP 的 MAC 地址）

AC (config-ap)# ap-group default

(4) 进行信道规划和命名。命令如下：

AC (config-ap)# channel id radio Wlan-id

AC (config-ap)#exit

11.3.3　无线网络 Fit 模式配置实例

1. 实例描述

某公司新购买了一批无线设备，包含无线控制器 AC 和无线接入点 AP，需要对这些设备进行组网，通过 AC 统一管理 AP，并发射一个无线信号，以满足公司同事的无线上网需求，拓扑结构如图 11-12 所示。

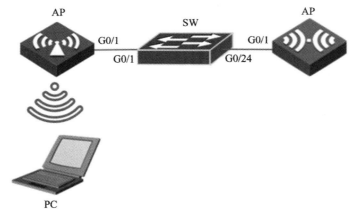

图 11-12　无线网络 FIT 模式单 SSID 配置的网络拓扑结构

本项目在实验室完成，交换机和无线 AP、AC 均选择锐捷网络设备。也可根据实际情况选择其他厂商的网络设备，不同厂商的设备配置命令可能略有差异，但配置思路和步骤大同小异。

2. 实例的数据规划

在本实例中，使用 PC 作为测试主机，AP 作为无线接入点，AC 作为无线控制器集中控制 AP 和数据转发，SW 作为 POE 供电交换机和无线用户 IP 及设备管理 IP 网关，相关 IP 信息如表 11-1 所示。网络搭建完毕后，测试主机 PC 通过扫描无线信号，确定无线信号可以正常发出；通过无线关联，确定网络的可用性。

表 11-1　规　划　表

序号	规划项	数据	备　注
1	Loopback 0	1.1.1.1/32	AC 和 AP 建立 CAPWAP 隧道接口
2	SVI 10	192.168.10.1/24	AP 管理地址网关
3	SVI 20	192.168.20.1/24	SW 管理地址
4	SVI 30	192.168.30.1/24	无线用户网关地址
5	SVI 40	192.168.1.1/24	SW 和 AC 互联地址段

3. 具体配置

(1) 有线网络的基本配置。

① 在交换机上创建无线用户 VLAN。命令如下：

```
SW(config)# vlan 10
SW(config-vlan)#name AP-Guanli
SW(config-vlan)#exit
```

② 创建 AP 管理 VLAN。命令如下：

```
SW(config)# vlan 20
SW(config-vlan)#name SW-Guanli
SW(config-vlan)#exit
```

③ 创建交换机管理 VLAN。命令如下：

```
SW(config)#vlan 30
SW(config-vlan)#name User-Wi-Fi
SW(config-vlan)#exit
```

④ 交换机与 AC 互联 VLAN。命令如下：

```
SW(config)# vlan 40
SW(config-vlan)#name Link--AC-VLAN4000
SW(config-vlan)#exit
```

⑤ 查看 VLAN 创建信息。命令如下：

```
SW(config)#show vlan
```

⑥ 将端口 G0/1 设置为 access 接口属于 VLAN 10。命令如下：

```
SW(config)#interface gigabitEthernet 0/1
SW(config-if)#switchport access vlan 10
SW(config-if)#exit
```

⑦ 将 G0/24 配置为 Trunk 接口，并对 Trunk 接口。命令如下：

```
SW(config)#interface gigabitEthernet 0/24
SW(config-if)#switchport mode trunk
SW(config-if)#exit
SW(config)#show interfaces gigabitEthernet 0/24 switchport
```

查看结果如图 11-13 所示。

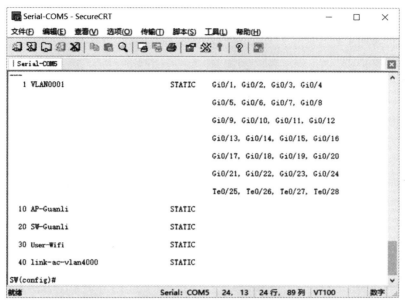

图 11-13　查看 VLAN 创建信息

⑧ 在交换机上创建无线用户 VLAN、AP 管理 VLAN、交换机管理 VLAN 和交换机与 AC 互联 VLAN 的 SVI 地址。命令如下：

SW(config)# interface vlan 10

SW(config-if-vlan10)#ip address 192.168.10.1 255.255.255.0

SW(config-if-vlan10)#no shutdown

SW(config-if-vlan10)#exit

SW(config)# interface vlan 20

SW(config-if-VLAN20)#ip address 192.168.20.1 255.255.255.0

SW(config-if-vlan20)#no shutdown

SW(config-if-vlan20)#exit

SW(config)#interface vlan 30

SW(config-if-vlan30)#ip address 192.168.30.1 255.255.255.0

SW(config-if-vlan30)#no shutdown

SW(config-if-vlan30)#exit

SW(config)# interface vlan 40

SW(config-if-vlan40)# ip address 192.168.1.1 255.255.255.252

SW(config-if-vlan40)#no shutdown

SW(config-if-vlan40)#exit

⑨ 配置指向 AC 的 loopback 接口明细路由。命令如下：

SW(config)#ip route 1.1.1.1 255.255.255.255 192.168.1.2

⑩ 在交换机上创建无线用户的 DHCP 地址池。命令如下：

SW(config)#service dhcp

```
SW(config)#ip dhcp pool AP-Guanli
SW(dhcp-config)#option 138 ip 1.1.1.1
SW(dhcp-config)#network 192.168.10.0 255.255.255.0
SW(dhcp-config)#default-router 192.168.10.1
SW(dhcp-config)#exit
```

⑪ 在交换机上创建 AP 管理的 DHCP 地址池。命令如下：

```
SW(config)# ip dhcp pool User-Wi-Fi
SW(dhcp-config)# network 192.168.30.0 255.255.255.0
SW(dhcp-config)#default-router 192.168.30.1
SW(config)#show ip dhcp binding
```

(2) 无线控制器 AC 的配置。

① 在 AC 上配置基本远程管理功能，添加无线用户 VLAN 和与核心互联的 VLAN。命令如下：

```
Ruijie#configure terminal
Ruijie (config)#hostname AC
AC (config)#username admin password ruijie
AC (config)#line vty 04
AC (config-line)#login local
AC (config-line)#exit
AC(config)# VLAN 30
AC(config-vlan)#name User-Wi-Fi
AC(config-vlan)#exit
```

② 创建核心互联 VLAN 的 SVI 接口地址和 loopback0 的接口 IP。命令如下：

```
AC(config)# vlan 40
AC(config-vlan)#exit
AC(config)#interface vlan 40
AC(config-if-vlan40)#ip address 192.168.1.2 255.255.255.252
AC(config-if-vlan40)#no shutdown
AC(config-if-vlan40)#exit
```

③ 将 AC 的 G0/1 接口配置为 Trunk 接口，进行 VLAN 修剪。命令如下：

```
AC(config)#interface gigabitEthernet 0/1
AC(config-if)#switchport mode trunk
AC(config)#interface loopback 0
AC(config-if)#ip address 1.1.1.1 255.255.255.255
AC(config-if)#no shutdown
AC(config-if)#description capwap
AC(config-if)#exit
```

④ 添加默认路由指向交换机。命令如下：

```
AC(config)#ip route 0.0.0.0 0.0.0.0 192.168.1.1
```

⑤ 在 AC 上创建无线相关配置，包括 WLAN-ID、SSID 和 ap-group。命令如下：

AC (config)# wlan-config 1 ruijie

AC (config)#ap-group default

AC (config-group)#interface-mapping 1 30

AC (config-group)#exit

⑥ 将 AP 加入 ap-group。命令如下：

AC (config)# ap-config 98fa.e33d.bc83(98fa.e33d.bc83 是使用 AP 的 MAC 地址)

AC (config-ap)# ap-group default

⑦ 进行信道规划和命名。命令如下：

AC (config-ap)# channel 11 radio 1

AC (config-ap)#exit

4. 测试结果

选择无线"ruijie"点击链接，如图 11-14 所示。

无线 ruijie 显示已连接状态，如图 11-15 所示。

图 11-14 点击无线 ruijie 链接　　　图 11-15 显示已连接无线 ruijie 网络

实战任务 11.4 组建中小型企业无线局域网

11.4.1 实施条件

在考虑到安全问题后某公司决定对原有的无线网络进行改进，要求不同部门连接各自对应的无线服务集标识 (Service Set Identifier，SSID)，决定配置多个 SSID。例如，财务部连接对应"caiwu"的 SSID，销售部连接对应"xiaoshou"的 SSID，以满足公司不同部门同事的无线上网需求，拓扑如图 11-16 所示。

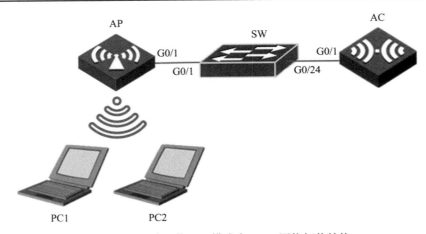

图 11-16　无线网络 FIT 模式多 SSID 网络拓扑结构

在 SSID 技术中，可以将一个无线局域网分为多个不同属性的子网络。通过连接对应的 SSID，用户可以获得该 SSID 下所具备的属性（包括获得不同的 IP 地址、拥有相应的安全策略等）。

本项目可在实验室使用实体设备完成，本例中交换机和无线 AP、AC 均选择了锐捷网络设备。亦可根据实际情况选择其他厂商的网络设备，不同厂商的设备配置命令会有差异，但配置思路和步骤大同小异。

11.4.2　数据规划

在本项目中，使用移动终端作为测试主机，AP 作为无线接入点，AC 作为无线控制器集中控制 AP 和数据转发，SW 作为 POE 供电交换机和无线用户 IP 及设备管理 IP 网关。网络搭建完成后，测试主机 PC 通过扫描无线信号，确定无线信号可以正常发出；通过无线关联，确定网络的可用性，具体数据规划如表 11-2 所示。

表 11-2　规　划　表

序号	规划项	数据	备　注
1	Loopback 0	1.1.1.1/32	AC 和 AP 建立 CAPWAP 隧道接口
2	SVI 10	192.168.10.1/24	AP 管理地址网关
3	SVI 20	192.168.20.1/24	SW 管理地址
4	SVI 30	192.168.30.1/24	财务部用户网关地址
5	SVI 40	192.168.40.1/24	销售部用户网关地址
6	SVI 4000	192.168.1.0/30	SW 和 AC 互联地址段

11.4.3　实施步骤

1. 有线网络的配置

(1) 在交换机上创建 AP 管理 VLAN。命令如下：

SW(config)# vlan10

SW(config-vlan)#name AP-Guanli

(2) 创建交换机管理 VLAN。命令如下：

SW(config)# vlan 20

SW(config-vlan)#name SW-Guanli

(3) 创建财务处与销售部 VLAN。命令如下：

SW(config)# vlan 30

SW(config-vlan)#name caiwu-Wi-Fi

(4) 创建交换机与 AC 互联 VLAN。命令如下：

SW(config)# vlan 40

SW(config-vlan)#name xiaoshou-Wi-Fi

SW(config)# vlan 4000

SW(config-vlan)#name Link--AC-VLAN4000

SW(config-vlan)#exit

SW(config)#show vlan

(5) 将端口 G0/1 设置为 access 接口属于 VLAN10。命令如下：

SW(config)#interface Gi 0/1

SW(config-if)#poe enable

SW(config-if)#switchport access vlan 10

SW(config-if)#exit

(6) G0/24 配置为 Trunk 接口，并对 Trunk 接口进行 VLAN 修剪优化。命令如下：

SW(config)#interface Gi 0/24

SW(config-if)#switchport mode trunk

SW(config-if)#exit

SW(config)# show interfaces Gi t 0/24 switchport

(7) 在交换机上创建无线用户 VLAN、AP 管理 VLAN、交换机管理 VLAN 和交换机与 AC 互联 VLAN 的 SVI 地址。命令如下：

SW(config)# interface vlan 10

SW(config-if-vlan10)#ip address 192.168.10.1 255.255.255.0

SW(config)# interface vlan 20

SW(config-if-vlan20)#ip address 192.168.20.1 255.255.255.0

SW(config)#interface vlan 30

SW(config-if-vlan30)#ip address 192.168.30.1 255.255.255.0

SW(config)#interface vlan 40

SW(config-if-vlan40)#ip address 192.168.40.1 255.255.255.0

SW(config)# interface vlan 4000

SW(config-if-vlan4000)# ip address 192.168.1.1 255.255.255.252

(8) 配置指向 AC 的 loopback 接口明细路由。命令如下：

SW(config)#ip route 1.1.1.1 255.255.255.255 192.168.1.2

(9) 在交换机上创建财务处和销售部的 DHCP 地址池。命令如下：

SW(config)#service dhcp

SW(config)#ip dhcp pool AP-Guanli

SW(dhcp-config)#option 138 ip 1.1.1.1

SW(dhcp-config)#network 192.168.10.0 255.255.255.0

SW(dhcp-config)#default-router 192.168.10.1

SW(dhcp-config)#exit

(10) 在交换机上创建 AP 管理的 DHCP 地址池。命令如下：

SW(config)# ip dhcp pool caiwu-Wi-Fi

SW(dhcp-config)# network 192.168.30.0 255.255.255.0

SW(dhcp-config)#default-router 192.168.30.1

SW(config)# ip dhcp pool xiaoshou-Wi-Fi

SW(dhcp-config)# network 192.168.40.0 255.255.255.0

SW(dhcp-config)#default-router 192.168.40.1

SW(config)#show ip dhcp binding

2. 无线控制器 AC 的配置

(1) 在 AC 上配置基本远程管理功能。命令如下：

Ruijie#configure terminal

Ruijie (config)#hostname AC

AC (config)#username admin password ruijie

(2) 添加无线用户 VLAN。命令如下：

AC(config)# vlan 30

AC(config-vlan)#name caiwu-Wi-Fi

AC(config)# vlan 40

AC(config-vlan)#name xiaoshou-Wi-Fi

(3) 创建与核心互联的 VLAN、核心互联 VLAN 的 SVI 接口地址和 loopback0 的接口 IP。命令如下：

AC(config)# vlan 4000

AC(config-vlan)#name Link-SW

AC(config)#interface vlan 4000

AC(config-if-vlan4000)#ip address 192.168.1.2 255.255.255.252

(4) 将 AC 的 G0/1 接口配置为 Trunk 接口，进行 VLAN 修剪。命令如下：

AC(config)#interface gi0/1

AC(config-if)#switchport mode trunk

AC(config)#interface loopback0

AC(config-if)#ip address 1.1.1.1 255.255.255.255

AC(config-if)#description capwap

AC(config-if)#exit

(5) 添加默认路由指向交换机。命令如下：

AC(config)#ip route 0.0.0.0 0.0.0.0 192.168.1.1

(6) 在 AC 上创建无线相关配置，包括 WLAN-ID、SSID 和 ap-group。命令如下：

AC (config)# wlan-config 1 caiwu

AC (config)# wlan-config 2 xiaoshou

AC (config)#ap-group default

AC (config-group)#interface-mapping 1 30

AC (config-group)#interface-mapping 2 40

(7) 将 AP 加入 ap-group，并进行信道规划和命名。命令如下：

AC (config)# ap-config XXXXXXXXXXXX

AC (config-ac)# ap-group default

AC (config-ac)#ap-name AP720-1

AC (config-ac)# channel 11 radio 1

AC (config-ac)#exit

11.4.4　项目测试

项目测试步骤如下：

(1) 在测试 PC 上扫描 SSID 为 caiwubu 和 xiaoshoubu 信号，如图 11-17 所示。

图 11-17　扫描 SSID 为 caiwubu 和 xiaoshoubu 信号

（2）在测试 PC1 上关联 caiwubu，在测试 PC2 上关联 xiaoshoubu，关联成功，如图 11-18
和图 11-19 所示。

图 11-18　PC1 上关联 caiwubu　　　　图 11-19　PC2 上关联 xiaoshoubu

（3）网络通信测试，如图 11-20 和图 11-21 所示。

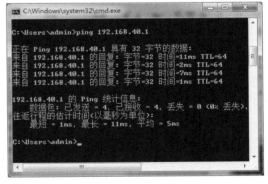

图 11-20　在 PC1 上进行 ping 测试　　　　图 11-21　在 PC2 上进行 ping 测试

■ 思政小课堂

网络工程作为新基建的重要组成部分，网络的通畅保证了各行各业工作的正常进行，
这是网络工程师共同的使命。

吉林省民建会员、中移铁通辽源分公司城区支撑服务中心三级维护员曲成刚，他从
事通信技术服务已经三十多年了。作为一个老"通信人"，他坚持追求工匠精神，以踏
实的工作作风、丰富的工作经验和高度的责任心，在平凡的岗位上取得了非凡的成就。
他始终铭记自己的使命，那就是立足本职、保障通信管线畅通无阻，凭借多年的现场工
作经验，他对于辽源地下管网铺设的所有点面早已烂熟于心。在施工过程中，他积极向
市政建设单位提出了许多合理化通信管线迁移建议。有人劝告他"多一事不如少一事，
别老提建议落下埋怨"，他却说"只要是对工作有利、对大局有益，我都要竭尽所能无

愧于心，不能给通信人丢脸"。他用实际行动诠释了任劳任怨，恪尽职守、勇于担当的网络工匠精神。

作为一名未来的网络工程师，我们也应当立足本职、勇于担当、无私奉献，牢记工匠精神的执着与坚韧，在平凡岗位上坚守奉献。

项 目 习 题

一、选择题

1. 假设 AP 使用 2 信道，下列哪些设备会对 WLAN 信号造成干扰 (   )。

A. 微波炉   B. 使用 6 信道的 AP

C. 蓝牙手机   D. 使用 7 信道的 AP

2. AC(接入控制器) 在 WLAN 与 Internet 之间充当网关功能，将来自不同接入点的数据进行汇聚、接入 Internet。AC 的主要功能是 (   )。

A. 对用户进行认证、管理

B. 收集计费信息并支持各种计费策略

C. 仅能收集计费信息并支持各种计费策略

D. 实现强制 Portal 应用 (用户可以输入任何 URL 地址，宽带接入服务器强制下推 Web 页面)

E. 以上都可以

3. AP 远程供电时，远程供电线缆使用 (   )。

A. 同轴电缆   B. 电话线

C. 串口线   D. RJ45 网线

4. FIT AP 在网络部署和实施方面的便捷之处在于 AP 可以即插即用 (   )。

A. 正确   B. 错误

5. AP 一般采用的供电方式是(   )。

A. 交流   B. 直流

C. PoE

二、简答题

1. 瘦 AP 组网架构一般可以分为哪几种？

2. CAPWAP 数据转发一般有哪两种模式？

3. CAPWAP 数据转发一般有几种类型？

组建安全的无线局域网

思政目标

弘扬工匠精神，勇于迎接挑战，养成终身学习惯，拥抱人工智能＋时代。

思维导图

本项目思维导图如图 12-0 所示。

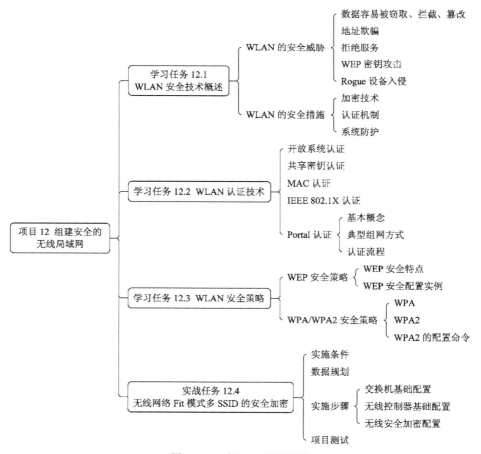

图 12-0　项目 12 思维导图

学习目标

◎了解 WLAN 安全技术。

◎了解 WLAN 认证技术。

◎掌握 WLAN 安全策略。

◎学会 WLAN 安全加密配置。

学习任务 12.1　WLAN 安全技术概述

WLAN 与有线网络相比，其最大的优点就是可以不受地域和物理距离限制，随时随地进行数据传输。然而，正是这种无处不在的"随时随地"的开放特性，也成为了 WLAN 安全风险的主要来源。为了保护用户信息的安全性，防止未经授权的访问，提高 WLAN 的稳定性和高效性，下面我们一起来了解一下 WLAN 的潜在威胁和防御机制。

12.1.1　WLAN 的安全威胁

1. 数据容易被窃取、拦截、篡改

无线信号容易遭到黑客或恶意用户窃取、篡改或拦截，从而引发一系列安全问题。例如，攻击者可以利用无线信号的漏洞来窃取 WLAN 用户的账户、密码等个人敏感信息接入网络，或者通过网络钓鱼等手段诱骗用户输入个人信息，再利用信息进行诈骗和其他不法行为，如图 12-1 所示。

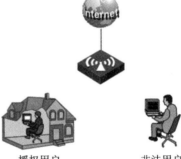

图 12-1　非法用户接入 WLAN 网络

2. 地址欺骗

由于 IEEE 802.11 系列协议中网络对数据帧不进行认证操作，攻击者通常会检测到授权设备 (如 AP) 的 MAC 地址，并尝试冒充授权设备以建立连接。MAC 地址欺骗攻击主要利用了局域网内交换机的转发特性和 MAC 地址学习特性。这种攻击方式相对隐蔽，攻击者不会大规模地发送数据包，而是发送含有几个特定源 MAC 地址的数据包。由于交换机 MAC 地址表都具有一定的空间限制，当 MAC 地址表被占满后，就无法学习到新的MAC 地址，从而导致，MAC 地址整个局域网的可用性受到破坏。

3. 拒绝服务

拒绝服务 (Dos) 攻击也是 WLAN 常见的一种网络攻击方式，其主要目的是通过发送大量无用的请求或数据包来占用系统资源，使系统无法处理合法用户的正常请求或数据流，从而导致系统过载、崩溃或拒绝服务。

4. WEP 秘钥攻击

WEP 密钥的攻击主要是由于其加密存在严重缺陷，使得攻击者可以在一定条件下

破解密钥，从而获得对无线网络资源的访问权限。在 WLAN 中，当攻击者截获到 AP 区域内的数据包，同时获取到足够多的弱密钥加密包，可以通过统计分析更多使用相同密钥流加密的密文，然后对密钥流与密文进行 XOR 操作。一旦其中一个明文已知，很容易就可以恢复所有其他的明文。

图 12-2　Rogue 设备 (非法 AP) 接入 WLAN 网络

5. Rogue 设备入侵

WLAN 中的 Rogue 设备入侵是指未经授权的设备接入企业网络，如图 12-2 所示。例如，攻击者将未经授权的 Rogue AP 连接到授权网络上，出现恶意双胞胎 AP，并通过 Rogue AP 绕过企业网络的边界防护，在内网中畅行无阻。此外，隔壁邻居 AP 也是需要防备的一种 Rogue 设备，如在公司旁的餐馆、咖啡店内部署的外部 AP。当员工使用企业授权过的移动客户端连接到这些邻居 AP 时，就能够绕过公司防火墙设置的边界安全和安全限制，从而不经意地引入潜在威胁进入企业内网。

12.1.2　WLAN 的安全措施

加密技术、认证机制和系统防护是确保无线网络 WIAN 数据传输安全的基本保障，而大型无线网络 WIAN 的安全机制则是一个复杂的系统工程，涉及多个方面的技术和措施。在设计安全机制时，需要综合考虑各种因素，并采取相应的防护措施。

1. 加密技术

加密技术是保障无线网络 WIAN 安全性的基础。通过对传输的数据进行加密，可以有效地防止数据被窃听或篡改。WLAN 目前常用的加密技术包括以下两种。

(1) WEP 加密。有线等效保密协议 (Wired Equivalent Privacy，WEP) 是一种无线网络加密技术，它是 IEEE 802.11 标准的一部分，旨在为无线网络提供数据加密和基本的安全性。WEP 使用 RC4 流式密码算法对数据进行加密，并采用 CRC-32 校验和来检测数据完整性。加密过程中，WEP 使用一个共享密钥和一个初始化向量 (IV) 作为输入，通过密钥生成函数并生成一个密钥流，然后将其与明文数据进行 XOR 运算，生成密文数据。接收端则使用相同的算法和密钥对密文数据进行解密，以恢复出原始数据。

(2) WPA/WPA2 加密。Wi-Fi 安全访问保护协议 (Wi-FiProtected Access，WPA/WPA2)，通过使用预设共享密钥 (Pre-Shared Key，PSK) 来保护无线局域网的通信安全。同时，通过使用高级加密标准 (Advanced Encryption Standard，AES) 算法对数据进行加密，以确保数据的机密性。

2. 认证机制

为了防止未经授权的用户接入无线局域网，可以采用认证方法。常见的认证方法包括基于密码的认证、基于 MAC 地址的认证和基于证书的认证。

(1) 基于密码的认证需要用户提供正确的用户名和密码，才能接入无线局域网，在密码策略上包括密码复杂度要求、密码过期机制和登录失败锁定等。

- 密码复杂度要求可以指定密码的长度、字符类型和命名规则。
- 密码过期机制可以要求用户定期更换密码。
- 登录失败锁定则可以在用户连续输错密码时暂时锁定用户账号，以防止暴力破解。

(2) 基于 MAC 地址的认证是将用户的 MAC 地址添加到无线局域网的访问控制列表中，只有列表中的 MAC 地址才能访问无线局域网。

(3) 基于证书的认证则是使用数字证书来验证用户的身份。

通过认证机制，可以有效地防止非法用户接入网络，从而保护网络资源的安全。

3. 系统防护

为了防止恶意攻击，无线网络 WIAN 可采用无线入侵检测系统 WIDS 和无线入侵防御系统 WIPS 来实时监测网络流量和行为。一旦发现异常情况，及时报警并采取相应的防御措施，这些措施可以有效地检测和防御各种恶意攻击。

(1) 无线入侵检测系统。

无线入侵检测系统 (Wireless Intrusion Detection System，WIDS) 工作的主要特点包括：

- 无线网络的实时监测：无线入侵检测系统 WIDS 可以按照预设安全规则和策略，对网络系统的运行状况进行实时监测。

- 入侵检测与威胁识别：当监听到与预设规则相匹配的非法 AP、网桥、STA 和信道重合的干扰 AP 或者非法的网络时，WIDS 会立即触发警报，并将相关信息发送给网络管理员，帮助管理员及时发现潜在威胁，并采取相应的措施进行应对。

WIDS 并不是无线网络的完全防护手段，它只是能够在无线网络系统中起到监测、识别、报警的作用，是辅助网络安全管理员监控和应对潜在威胁的一种工具。

(2) 无线入侵防御系统。

无线入侵防御系统 (Wireless Intrusion Prevention System，WIPS) 的主要特点包括：

- 无线网络的实时监测：通过监听无线信号，对无线网络进行实时监控和检测。这种监测包括了对网络流量、设备行为以及异常事件的观察和分析。

- 入侵检测与威胁识别：具有强大的入侵检测功能，能够通过分析收集到的数据包，识别出各种潜在威胁和入侵行为。这些威胁包括恶意攻击、未经授权的访问、病毒传播等。

- 自动防御与阻断：一旦检测到威胁或入侵行为，WIPS 将立即启动自动防御机制。包括阻止恶意流量、隔离可疑设备、向管理员发送警报等措施，以防止威胁进一步扩大。

- 动态安全策略：能够根据威胁的类型和严重程度，动态调整安全策略。例如，对于某些已知的恶意 IP 地址，WIPS 可以自动将其加入黑名单，禁止其访问无线网络。

- 持续学习与更新：WIPS 具备学习能力，能够根据网络环境和威胁的变化进行自我调整和更新，这有助于应对不断变化的网络威胁，提高系统的防御能力。

学习任务 12.2　WLAN 认证技术

由于 802.11 无线网络 WLAN 的开放性，网络管理员为了确保只有授权用户才能访问网络资源，就需要对其身份和权限进行验证。区域安全性能要求高的无线网络 WLAN，一般会采用多种认证系统来确定用户或设备的合法性。

12.2.1　开放系统认证

开放系统认证这种认证方式相当于不进行认证。当 STA 向 AP 发送认证请求帧时，AP 对所有用户立即回应认证成功的响应报文，如图 12-3 所示。例如，在生活中，当我们的手机搜索到某个无线网络时，如果此无线网络采用的是开放性系统认证，那么你就不需要输入任何有关密钥等认证凭证，系统就会提示你已经关联上了此无线网络。如果使用开放认证，任何知道无线 SSID 的用户都可以访问网络，因此，开放系统认证无法检验客户端是不是黑客。

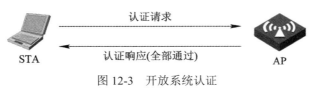

图 12-3　开放系统认证

12.2.2　共享密钥认证

配置共享密钥认证需要在无线网络中使用加密技术 (Wired Equivalent Privacy，WEP)，要求 STA(客户端) 和 AP(接入点) 使用相同的共享密钥，该密钥通常被称为 WEP 密钥。认证的具体过程如图 12-4 所示。

(1) STA 向 AP 发送认证请求。

(2) AP 收到请求后，随机生成一个挑战短语 (即一个字符串)，然后使用共享密钥对其进行加密，并将加密后的信息发送给 STA。

(3) STA 收到加密后的信息后，使用相同的共享密钥进行解密，然后将解密后的字符串与原始的挑战短语进行比较。如果相同，则说明 STA 与 AP 拥有相同的共享密钥，认证成功；如果不同，则说明共享密钥认证失败。

图 12-4　共享密钥认证

12.2.3　MAC 认证

在无线网络 WLAN 中，MAC 认证是一种基于物理地址的认证方法。这种认证方式如

图 12-5 所示，预先在设备 (认证服务器或无线控制器) 上配置允许访问的 MAC 地址列表 (MAC 白名单列表)。如果客户端的 MAC 地址不在这个 MAC 地址表 (MAC 黑名单) 中，那么将被拒绝接入网络。由于 MAC 地址是网络设备在局域网中的唯一标识，类似于人的身份证号码，并且网络设备的无线网卡在生产时都会被赋予一个唯一的 MAC 地址，因此 MAC 认证可以有效地防止非法用户访问无线网络。

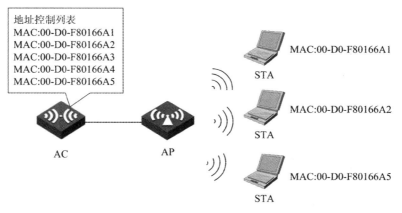

图 12-5　MAC 地址认证

12.2.4　IEEE 802.1X 认证

IEEE 802.1X 认证是一种基于端口的网络接入控制协议，是 IEEE 指定的关于用户接入无线局域网 WLAN 的认证标准。该协议用于在局域网接入设备的端口这一级，对所接入的用户设备通过认证来控制其对网络资源的访问。

设备端为客户端提供接入局域网的端口，端口被划分为两个逻辑端口：非受控端口和受控端口。非受控端口始终处于双向连通状态，主要用来传递 EAPOL 协议帧，保证客户端始终能够发出或接收认证报文；受控端口在非授权状态下禁止接收来自客户端的任何报文，只有在授权状态下才能处于双向连通状态，用于传递业务报文。

12.2.5　Portal 认证

1. 基本概念

Portal 认证是一种基于 Web 的认证方式，也称为 Web 认证。它是一种通过用户主动访问特定的 Web 页面来进行身份验证的方法。在无线网络中，Portal 认证通常用于控制用户访问网络资源，确保只有经过认证的用户才能接入网络。

Portal 认证协议通常采用超文本传输协议 (Hypertext Transfer Protocol，HTTP) 或超文本传输安全协议 (Hypertext Transfer Protocol Secure，HTTPS)。HTTP 协议是一种无状态的协议，它基于请求和响应的模式，实现数据的交互。HTTP 协议对数据的传输是明文传输，不提供加密功能。而 HTTPS 协议则是 HTTP 的安全版，它在数据传输过程中使用了 SSL/TLS 加密技术，保证了数据传输的安全性。

2. 典型组网方式

Portal 认证典型组网方式如图 12-6 所示，它由 4 个基本部分组成，即认证客户端 STA、接入设备（在无线网络中可以是无线 AC)、Portal 服务器和 Radius Server(SAM)。

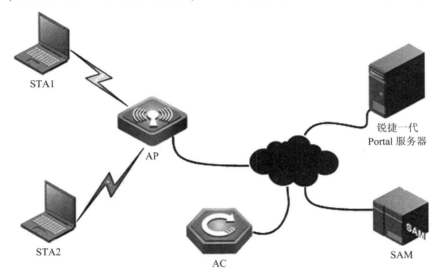

图 12-6　Portal 认证典型组网方式

3. 认证流程

Portal 认证流程如下：

(1) 用户设备向无线网络发送连接请求；

(2) 无线网络接收到请求后，将发送一个 Portal 页面给用户设备；

(3) 用户设备自动打开浏览器并导向该页面；

(4) 用户在页面上输入用户名和密码等身份验证信息；

(5) 网络将用户输入的信息发送到认证服务器进行验证；

(6) 认证服务器对用户信息进行验证，如果验证通过，则允许用户访问网络资源；

(7) 如果验证失败，则拒绝用户访问网络资源。

学习任务 12.3　WLAN 安全策略

WLAN 加密技术是指在无线局域网中，对数据进行加密处理，以防止数据被非法窃取或篡改。常见的 WLAN 加密技术包括有线等效保密 (Wired Equivalent Privacy，WEP)、WPA/WPA2 加密等。

12.3.1　WEP 安全策略

1. WEP 安全特点

WEP 是由 802.11 标准定义的一种无线网络加密标准，旨在为无线网络提供与有线网络相当的安全性。WEP 使用 RC4 流密码算法，采用 24 位的初始向量和 64 位或 128 位的密钥长度。其安全性主要依赖于 RC4 流密码算法和 IV(初始化向量) 的随机性。要提高

WEP 加密的安全性，可以采取以下措施：

(1) 使用更强的密码。强密码是保护无线网络的第一道防线。应选择包含大小写字母、数字和特殊字符的强密码，以防止暴力破解攻击。

(2) 定期更换密码。定期更换密码可以防止被不法分子长期攻击。建议至少每 3 个月更换一次密码。

(3) 使用多组 WEP 密钥。使用多组 WEP 密钥可以提高安全性。需要注意，WEP 密钥保存在 Flash 中，因此，某些黑客如果取得网络上的任何一个设备，即可进入您的网络。

(4) 禁用 SSID 广播。隐藏无线网络标识符可以防止未授权用户发现和接入您的无线网络。

2. WEP 安全配置实例

1) 网络拓扑

本例以思科模拟器为例，使用的网络设备及网络拓扑如图 12-7 所示。

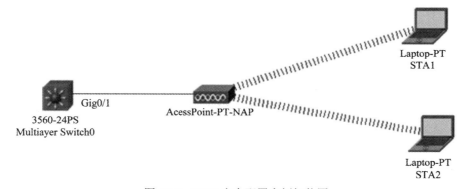

图 12-7 WEP 安全配置实例拓扑图

2) 数据规划

本例的数据规划如表 12-1 所示。

表 12-1 WEP 安全配置数据规划

序号	设 备	数 据 规 划
1	交换机 3560	Gi0/1IP 地址：192.168.30.254/24
		在交换机上启用 DHCP 服务 动态地址池：192.168.30.0/24 DNS：1.1.1.1
2	无线 AP-PT-N	SSID：AP-5305
		Channel：11
		启用 WEP 安全策略，密钥：ABCD5305AA
3	无线工作站 STA1	启用 WEP 安全策略，动态获取 IP
4	无线工作站 STA2	启用 WEP 安全策略，动态获取 IP

3) 实施步骤

(1) 完成拓扑图，选定设备，完成网络连接。

(2) 配置三层交换机。命令如下：

```
SW(config)#interface gigabitEthernet 1/1
SW(config-if)#ip address 192.168.30.254 255.255.255.0
SW(config-if)# no sh
SW(config)#ip dhcp pool AP
SW(dhcp-config)#network 192.168.30.0 255.255.255.0
SW(dhcp-config)#default-router 192.168.30.254
SW(dhcp-config)#dns-server 1.1.1.1.1
```

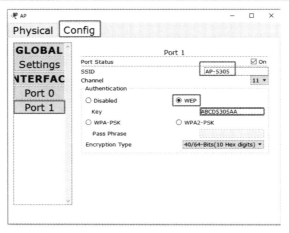

图 12-8　AP 的 WEP 安全配置

(3) AP 的配置。AP 的配置如图 12-8 所示，配置时要注意与表 12-1 中数据规划一致。

(4) 无线工作站 STA 的配置。无线工作站 STA1、STA2 的配置分别如图 12-9 和图 12-10 所示，配置时要注意两个工作站的 SSID 及密钥要与 AP 相同。

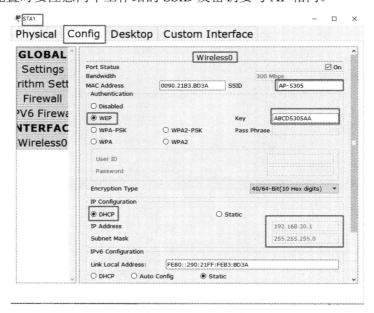

图 12-9　STA1 的 WEP 安全配置

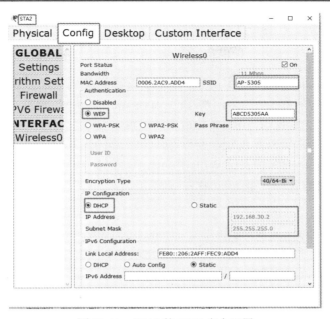

图 12-10　STA2 的 WEP 安全配置

4) 实例测试

最后可测试两个工作站之间的通信是否正常，如图 12-11 所示。

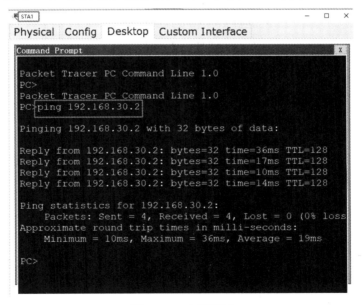

图 12-11　实例测试

WEP(有线等效加密) 作为一种老式的加密手段，其特点是使用一个静态的密钥来加密所有的通信。这意味着，网管人员如果想更新密钥，必须亲自访问每台主机。此外，WEP 所采用的 RC4 的 RSA 数据加密技术具有可预测性，容易被入侵者截取和破解加密密钥，从而使用户的安全防护形同虚设。因此，如非迫不得已，不建议选择此种安全模式。

12.3.2　WPA/WPA2 安全策略

1. WPA

WPA(Wi-Fi Protected Access) 协议是一种保护无线网络安全的系统，它是在前一代有线等效加密 (WEP) 的基础上产生的，解决了前任 WEP 的缺陷问题。WPA 采用 TKIP(临时密钥完整性) 协议，是 IEEE 802.11i 标准中的过渡方案 .

WPA 采用有效的密钥分发机制，能够在不同厂商的无线网卡之间实现应用。它作为 WEP 的升级版，在安全的防护上比 WEP 更为周密，主要体现在身份认证、加密机制和数据包检查等方面，同时还提升了无线网络的管理能力。

2. WPA2

WPA2(WPA 第二版) 是 Wi-Fi 联盟验证过的 IEEE 802.11i 标准的认证形式，WPA2 实现了 802.11i 的强制性元素，特别是 Michael 算法被公认彻底安全的 CCMP(计数器模式密码块链消息完整码协议) 讯息认证码所取代、而 RC4 加密算法也被 AES 所取代。而且除了加密和认证机制，WPA/WPA2 还提供了其他安全功能，例如防止暴力破解攻击和 MAC 地址过滤等。这些功能可以帮助保护无线网络免受未经授权的访问和攻击。

目前，WPA2 加密方式的安全防护能力非常出色，只要用户的无线网络设备能够支持 WPA2 加密，那么就推荐使用该加密方式。

3. WPA2 的配置命令

锐捷无线控制器的 WPA2 的配置命令如表 12-2 所示。

表 12-2　WPA2 的安全配置命令

配 置 命 令	命令解释
AC (config)#wlansec 1	进入无线安全配置模式
AC(config-wlansec)#security rsn enable	使能 WPA2 加密
AC(config- wlansec)#security rsn ciphers aes enable	配置 AES 加密
AC(config- wlansec)#security rsn akm psk enable	配置 PSK 加密
AC(config- wlansec)#security rsn akm psk set-key ascii 12345678	配置加密密码为 12345678
AC(config- wlansec)#end	退出

■ 思政小课堂

在 2024 年两会期间，《政府工作报告》提出要深入推进数字经济的创新发展，加强大数据和人工智能等领域的研发和应用，并首次提到开展"人工智能 +"行动。报告同时提出要进一步提高网络、数据等重点领域的安全保障能力。近年来，我国网络安全防护能力和水平不断提升，网络安全产业发展迅速。但随着全社会数字化转型程度的加深，以及人工智能等数字技术的不断发展，网络安全面临的风险和挑战也在不断增加。

在人工智能技术的快速演进和全社会由数字化向智能化转型的时期，传统工匠型人才已无法满足时代需求，需要向智匠型人才转型。随着人工智能、大数据等技术的不断发展，工匠型人才在转型过程中需要提升智能化技术应用能力、数据分析能力、创新思维能力、终身学习能力等。同时，智匠型人才在网络安全领域也扮演着重要角色。首先，他们是网络安全守护者，应具备网络安全意识，能够利用智能化技术预防和应对网络攻击，保障网络系统的安全稳定运行；其次，他们是技术创新引领者，应具备创新思维和技术研发能力，能够推动网络安全技术的不断创新和发展；最后，他们在团队协作中起到核心作用，应具备良好的团队协作精神和沟通能力，能够与团队成员紧密合作，共同应对网络安全挑战。

实战任务 12.4　无线网络 Fit 模式多 SSID 的安全加密

作为某公司的网管，你发现无线信号没有进行加密，任何人都可以随意接入，对网络带宽和安全造成很大影响。针对此现象，你决定对无线网络进行加密，而且对财务部和销售部采用 WPA2 安全策略，只有知道这两个部门无线密码的人才能加入该部门的网络。具体任务就是将网络设备按照拓扑图结构进行连接、完成相关 IP 地址规划、基础配置及无线加密配置、并验证无线用户接入需要密码确认。

12.4.1　实施条件

在本项目中，采用锐捷 AP 作为无线接入点，AC 作为无线控制器集中控制 AP 和数据转发，交换机 SW 和 POE 供电模块为 AP 进行供电，网络拓扑如图 12-12 所示。

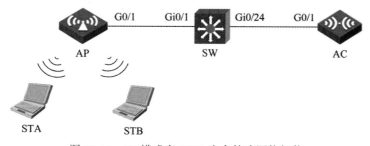

图 12-12　Fit 模式多 SSID 安全策略网络拓扑

12.4.2　数据规划

在本项目中，使用笔记本作为测试主机，AP 作为无线接入点，AC 作为无线控制器集中控制 AP 和数据转发，SW 作为 POE 供电交换机和无线用户 IP 及设备管理 IP 网关。

相关 IP 数据及信息规划如下：

(1) Lo0:1.1.1.1/32——AC 和 AP 建立 CAPWAP 隧道接口。

(2) SVI10:192.168.10.1/24——AP 管理地址网关。

(3) SVI20:192.168.20.1/24——SW 管理地址。

(4) SVI30:192.168.30.1/24——财务部用户网关地址。

(5) SVI40:192.168.40.1/24——销售部用户网关地址。

(6) SVI4000:192.168.1.0/30——SW 和 AC 互联地址段 AP、SW 和用户的网关均放置于 SW 上。

12.4.3　实施步骤

1. 交换机基础配置

（1）在 Poe 交换机上配置基本远程管理功能，并创建 AP 管理 VLAN10、Poe 交换机管理 VLAN20、无线用户 VLAN30、40 和 Poe 交换机与 AC 互联 VLAN4000。命令如下：

SW(config)# VLAN 10	创建 VLAN 10
SW(config-vlan)#name AP-Guanli	命名 VLAN 10 为 AP-Guanli
SW(config)# VLAN 20	创建 VLAN 20
SW(config-vlan)#name SW-Guanli	命名 VLAN 20 为 SW-Guanli
SW(config)# VLAN 30	创建 VLAN 30
SW(config-vlan)#name caiwu-Wi-Fi	命名 VLAN 30 为 caiwu- Wi-Fi
SW(config)# VLAN 40	创建 VLAN 40
SW(config-vlan)#name xiaoshou- Wi-Fi	命名 VLAN 40 为 xiaoshou- Wi-Fi
SW(config)# VLAN 4000	创建 VLAN 4000
SW(config-vlan)#name Link--AC-VLAN4000	命名 VLAN 4000 为 Link--AC-VLAN4000
SW(config-vlan)#exit	退出

（2）将交换机端口 Gi0/1 设置为 access 接口属于 VLAN10，Gi0/24 配置为 Trunk 接口，并对 Trunk 接口进行 VLAN 修剪优化。命令如下：

SW(config)#interface gigabitEthernet 0/1	进入端口配置模式配置端口 Gi0/1
SW(config-if)#poe enable	开启 poe 供电功能
SW(config-if)#switchport access vlan 10	把该端口配置为 access 接口
SW(config-if)#exit	退出
SW(config)#interface gigabitEthernet 0/24	进入端口配置模式配置端口 Gi0/24
SW(config-if)#switchport mode trunk	把该端口配置为 Trunk 接口
SW(config-if)#switchport trunk allowed vlan remove　1-29,31-3999,4001-4094	将 Trunk 接口不必要的 VLAN 修剪掉，防止 VLAN 广播泛洪
SW(config-if)#description LINK—AC-G0/1--	接口描述
SW(config-if)#exit	退出
SW(config)#show interfaces gigabitEthernet 0/24 switchport	查看端口 Gi0/24 的信息，同时也可以用于查看 Gi0/1 信息

（3）在 Poe 交换机上创建无线用户 VLAN、AP 管理 VLAN、Poe 交换机管理 VLAN 和 Poe 交换机与 AC 互联 VLAN 的 SVI 地址，并且配置指向 AC 的 loopback 接口明细路由。命令如下：

SW(config)# interface VLAN 10	进入 VLAN 10 的 SVI 接口
SW(config-if-VLAN10)#description AP-Guanli	对 AP 的网关 SVI 接口描述为 AP-Guanli
SW(config-if-VLAN10)#ip address 192.168.10.1 255.255.255.0	配置 AP 管理地址的网关 SVI 地址
SW(config-if-VLAN10)#exit	退出
SW(config)# interface VLAN 20	进入 VLAN 20 的 SVI 接口
SW(config-if-VLAN20)#description SW-Guanli	命名 VLAN 20 为 SW-Guanli

SW(config-if-VLAN20)#ip address 192.168.20.1 255.255.255.0	配置 Poe 交换机的管理 IP 地址
SW(config-if-VLAN20)#exit	退出
SW(config)#interface VLAN 30	进入 VLAN 30 的 SVI 接口
SW(config-if-VLAN30)# description caiwu- Wi-Fi	描述 VLAN 30 为 caiwu- Wi-Fi
SW(config-if-VLAN30)# ip address 192.168.30.1 255.255.255.0	配置财务部无线用户的网关 SVI 地址
SW(config-if-VLAN30)#exit	退出
SW(config)#interface VLAN 40	进入 VLAN 40 的 SVI 接口
SW(config-if-VLAN30)# description xiaoshou - Wi-Fi	描述 VLAN40 为 xiaoshou - Wi-Fi
SW(config-if-VLAN30)# ip address 192.168.40.1 255.255.255.0	配置销售部无线用户的网关 SVI 地址
SW(config-if-VLAN30)#exit	退出
SW(config)# interface VLAN 4000	进入 VLAN 4000 的 SVI 接口
SW(config-if-VLAN4000)#description Link--AC-VLAN4000--	对 SVI 接口描述为 Link--AC-VLAN4000
SW(config-if-VLAN4000)#ip address 192.168.1.1 255.255.255.252	配置与 AC 互联 VLAN 的 IP 地址
SW(config-if-VLAN4000)#exit	
SW(config)#ip route 1.1.1.1 255.255.255.255 192.168.1.2	添加指向 AC 的 LO0 明细路由
SW(config)#show ip interface brief	查看接口 IP 地址配置

(4) 在交换机上创建无线用户和 AP 管理的 DHCP 地址池。命令如下：

SW(config)#service dhcp	开启 DHCP 功能，默认 DHCP 功能关闭
SW(config)#ip dhcp pool AP-Guanli	创建 AP 的 DHCP 地址池
SW(dhcp-config)#option 138 ip 1.1.1.1	配置 APoption 138 字段指向 AC 的 Lo0
SW(dhcp-config)#network 192.168.10.0 255.255.255.0	指定 AP DHCP 分发地址段
SW(dhcp-config)#default-router 192.168.10.1	指定 AP 的网关地址
SW(dhcp-config)#exit	退出
SW(config)# ip dhcp pool caiwu - Wi-Fi	创建财务部无线用户的 DHCP 地址池
SW(dhcp-config)# network 192.168.30.0 255.255.255.0	指定财务部无线用户 DHCP 分发地址段
SW(dhcp-config)#default-router 192.168.30.1	指定财务部无线用户的网关地址
SW(config)# ip dhcp pool xiaoshou- Wi-Fi	创建销售部无线用户的 DHCP 地址池
SW(dhcp-config)# network 192.168.40.0 255.255.255.0	指定销售部无线用户 DHCP 分发地址段
SW(dhcp-config)#default-router 192.168.40.1	指定销售部无线用户的网关地址

2. 无线控制器基础配置

(1) 在 AC 上配置基本远程管理功能，添加无线用户 VLAN 和与核心互联的 VLAN，并创建核心互联 VLAN 的 SVI 接口地址和 loopback0 的接口 IP，将 AC 的 G0/1 接口配置为 Trunk 接口，进行 VLAN 修剪；添加默认路由指向 Poe 交换机。命令如下：

Ruijie#configure termina	从特权模式进入到全局模式
Ruijie (config)#hostname AC	对 AC 进行命名
AC (config)#username admin password ruijie	创建用户名和密码
AC (config)#line vty 0 4	进入虚线路
AC(config-line)#login loca	采用本地用户认证
AC (config-line)#exit	退出

AC(config)# VLAN 30	创建 VLAN 30
AC(config-vlan)#name caiwu - Wi-Fi	命名 VLAN 30 为 caiwu - Wi-Fi
AC(config-vlan)#exit	退出
AC(config)# VLAN 40	创建 VLAN 40
AC(config-vlan)#name xiaoshou - Wi-Fi	命名 VLAN 40 为 xiaoshou - Wi-Fi
AC(config-vlan)#exit	退出
AC(config)# VLAN 4000	创建 VLAN 4000
AC(config-vlan)#name Link--SW-VLAN4000	命名 VLAN 4000 为 Link--SW-VLAN4000
AC(config-vlan)#exit	退出
AC(config)#interface vlan 4000	进入 VLAN4000 的 SVI 接口
AC(config-if-VLAN4000)#description Link--SW-VLAN4000	对 VLAN4000 的 SVI 接口进行描述
AC(config-if-VLAN4000)#ip address 192.168.1.2 255.255.255.252	配置 VLAN4000 的 SVI 接口地址
AC(config-if-VLAN4000)#exit	退出
AC(config)#interface gi0/1	进入 G0/1 接口
AC(config-if)#switchport mode trunk	配置 G0/1 接口为 Trunk 接口
AC(config-if)#switchport trunk all vlan remove 1-29,31-3999,4001-4094	
	将不必要 VLAN 在 Trunk 口进行修剪
AC(config-if)#description Link--SW-Gi0/24	对 G0/1 口对端连接情况进行描述
AC(config-if)#exit	退出
AC(config)#interface loopback0	进入 loopback0 接口
AC(config-if)#ip address 1.1.1.1 255.255.255.255	配置 loopback0 接口 IP 地址
AC(config-if)#description CAPWAP	对 loopback0 接口进行描述
AC(config-if)#exit	退出
AC(config)#ip route 0.0.0.0 0.0.0.0 192.168.1.1	添加默认路由，保证 loopback0 能够和 AP 管理网段路由互通

(2) AP 和 AC 的版本同步，AP 和 AC 的版本必须一致，否则可能导致 CAPWAP 隧道异常发生。(注：可以先查看 AP 和 AC 的版本，如果 AC 和 AP 的版本一致，则不需要此版本同步过程) 命令如下：

AC #copy tftp://x.x.x.x/xxx.bin flash:AP320I.bin	将 AP 的主程序 TFTP 导入无线控制器
AC (config)#ac-controller	进入 AC 控制模式
AC(config-ac)#active-bin-file AP720I.bin	激活 AP 主程序
AC(config-ac)#ap-serial AP720 AP720-I hw-ver x.x	创建 AP 系列，注：试验中根据具体实验设备进行选择
AC(config-ac)#ap-image AP720I.bin AP720	将 AP 系列和 AP 主程序进行关联

(3) 在 AC 上创建无线相关配置，包括 WLAN-ID、SSID 和 ap-group。命令如下：

AC (config)#wlan-config 1 caiwubu	创建 WLAN 1 的 SSID 为 caiwu
AC (config)#wlan-config 2 xiaoshou	创建 WLAN 1 的 SSID 为 xiaoshou
AC(config)#ap-group default	进入 ap-group 的 default 组
AC (config-group)#interface-mapping 1 30	配置 wlan-id1 和财务部无线用户 VLAN30 的对应关系
AC (config-group)#interface-mapping 2 40	配置 wlan-id2 和销售部无线用户 VLA40N 的对应关系

(4) 将 AP 加入 ap-group，并进行信道规划和命名。命令如下：

AC (config)#ap-config xxxx.xxxx.xxxx	进入 AP 配置模式，xxxx 部分为实验 AP 的 mac 地址
AC(config-ac)#ap-group default	将 AP 加入 default 组
AC(config-ac)#ap-nameAP720-1	对 AP 进行命名，注：项目中会有很多 AP 存在，需要对每个 AP 进行命名，便于网络维护
AC(config-ac)#channel 11 radio 1	对 AP 信道进行调整，避免同频干扰存在

3. 无线安全加密配置

(1) 针对财务部无线用户采用 WPA2 进行加密。命令如下：

AC (config)#wlansec 1	进入无线安全配置模式
AC(config-wlansec)#security rsn enable	使能 WPA2 加密
AC(config- wlansec)#security rsn ciphers aes enable	配置 AES 加密
AC(config- wlansec)#security rsn akm psk enable	配置 PSK 加密
AC(config- wlansec)#security rsn akm psk set-key ascii 12345678	配置加密密码 12345678
AC(config- wlansec)#end	退出

(2) 针对销售部无线用户采用 WPA2 进行加密。命令如下：

AC (config)#wlansec 2	进入无线安全配置模式
AC(config-wlansec)#security rsn enable	使能 WPA2 加密
AC(config- wlansec)#security rsn ciphers aes enable	配置 AES 加密
AC(config- wlansec)#security rsn akm psk enable	配置 PSK 加密
AC(config- wlansec)#security rsn akm psk set-key ascii 87654321	配置加密密码 87654321
AC(config- wlansec)#end	退出

12.4.4 项目测试

(1) 网络搭建完毕后，测试机 STA 和 STB 通过扫描无线信号，确定无线信号可以正常发出。

(2) 测试机 STA 通过输入预设密码进行认证上网。

① 输入 wlansec1 下配置密码 12345678，如图 12-13 所示 。

图 12-13 输入网络安全密钥

② 点击图 12-13 中的 "确定"，财务部无线用户显示已连接状态，如图 12-14 所示。

(3) 测试机 STB 通过输入预设密码进行认证上网。

① 输入 wlansec2 下配置密码 87654321，并点击"确定"。

② 销售部无线用户显示已连接状态，如图 12-15 所示。

图 12-14　财务部无线用户关联　　　　图 12-15　销售部无线用户关联

(4) Ping 无线用户网关测试，ping 通则配置完毕，如图 12-16 所示。

图 12-16　无线用户网关测试

项 目 习 题

一、选择题

1. WPA2 是一种广泛使用的无线网络安全协议，它使用的加密方式是 (　　)。

A. DES(Data Encryption Standard)

B. AES(Advanced Encryption Standard)

C. 3DES(Triple Data Encryption Standard)

D. Blowfish

2. 当你在公共场所连接到一个未知的无线网络时，以下做法不安全的是 (　　)。

A. 确认无线网络的名称和密码是否正确

B. 忽略任何弹出的安全警告并连接到网络

C. 使用 VPN 来加密你的网络连接

D. 检查无线网络是否使用了安全的加密协议

3. 下列选项中不是无线网络安全最佳实践的是 (　　)。

A. 定期更新无线路由器的固件

B. 使用强密码来保护无线网络

C. 在无线网络上存储敏感的个人信息

D. 定期更改无线网络的 SSID 和密码

4. 在无线网络安全中，用来描述一种防止未经授权的用户访问网络策略的是 (　　)。

A. Encryption   B. Authentication

C. Firewall   D. Intrusion Detection System

5. WPS(Wi-Fi Protected Setup) 是为了简化无线网络的连接过程而设计的，它存在的安全风险有 (　　)。

A. WPS 使得无线网络连接速度更快

B. WPS 使得无线网络更难以被黑客攻击

C. WPS 允许用户在不输入密码的情况下连接到网络

D. WPS 对无线网络的安全性没有任何影响

二、简答题

1. 为了防止恶意攻击，无线网络 WIAN 可采用无系统防护有哪两种？

2. 要提高 WEP 加密的安全性，可以采取哪些措施？

3. 简述 Portal 认证流程。

参 考 文 献

[1] 管秀君，卢川英，迟小曼，等．计算机网络互联与测试 [M]．北京：中国水利水电出版社，2008.

[2] 高峡，陈智罡，袁宗福．网络设备互连学习指南 [M]．北京：科学出版社，2009.

[3] 高峡，种啸剑，李永俊．网络设备互连实验指南 [M]．北京：科学出版社，2009.

[4] 许圳彬，王田甜，胡佳，等．IP 网络技术 [M]．北京：人民邮电出版社，2012.

[5] 储建立，邵慧莹，张静，等．路由器 / 交换机项目实训教程 [M]．北京：电子工业出版社，2013.

[6] 管秀君，卢川英，卢忠远，等．TCP/IP 路由交换技术 [M]．西安：西安电子大学出版社，2018.

[7] 崔升广，杨宇，何忠刚，等．高级网络互联技术项目教程 [M]．北京：人民邮电出版社，2020.

[8] 华为技术有限公司．网络系统建设与运维（高级)[M]．北京：人民邮电出版社，2020.

[9] 汪双顶，王隆杰，黄君羡，等．高级路由技术 [M]．北京：人民邮电出版社，2023.